新世纪计算机类本科规划教材

算法设计与分析

（第二版）

霍红卫　编著

西安电子科技大学出版社

内 容 简 介

本书系统地介绍了算法设计与分析的基本内容，并对讨论的算法进行了详尽分析。全书共 8 章，内容包括算法基础、基本算法设计和分析技术(分治法、动态规划、贪心法、回溯法和分枝限界法)、图算法以及 NP 完全性理论。书中以类高级程序设计语言对算法所作的简明描述，使得稍微具有程序设计语言知识的人即可读懂。此外，书中以大量图例说明每个算法的工作过程，使得算法更加易于理解和掌握。

本书可作为高等院校与计算机相关的各专业"算法设计"课程的教材，也可作为计算机领域的相关科研人员的参考书。此外，本书还可供参加 ACM 程序设计大赛的算法爱好者参考。

图书在版编目(CIP)数据

算法设计与分析/霍红卫编著．—2 版．—西安：西安电子科技大学出版社，2010.8(2017.1 重印)
新世纪计算机类本科规划教材
ISBN 978 - 7 - 5606 - 2459 - 4

Ⅰ．①算…　Ⅱ．①霍…　Ⅲ．①电子计算机—算法设计—高等学校—教材
②电子计算机—算法分析—高等学校—教材　Ⅳ．①TP301.6

中国版本图书馆 CIP 数据核字(2010)第 133552 号

策　　划　臧延新
责任编辑　阎　彬　臧延新
出版发行　西安电子科技大学出版社(西安市太白南路 2 号)
电　　话　(029)88242885　88201467　　邮　编　710071
网　　址　www.xduph.com　　电子邮箱　xdupfxb001@163.com
经　　销　新华书店
印刷单位　陕西天意印务有限责任公司
版　　次　2010 年 8 月第 2 版　2017 年 1 月第 6 次印刷
开　　本　787 毫米×1092 毫米　1/16　印　张　15
字　　数　353 千字
印　　数　19 001～21 000 册
定　　价　26.00 元
ISBN 978 - 7 - 5606 - 2459 - 4/TP · 1227

XDUP 2751012 - 6

前　　言

　　算法研究是计算机科学研究的核心领域之一。在过去的半个世纪中，算法研究领域取得了大量的重要突破，这些突破引起了人们对算法研究的浓厚兴趣，也使算法的应用领域不断扩大。从天体物理学中的 N 体问题的模拟到分子生物学中的序列分析，从排版系统到数据压缩，从数据库系统到 Internet 搜索引擎，算法在其中都起着至关重要的作用，已经成为现代软件系统重要的组成部分。

　　随着 Internet 的迅速发展，图算法成为求解 Internet 问题的主要算法模型，在 Web 信息检索、路由算法和搜索引擎等领域有着重要的应用。因此，本书在第一版的基础上新增了图算法一章。

　　本书较全面地阐述了算法设计与分析方面的诸多理论和实践。全书分为四大部分：算法基础(第 1 章)、基本算法设计和分析技术(第 2～6 章)、图算法(第 7 章)和 NP 完全性理论(第 8 章)。

　　• 第一部分介绍了算法的基本概念和渐近表示、函数增长的数量级以及证明算法正确性的循环不变式。

　　• 第二部分讨论了递归和分治法、动态规划、贪心法、回溯法和分枝限界法及其典型应用。在递归和分治法中，阐述了递归、递归方程和分治算法的关系；在动态规划算法中，介绍了自顶向下与自底向上的动态规划方法；在贪心算法中，分析了贪心算法所具有的基本元素，讨论了贪心算法的理论基础以及在调度问题中的应用。

　　• 第三部分讨论了图的表示、图模型上的一些典型算法，包括 Dijkstra 算法、Bellman - Ford 算法和 Floyd - Warshall 算法，建立了 Dijkstra 算法和广度优先搜索的内在联系。这些图算法是 Internet 搜索引擎以及路由算法的基础。

　　• 第四部分以深入浅出的方式介绍了 NP 完全性理论，引入了 P 类问题和 NP 类问题的定义。这一部分还通过网络路由器最优配置问题、网络服务器带宽优化问题和 Internet 网站多次抽签拍卖问题等这些现实中的具体问题，说明了研究 NP 完全问题的必要性。

　　本书以类高级程序设计语言对算法所作的简明描述，使得稍微具有程序设计语言知识的人即可读懂。另外，本书还以大量图例说明每个算法的工作过程，使得算法更容易被理解和掌握。

　　本书适合作为高等院校与计算机相关的各专业"算法设计"课程的教材，同时也可作为计算机领域的相关科研人员的参考书。此外，本书还可供参加 ACM 程序设计大赛的算法爱好者参考。

　　感谢西安电子科技大学出版社对于本书的出版给予的支持。感谢本书的编辑们所做的细致工作，使得本书的文字更加优美和流畅。感谢很多使用本书的老师和学生所提供的勘误信息，特别要感谢莫家庆老师。

由于作者水平有限，书中难免有不妥之处，希望读者批评指正。

作　者

2010 年 5 月

第 一 版 前 言

算法研究是计算机科学研究的核心领域之一。在过去的半个世纪中，算法研究领域取得了大量重要的突破。这些突破引起了人们对算法研究的浓厚兴趣。同时，也使算法的应用领域不断扩大。从天体物理学中的 N 体问题的模拟到分子生物学中的序列分析，从排版系统到数据压缩，从数据库系统到 Internet 搜索引擎，算法在其中起着至关重要的作用，已经成为现代软件系统重要的组成部分。

全书分为三大部分：算法基础(第 1 章)、基本算法设计和分析技术(第 2～6 章)，以及 NP 完全性理论(第 7 章)。书中较全面地阐述了算法设计与分析方面的诸多理论和实践。本书内容安排如下：

· 第一部分介绍算法的基本概念和渐近表示，函数增长的数量级，证明算法正确性的循环不变式。

· 第二部分讨论递归和分治法、动态规划、贪心法、回溯法和分枝限界法。在分治法中，阐述了递归、递归方程和分治算法的关系，讨论了求解一般递归方程的三种方法。所给出的分治法应用实例包括经典问题(找最大值和最小值、矩阵相乘及整数相乘)、排序问题(归并排序、快速排序)、选择问题和最近点对问题。在动态规划算法中，分别介绍了自顶向下与自底向上的动态规划方法，深入地分析了设计一个动态规划算法时，问题自身所应具有的最优子结构和重叠子问题的性质，给出了动态规划算法的应用实例。在贪心算法中，分析了贪心算法所具有的基本元素，讨论了贪心算法在调度问题、文本压缩和网络算法中的应用。在回溯法和分枝限界法中，讨论了算法的设计思想及其在典型问题中的应用。

· 第三部分以深入浅出的方式介绍了 NP 完全性理论，引入了 P 类问题和 NP 类问题的定义。通过网络路由器最优配置问题、网络服务器带宽优化问题和 Internet 网站多次抽签拍卖问题这些现实中的具体问题，来说明我们为什么要研究 NP 完全问题。同时，还给出了许多重要的 NP 完全问题的实例。

本书以类高级程序设计语言对算法进行简明描述，使得稍微具有程序设计语言知识的人即可读懂。另外，本书还以大量图例说明每个算法的工作过程，使得算法更容易被理解和掌握。

本书适合作为高等院校与计算机相关的各专业"算法设计"课程的教材，同时也可作为计算机领域的相关科研人员的参考书。此外，本书也可供参加 ACM 程序设计大赛的算法爱好者参考。

感谢西安电子科技大学出版社对于本书的出版给予的支持。

由于时间仓促及作者水平有限，书中难免有错误及不妥之处，希望读者批评指正。

作 者
2004 年 12 月

目　　录

第1章 算法基础

1.1 算 法

算法(algorithm)可以被定义为一个良定的计算过程,它具有一个或者若干输入值,并产生一个或者若干输出值。因此,算法是由将输入转换成输出的计算步骤所组成的序列。

也可将算法看做是解决良定计算问题的工具。人们采用一般术语陈述问题,确定输入/输出关系,而算法则是描述这种输入/输出关系的特定计算过程。

例如,把 n 个元素排成非降序列,是实际中常见的一个问题。定义排序问题如下:

输入: n 个元素组成的序列 $\langle a_1, a_2, \cdots, a_n \rangle$。

输出:重排输入序列之后,输出 $\langle a_1', a_2', \cdots, a_n' \rangle$,其中元素满足 $a_1' \leqslant a_2' \leqslant \cdots \leqslant a_n'$。

给定一个输入序列 $\langle 2, 10, 5, 4, 11 \rangle$,由排序算法返回的结果序列为 $\langle 2, 4, 5, 10, 11 \rangle$。这样的输入序列称为问题的一个实例。一般而言,问题的实例由计算问题的一个解所需的输入组成。

若对每一个输入实例,算法都能终止并给出正确输出,则称这个算法是正确的。我们称这个正确算法解决了给定的计算问题。对于某些输入实例,一个不正确的算法可能根本不能终止,也可能能够终止,但输出不是问题所需的结果。如果能够控制算法中的出错率,那么一个不正确的算法有时也是有用的。但通常我们只考虑正确的算法。

在本书中,我们用类 C 的伪代码表示算法。伪代码可以引用任何具有表达能力的方法来清晰、简洁地表达一个算法。因此,这里的伪代码不太考虑软件工程中的一些问题。为了更突出地表达算法自身的特性,在伪代码中常常忽略数据抽象、模块性、出错处理等问题。

1.1.1 冒泡排序

冒泡排序(bubble sort)属于基于交换思想的排序方法。它将相邻的两个元素加以比较,若左边元素值大于右边元素值,则将这两个元素交换;若左边元素值小于等于右边元素值,则这两个元素位置不变。右边元素继续和下一个元素进行比较,重复这个过程,直到比较到最后一个元素为止。

冒泡排序的伪代码用过程 BUBBLE-SORT 表示,其参数为包含 n 个待排序数的数组 $A[1..n]$。当过程 BUBBLE-SORT 结束时,数组 A 中包含已排序的序列。

```
BUBBLE-SORT(A)
1      for i ← 1 to length[A]
```

2	**do for** $j \leftarrow length[A]$ **downto** $i + 1$
3	**do if** $A[j] < A[j-1]$
4	**then** exchange $A[j] \leftrightarrow A[j-1]$

图 1-1 说明了输入实例为 $A = \langle 5, 2, 4, 6, 1, 3 \rangle$ 时，算法 BUBBLE-SORT 的工作过程。对于外层 for 循环的每一次迭代，在 $A[i]$ 位置产生当前元素比较范围 $A[i..n]$ 内的一个最小值。下标 i 从数组第一个元素开始，从左向右移动，直至数组中的最后一个元素。深色阴影部分表示数组元素 $A[1..i]$ 构成的已排好的序列，浅色阴影部分表示外层循环开始时的下标 i。数组元素 $A[i+1..n]$ 表示当前正在处理的序列。

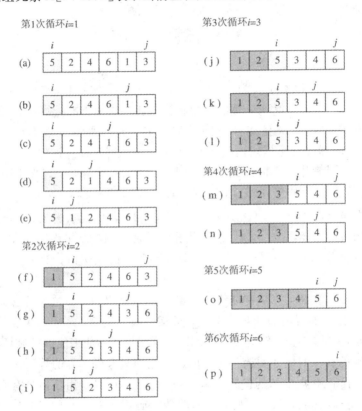

图 1-1 冒泡排序工作过程

1.1.2 循环不变式和冒泡排序算法的正确性

在内层 for 循环的每一次迭代的开始，$A[i]$ 是 $A[i..length[A]]$ 中的最小元素。在外层 for 循环每一次迭代的开始，子数组 $A[1..i-1]$ 中的元素有序。形式上我们称这些性质为循环不变式(loop invariant)。

我们可以利用循环不变式证明算法的正确性。循环不变式具有以下三个性质：

· 初始(initialization)：在循环的第一次迭代之前，循环不变式为真。

· 维持(maintenance)：如果在循环的某次迭代之前循环不变式为真，那么在下一次迭代之前，循环不变式仍然为真。

· 终止(termination)：当循环终止时，循环不变式给出有用性质，这个性质可以用于证明算法的正确性。

当循环不变式的前两个性质成立时，循环不变式在循环的每次迭代之前为真。循环不变式的证明与数学归纳法的证明类似，当证明某一条性质成立时，首先需证明归纳基础，然后是归纳步。证明第一次迭代之前循环不变式成立，就像是证明归纳基础；证明从一次迭代到下一次迭代的不变式成立，就像是归纳步。

循环不变式的第三个性质是最重要的性质，因为我们要利用循环不变式证明算法的正确性。同时，它与使用数学归纳法的不同之处在于：在数学归纳法中，可无限次利用归纳步；而在这里，当循环终止时，就停止"归纳"。

下面，我们考察这些性质是如何对冒泡排序成立的。首先证明内层 for 循环的不变式。

- 循环不变式：$A[j]$ 是 $A[j..length[A]]$ 中的最小元素。
- 初始：在内循环第一次开始迭代之前，$j = length[A]$，因此，子数组 $A[length[A]..length[A]]$ 中只包含一个元素，也即子数组中的最小元素，此时，循环不变式成立。
- 维持：假定在内循环的某次迭代之前循环不变式为真，即 $A[j]$ 是 $A[j..length[A]]$ 中的最小元素。在下一次迭代之前，若元素 $A[j]<A[j-1]$，则执行冒泡算法中的第 4 行语句，$A[j]$ 与 $A[j-1]$ 交换，于是 $A[j-1]$ 是 $A[j-1..length[A]]$ 中的最小元素；若 $A[j]\geqslant A[j-1]$，那么不执行第 4 行语句，$A[j-1]$ 仍然是 $A[j-1..length[A]]$ 中的最小元素。无论哪一种情况，都能使循环不变式为真。
- 终止：对于冒泡排序，当 $j<i+1$，即 $j=i$ 时，内层 for 循环结束。在内循环不变式中，用 i 代替 j，可得子数组 $A[i..length[A]]$，其中 $A[i]$ 是最小元素。

其次，证明外层 for 循环的不变式。

- 循环不变式：在 1~4 行外层 for 循环的每次迭代开始时，子数组 $A[1..i-1]$ 中的元素有序。
- 初始：在外层 for 循环的第一次迭代之前，$i=1$，因此，$A[1..0]$ 为空，循环不变式成立。
- 维持：假定在外循环的某次迭代之前循环不变式为真，即子数组 $A[1..i-1]$ 中的元素有序。在下一次迭代之前，由内循环的不变式可得 $A[i-1]\leqslant A[i]$ 成立，因此，子数组 $A[1..i]$ 中的元素有序。
- 终止：当 $i>length[A]$，即 $i = length[A]+1$ 时，外层 for 循环结束。在外循环不变式中，用 $length[A]+1$ 代替 i，可得子数组 $A[1..length[A]]$。由循环不变式得，子数组有序，而这个子数组就是整个数组。因此，整个数组有序，这表明冒泡排序算法是正确的。

1.1.3　伪代码使用约定

在本书的伪代码（pseudocode）中使用以下约定：

（1）缩进形式表示块结构。例如，BUBBLE-SORT 算法第 1 行开始的 for 循环体包括第 2~4 行。这种缩进风格也适用于 if-then-else 语句。用缩进形式代替传统块结构，如 begin 和 end 的表示形式，可大大提高代码的清晰度。

（2）while、do-while、for 循环结构（语句）以及 if-then-else 条件结构（语句）分别采用类似于高级语言中的相应表示。

（3）符号"∥"的后面是注释部分。

（4）多重赋值 $i \leftarrow j \leftarrow e$ 是将表达式 e 的值赋给变量 i 和变量 j，这种赋值与 $i \leftarrow e$ 和 $j \leftarrow e$ 等价。

（5）变量如 i、j 和 key 是给定过程的局部变量。不经显式说明，不使用全局变量。

（6）通过数组名后跟索引访问数组元素。例如，$A[i]$ 表示数组的第 i 个元素。符号"$..$"表示数组中元素值的范围。例如，$A[1..j]$ 表示由 j 个元素 $A[1]$，$A[2]$，…，$A[j]$ 组成的数组。

（7）复合数据可以组织成由属性或域组成的对象。通过域名后跟方括号括住的对象名访问某个特定域。例如，可把数组看做属性为 $length$ 的对象，其中 $length$ 表示数组中包含的元素个数，记为 $length[A]$。尽管方括号既可以用作数组下标，又可以用作对象属性，但从上下文中就可区分其含义。

（8）通过传值将参数传给一个过程。被调用的过程接收参数的一个复制，如果它对某个参数赋值，则调用过程是看不到这种变化的。当传递一个对象时，只是拷贝指向对象的数据的指针，不拷贝它的各个域。例如，x 是一个被调用过程的参数，在被调用过程内的赋值 $x \leftarrow y$ 对于调用过程而言是不可见的，但赋值 $f[x] \leftarrow 3$ 是可见的。

（9）"and"和"or"是布尔运算符。当对表达式"x and y"求值时，首先计算 x 的值，如果其值为 FALSE，则整个表达式的值为 FALSE，无需再计算 y 的值；如果 x 的值为 TRUE，则必须计算 y 的值，这样才能决定整个表达式的值。类似地，当对表达式"x or y"求值时，仅当 x 的值为 FALSE 时，才需计算表达式 y 的值。

（10）break 语句表示将控制转移到含有 break 的最内层循环语句后面的第一条语句。循环语句可以是约定（2）中所列的那些循环语句。

1.2 算 法 分 析

算法分析是指对一个算法所需的计算资源进行预测。最重要的计算资源是时间和空间资源（存储器），此外还有通信带宽等，但我们常常最想要测量的是算法的计算时间。一般而言，通过分析问题的几个候选算法，可以确定一个最有效的算法。

在分析一个算法之前，必须建立实现技术所用的模型，包括该技术的资源及其开销的模型。在本书中，主要采用一个处理器的随机存取（RAM）模型作为计算模型。基于这种模型可以实现我们的技术，并将算法的实现理解为计算机程序。在 RAM 模型中，指令逐条执行，没有并发操作。

在算法分析中，即使分析 RAM 模型的一个简单算法也可能具有挑战性。所需的数学工具包括组合数学、概率论、代数学，此外，还需具有确定公式中最重要项的能力。由于算法的行为可能因每次输入的不同而不同，因而，我们需要一些手段，能够用简单、易于理解的公式概述算法的这些行为。

即使选择了一种典型的机器模型来分析给定算法，在决定如何表示分析时仍然会面临多种选择。我们希望找到一种方式，它易于书写、操纵，能够表达算法资源要求的一些重要特性，同时可略去一些繁琐细节。

1.2.1 冒泡排序算法分析

BUBBLE-SORT 过程的时间开销与输入有关:1000 个元素排序的时间要比 10 个元素的排序时间长。此外,即使对两个具有相同元素个数的序列排序,时间也可能不同,这取决于它们已排序的程度。一般而言,算法所需时间是与输入规模同步增长的,因而传统上将一个程序的运行时间表示为输入规模的函数。为此,需要更仔细地定义"输入规模"和"运行时间"的概念。

输入规模的概念取决于所研究的问题。对于许多问题,如查找、排序问题,最自然的度量是输入元素的个数,即待排序数组的大小 n。而对另外一些问题,如两个整数相乘,输入规模的最佳度量是用二进制表示的输入的总位数。有时,用两个数表示输入更合适。例如,某个算法的输入是一个图,则可用图中的顶点数和边数表示输入。在以下研究的每个问题中,我们都将明确所用输入规模的度量标准。

一个算法的运行时间是指在某个输入时,算法执行基本操作的次数或者步数。我们尽可能独立于机器定义算法的基本操作,这样做便于进行算法分析,因此暂且采用以下观点:执行每行伪代码需要常量时间。尽管执行每一行代码所花费的时间可能不同,但我们假设第 i 行执行所花费的时间为常量 c_i。这个观点与 RAM 模型一致,它反映了伪代码是如何在实际的计算机上实现的。

在下面的讨论中,我们先给出 BUBBLE-SORT 过程中每一条语句的执行时间开销以及执行次数。设 $n = length[A]$,t_i 为第 4 行执行的次数。假定注释部分是不可执行的语句,不占运行时间。

BUBBLE-SORT(A)	开销	次数
1 **for** $i \leftarrow 1$ **to** $length[A]$	c_1	$n+1$
2 **do for** $j \leftarrow length[A]$ **downto** $i+1$	c_1	$\sum_{i=1}^{n}(n-i+1)$
3 **do if** $A[j] < A[j-1]$	c_2	$\sum_{i=1}^{n}(n-i)$
4 **then** exchange $A[j] \leftrightarrow A[j-1]$	c_3	t_i

该算法的总运行时间是每一条语句的执行时间之和,若执行一条语句的开销为 c_i,共执行了 n 次这条语句,则它在总的运行时间中占 $c_i n$。对每一对开销和执行时间乘积求和,可得算法的运行时间 $T(n)$ 为

$$T(n) = c_1(n+1) + c_1 \left[\sum_{i=1}^{n}(n-i+1) \right] + c_2 \left[\sum_{i=1}^{n}(n-i) \right] + c_3 t_i$$

$$= c_1(n+1) + c_1 \frac{n(n+1)}{2} + c_2 \frac{n(n-1)}{2} + c_3 t_i$$

$$= \frac{c_1+c_2}{2}n^2 + \frac{3c_1-c_2}{2}n + c_1 + c_3 t_i \tag{1.1}$$

即使给定问题规模,算法的运行时间也不能完全确定。例如,在冒泡排序算法中,当输入数组正好为升序时,出现最好情况(best-case):第 4 行语句不执行,即 $t_i = 0$,式(1.1)最后一项为 0。此时,运行时间为

$$T(n) = \frac{c_1 + c_2}{2}n^2 + \frac{3c_1 - c_2}{2}n + c_1$$

当输入数组为降序时，则出现最坏情况（worst-case）：第 4 行语句的执行次数为 $\sum_{i=1}^{n}(n-i)$，即 $t_i = n(n-1)/2$。此时，运行时间为

$$T(n) = \frac{c_1 + c_2 + c_3}{2}n^2 + \frac{3c_1 - c_2 - c_3}{2}n + c_1$$

这时 $T(n)$ 也可写成 $an^2 + bn + c$，常量 a、b 和 c 与 c_i 有关，这是 n 的一个二次函数。

1.2.2　最坏情况和平均情况分析

在冒泡排序算法中，我们分析了算法在最好情况和最坏情况下的性能。在本书的后续章节中，主要考虑算法在最坏情况下的运行时间，即对于规模 n 的任何输入，算法运行最长的时间。之所以这样，是由于以下三个原因：

- 算法的最坏情况运行时间是任一输入运行时间的上界。由此可知，算法的运行时间不会比这更长。我们无需对算法的运行时间做出有根据的推测，并希望它不会变得更坏。
- 对于某些算法，最坏情况经常出现。例如，在数据库中搜索某个信息时，若搜索的信息不在数据库中，搜索算法就会出现最坏情况。在某些搜索应用中，搜索不存在的信息是经常会遇到的情况。
- 算法的"平均情况"性能常常与最坏情况大致相同。上述冒泡排序算法的平均情况与最坏情况具有相同的数量级。

在某些情况下，我们感兴趣的是算法的平均情况（average-case）或期望运行时间。当进行平均情况分析时，出现的问题是什么构成了这个问题的平均输入。通常，我们假设已知规模的所有输入出现的概率相等，实际中可能会违背这个假定。有时，对于进行随机选择的随机算法，需进行概率分析。

1.2.3　增长的数量级

为了更容易地分析算法，需对公式进行简化。首先，忽略每条语句的实际开销，利用常量 c_i 表示这些开销。其次，公式 $an^2 + bn + c$ 中的常数给出了我们并不需要的详细信息，这些常数 a、b 和 c 依赖于 c_i。因此，我们可以忽略实际语句开销，也可以忽略抽象开销 c_i。

我们可以对公式做进一步简化，只关注运行时间增长的数量级（order of growth）。当 n 很大时，相对于公式中的首项（leading term，最高阶项），如 an^2，低阶项可以忽略。另外，还可以忽略最高阶项的系数，因为对于较大规模的输入而言，与计算效率的增长相比，系数也是可以忽略的。因此，冒泡排序最坏情况下的运行时间为 $\Theta(n^2)$。（符号 Θ 的定义在下一节中给出。）

如果一个算法的最坏情况运行时间的数量级比另一个算法的数量级要低，则认为该算法更有效。由于忽略了常数因子和低阶项，这样的评价对于输入规模较小的问题会产生错误。但对于足够大的输入规模 n，一个最坏情况下数量级为 $\Theta(n^2)$ 的算法要比数量级为 $\Theta(n^3)$ 的算法运行得快。

1.3 算法的运行时间

1.3.1 函数增长

大部分算法都有一个主要参数 n，它是影响算法运行时间的最主要因素。这个参数可以是多项式的指数、待查找文件的大小或其他对于问题规模的抽象度量。为解决同一个问题所设计的各种算法在效率上会有很大差异，这些差异可能比个人微型计算机与巨型计算机之间的差异还大。例如，一台巨型机进行冒泡排序，另一台微型计算机进行归并排序，它们的输入都是一个规模为 100 万的有序数组。假设巨型机每秒执行 1 亿条指令，微型机每秒执行百万条指令。又假如，一个优秀的程序员用机器代码在巨型机上实现冒泡排序，编出的程序需要执行 $2n^2$ 条指令来对 n 个数进行排序；另一个一般的程序员在微型机上用高级语言实现归并排序算法，产生的代码为 $50\ n\ \text{lb}\ n$① 条指令。为排序 100 万个数，巨型机需要的时间为

$$\frac{2 \times (10^6)^2\ \text{条指令}}{10^8\ \text{条指令}/\text{秒}} = 20\,000\ \text{秒} = 5.56\ \text{小时}$$

微型机需要的时间为

$$\frac{50 \times 10^6 \times \text{lb}\ 10^6\ \text{条指令}}{10^6\ \text{条指令}/\text{秒}} \approx 1000\ \text{秒} = 16.67\ \text{分}$$

由上述比较可以看出，由于采用了更低阶的算法，即使用低效的编译器，微型机还是比巨型机快 20 倍。上述例子说明，数量级的改进可对算法效率产生重要影响。

表 1-1 列举了算法分析中一些常见函数的相对大小，说明快的算法比快的计算机更能帮助我们在可以忍受的时间内解决问题。例如，对于较大的 n，$n^{3/2}$ 比 $n(\text{lb}\ n)^2$ 大，而当 n 取较小值时，可能 $n(\text{lb}\ n)^2$ 反而要大一些。一个准确描述算法运行时间的函数可能是这样几个函数的线性组合。$\text{lb}\ n$ 与 n、n 与 n^2 之间存在着巨大差异，但要在几个较快的算法中区分出哪个更快还需要仔细分析。

表 1-1 常 见 函 数 值

$\text{lb}\ n$	$\sqrt{n}$	n	$n\ \text{lb}\ n$	$n\ (\text{lb}\ n)^2$	$n^{3/2}$	n^2
3	3	10	33	110	32	100
7	10	100	664	4414	1000	10 000
10	32	1000	9966	99 317	31 623	1 000 000
13	100	10 000	132 877	1 765 633	1 000 000	100 000 000
17	316	100 000	1 660 964	17 588 016	31 622 777	10 000 000 000
20	1000	1 000 000	19 931 569	397 267 426	1 000 000 000	1 000 000 000 000

对于很多应用问题，当问题规模很大时，能够解决它们的惟一方法是找到一个有效算法。表 1-2 列出了当问题规模为 100 万和 10 亿时，在运算能力分别为每秒执行 100 万、

---

① 书中 $\text{lb}\,x$ 表示 $\log_2 x$，即以 2 为底的 x 的对数；$\lg x$ 表示 $\log_{10} x$，即以 10 为底的 x 的对数。

10亿、1万亿条指令的计算机上，分别使用线性的、$n \text{ lb } n$ 和二次的算法解决问题时所需的最小运行时间。一个快的算法能够使我们在较慢的机器上解决问题，而使用慢的算法，即使是在很快的机器上也仍要花费很长的时间。

表 1 - 2　解决大规模问题所需的时间

每秒执行指令数	问题规模为 100 万			问题规模为 10 亿		
	n	$n \text{ lb } n$	n^2	n	$n \text{ lb } n$	n^2
10^6	几秒	几秒	几周	几小时	几小时	几乎永不结束
10^9	瞬间	瞬间	几小时	几秒	几秒	几十年
10^{12}	瞬间	瞬间	几秒	瞬间	瞬间	几周

1.3.2　渐近表示

当我们进行算法分析时，可以利用数学技巧忽略一些细节，这些数学技巧就是 O 表示法(O-notation)、Ω 表示法(omega-notation)和 Θ 表示法(theta-notation)。这些表示法可以方便地表示算法最坏情况下的计算复杂度(computational complexity)。下面定义这些符号的含义。

定义 1.1　如果存在三个正常数 c_1, c_2, n_0，对于所有的 $n \geqslant n_0$，有 $0 \leqslant c_1 g(n) \leqslant f(n) \leqslant c_2 g(n)$，则记作 $f(n) = \Theta(g(n))$。

图 1 - 2 给出了函数 $f(n)$ 和 $g(n)$ 的直观图示，其中 $f(n) = \Theta(g(n))$。对于所有位于 n_0 右边的 n 值，$f(n)$ 值落在 $c_1 g(n)$ 和 $c_2 g(n)$ 之间，即对所有 $n \geqslant n_0$，$f(n)$ 在一个常数因子内与 $g(n)$ 相等，其中 n_0 是最小可能的值。我们称 $g(n)$ 是 $f(n)$ 的一个渐近紧致界(asymptotically tight bound)。

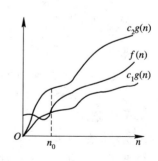

$\Theta(g(n))$ 的定义要求每个元素渐近非负，即当 n 充分大时 $f(n)$ 非负。这就要求函数 $g(n)$ 本身是非负的。

图 1 - 2　$f(n) = \Theta(g(n))$

下面我们利用定义来证明 $\frac{1}{2}n^2 - 5n = \Theta(n^2)$。首先要确定常数 c_1, c_2, n_0，使得对于所有 $n \geqslant n_0$，有

$$c_1 n^2 \leqslant \frac{1}{2}n^2 - 5n \leqslant c_2 n^2$$

化简得

$$c_1 \leqslant \frac{1}{2} - \frac{5}{n} \leqslant c_2$$

右边的不等式在 $n \geqslant 1$，$c_2 \geqslant 1/2$ 时成立。同样，左边的不等式在 $n \geqslant 11$，$c_1 \leqslant 1/22$ 时成立。这样，通过选择 $0 \leqslant c_1 \leqslant 1/22$，$c_2 \geqslant 1/2$ 以及 $n_0 = 11$，就能证明 $\frac{1}{2}n^2 - 5n = \Theta(n^2)$。当然，其中常数的选择不是惟一的。

定义 1.2　如果存在两个正常数 c，n_0，对于所有的 $n \geqslant n_0$，有 $0 \leqslant f(n) \leqslant cg(n)$，则记作 $f(n) = O(g(n))$。

图 1-3 给出了函数 $f(n)$ 和 $g(n)$ 的直观图示，其中 $f(n)=O(g(n))$。对于所有位于 n_0 右边的 n 值，$f(n)$ 的值总落在 $cg(n)$ 之下，即对所有 $n \geqslant n_0$，$g(n)$ 是计算时间 $f(n)$ 的一个上界（upper bound）函数。$f(n)$ 的数量级就是 $g(n)$。

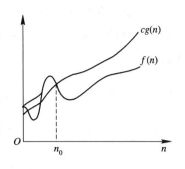

图 1-3　$f(n)=O(g(n))$

当我们用 O 表示算法的最坏情况运行时间时，同时也隐含地给出了对任意输入的运行时间的上界。例如，冒泡排序的最坏情况运行时间为 $O(n^2)$，这隐含着该算法的运行时间为 $O(n^2)$。

下面我们利用定义来证明 $\frac{1}{3}n^2-3n=O(n^2)$。首先要确定常数 c 和 n_0，使得对于所有 $n \geqslant n_0$，有

$$\frac{1}{3}n^2-3n \leqslant cn^2$$

化简得

$$\frac{1}{3}-\frac{3}{n} \leqslant c$$

不等式在 $n \geqslant 1$，$c \geqslant 1/3$ 时成立。

定义 1.3　如果存在两个正常数 c 和 n_0，对于所有的 $n \geqslant n_0$，有 $0 \leqslant cg(n) \leqslant f(n)$，则记作 $f(n)=\Omega(g(n))$。

图 1-4 给出了函数 $f(n)$ 和 $g(n)$ 的直观图示，其中 $f(n)=\Omega(g(n))$。对于所有位于 n_0 右边的 n 值，$f(n)$ 的值总落在 $cg(n)$ 之上，即对所有 $n \geqslant n_0$，$g(n)$ 是计算时间 $f(n)$ 的一个下界（lower bound）函数。

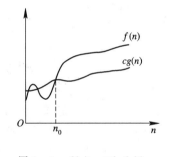

图 1-4　$f(n)=\Omega(g(n))$

当我们用 Ω 表示算法的最好情况运行时间时，同时也隐含地给出了对任意输入的运行时间的下界。例如，冒泡排序算法的最好情况运行时间为 $\Omega(n^2)$，这隐含着该算法的运行时间为 $\Omega(n^2)$。因此可得，冒泡排序算法运行时间为 $\Omega(n^2)$。

下面我们利用定义来证明 $\frac{1}{3}n^2-3n=\Omega(n^2)$。首先要确定常数 c 和 n_0，使得对于所有 $n \geqslant n_0$，有

$$cn^2 \leqslant \frac{1}{3}n^2-3n$$

化简得

$$c \leqslant \frac{1}{3}-\frac{3}{n}$$

不等式在 $n \geqslant 18$，$c \geqslant 1/6$ 时成立。

从计算时间上可以把算法分成两类：凡可用多项式来对其计算时间限界的算法称为多项式时间算法（polynomial time algorithm）；而可用指数函数来对其计算时间限界的算法称为指数时间算法（exponential time algorithm）。例如，一个计算时间为 $O(1)$ 的算法，它

的基本运算执行的次数是固定的，因此，总的时间由一个常数来限界；而一个计算时间为 $O(n^2)$ 的算法则由一个二次多项式来限界。以下六种计算时间的多项式时间算法最为常见，其关系为

$$O(1) < O(\mathrm{lb}\ n) < O(n) < O(n\ \mathrm{lb}\ n) < O(n^2) < O(n^3)$$

指数时间算法一般有 $O(2^n)$、$O(n!)$ 和 $O(n^n)$ 这几种，其关系为

$$O(2^n) < O(n!) < O(n^n)$$

其中最为常见的是计算时间为 $O(2^n)$ 的算法。

习　题

1-1　回答以下问题：

(1) 冒泡排序在最坏情况下要做多少次元素比较？最坏情况下的元素排列顺序是什么？

(2) 冒泡排序在最好情况下的元素排列顺序是什么？在这种情况下，需要进行多少次元素比较？

1-2　利用 BUBBLE-SORT 排序算法，通过实例 $A = \langle 31, 41, 59, 26, 41, 58 \rangle$ 说明该算法的运行过程。

```
BUBBLE-SORT(A)
1    for i ← 1 to length[A]
2        do for j ← length[A] downto i+1
3            do if A[j] < A[j−1]
4                then exchange A[j] ↔ A[j−1]
```

1-3　重写冒泡排序，排成递减次序。

1-4　假设在同一台机器上实现冒泡排序和归并排序。对于输入规模 n，冒泡排序运行步数为 $8n^2$，归并排序运行步数为 $64n\ \mathrm{lb}\ n$。当 n 为多大值时，冒泡排序优于归并排序？

1-5　设有两个运行时间分别为 $100n^2$ 和 2^n 的算法，要使前者快于后者，n 最小为多少？

1-6　比较函数的运行时间。函数 $f(n)$ 和时间 t 如表 1-3 所示。请确定时间 t 内可解的最大问题规模 n。假设解问题算法需花费 $f(n)$ 微秒时间。

表 1-3　函数 $f(n)$ 与时间 t 的对应关系

$f(n)$	t						
	1 秒	1 分	1 小时	1 天	1 月	1 年	1 世纪(100 年)
$\mathrm{lb}\ n$							
$\sqrt{n}$							
n							
$n\ \mathrm{lb}\ n$							
n^2							
n^3							
2^n							
$n!$							

1-7 考虑查找问题。

输入：n 个数的序列 $A = \langle a_1, a_2, \cdots, a_n \rangle$ 和一个值 v。

输出：满足 $v = A[i]$ 的下标 i。如果 v 不在 A 中，则输出特殊值 NIL。

写出在序列 A 中线性查找 v 的伪代码。利用循环不变式，证明你的算法是正确的。确定你所构造的循环不变式履行了三个性质。

1-8 用 Θ 表示法表示函数 $n^3/1000 - 100n^2 - 100n + 3$。

1-9 对存储在 A 中的元素进行排序。首先，找出 A 中的最小元素，并将最小元素与 $A[1]$ 交换。然后，找出 A 中的次小元素，并将它与 $A[2]$ 交换。对 A 中的前 $n-1$ 个元素继续这一过程。这个算法称为选择排序。给出这个算法的循环不变式。回答问题：为什么这个算法只运行前 $n-1$ 个元素，而不是所有 n 个元素？用 Θ 表示法表示该算法的最好和最坏情况下的运行时间。

1-10 对于线性查找问题，假设查找每个元素的概率相等，则平均情况下要查找多少个元素？最坏情况下要查找多少个元素？（用 Θ 表示法表示。）

1-11 给定 n 个元素的集合 S 和一个整数 x，描述一个 $\Theta(n \,\text{lb}\, n)$ 的算法，确定 S 中是否存在两个元素，其和正好为 x。

1-12 设 $f(n)$ 和 $g(n)$ 是渐近非负函数。利用 Θ 表示法证明
$$\max(f(n), g(n)) = \Theta(f(n) + g(n))$$

1-13 $2^{n+1} = O(2^n)$？$2^{2n} = O(2^n)$？

1-14 对于两个函数 $f(n)$ 和 $g(n)$，证明：$f(n) = \Theta(g(n))$ 当且仅当 $f(n) = O(g(n))$ 且 $f(n) = \Omega(g(n))$。

1-15 设
$$p(n) = \sum_{i=0}^{d} a_i n^i$$

是阶为 d 的 n 的多项式，其中 $a_i > 0$。设 k 是常数，利用渐近表示法的定义，证明以下性质：

(1) 如果 $k \geq d$，那么 $p(n) = O(n^k)$。

(2) 如果 $k \leq d$，那么 $p(n) = \Omega(n^k)$。

(3) 如果 $k = d$，那么 $p(n) = \Theta(n^k)$。

1-16 设 $f(n)$ 和 $g(n)$ 是渐近正函数，试证明以下猜测是否正确。

(1) $f(n) = O(g(n))$ 蕴含 $g(n) = O(f(n))$。

(2) $f(n) + g(n) = \Theta(\min(f(n), g(n)))$。

(3) $f(n) = O(g(n))$ 蕴含 $\text{lb}\,(f(n)) = O(\text{lb}\,(g(n)))$，其中对于所有足够大的 n，$\text{lb}\,(g(n)) \geq 1$ 且 $f(n) \geq 1$。

(4) $f(n) = O(g(n))$ 蕴含 $2^{f(n)} = O(2^{g(n)})$。

(5) $f(n) = O((f(n))^2)$。

(6) $f(n) = O(g(n))$ 蕴含 $g(n) = \Omega(f(n))$。

(7) $f(n) = \Theta(f(n/2))$。

1-17 lb ＊ 函数中使用的迭代算子"＊"，可用于实数域上任一单调递增函数 $f(n)$ 中。对于给定的常数 $c \in \mathbf{R}$，迭代函数 f_c^* 定义如下：

$$f_c^*(n) = \min\{i \geqslant 0: f^i(n) \leqslant c\}$$

这个函数不需在所有情况下都是良定的。$f_c^*(n)$ 表示将其自变量减小到常数 c 或更小时，利用函数 f 的迭代次数。对于以下的函数 $f(n)$ 和常数 c，尽可能地给出 $f_c^*(n)$ 的紧致界。

$f(n)$	c	$f_c^*(n)$
$n-1$	0	
lb n	1	
$n/2$	1	
$n/2$	2	
$\sqrt{n}$	2	
$\sqrt{n}$	1	
$n^{1/3}$	2	
$n/$lb n	2	

第2章 分治法

2.1 递归与递归方程

2.1.1 递归的概念

递归(recursion)是数学与计算机科学中的基本概念。程序设计语言中的递归程序可被简单地定义为对自己的调用。递归程序不能总是自我调用，否则就会永不终止。因此，递归程序必须有终止条件。尽管递归程序在执行时间上往往比非递归程序要付出更多的代价，但有很多问题的数学模型或算法设计方法本来就是递归的，用递归过程来描述它们不仅非常自然，而且证明该算法的正确性要比用相应的非递归形式容易得多，因此递归不失为一种强有力的程序设计方法。

下面我们来看几个利用递归的例子。

例 2.1 斐波那契(Fibonacci)序列。

无穷数列 1，1，2，3，5，8，13，21，34，…可定义为斐波那契数列。递归形式为

$$F(n) = \begin{cases} 1 & ,n=1 \\ 1 & ,n=2 \\ F(n-1)+F(n-2) & ,n>2 \end{cases}$$

从这一数学定义可以自然地导出递归的斐波那契过程 $F(n)$：

$F(n)$

1　**if** $n \leqslant 2$

2　　**then return** 1

3　**return** $F(n-1)+F(n-2)$

图 2-1 表示斐波那契算法在输入规模 $n=6$ 时的递归结构，其中的每个 $F(\cdot)$ 表示对递归函数的一次调用，叶结点表示递归终止时的调用，即斐波那契算法 $F(n)$ 中第 2 行的返回值。

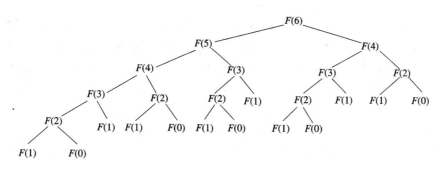

图 2-1　斐波那契算法的递归结构($n=6$)

例 2.2 欧几里得(Euclid)算法。

欧几里得算法是两千年来最著名的算法之一：已知两个非负整数 m，n，且 $m>n>0$，求这两个数的最大公因子。

欧几里得得出本算法基于这样一种观察，两个整数 m 和 n 的最大公因子等于 n 与 $m \bmod n$ 的公因子。欧几里得算法如下：

GCD(m, n)

1　　**if** $n=0$

2　　　**then return** m

3　　**return** GCD(n, $m \bmod n$)

图 2-2 说明了欧几里得算法在 $m=314\,159$，$n=271\,823$ 时的调用过程。过程的返回值为 1，表明所给的两个输入是互质的。

GCD(314 159, 271 823)
　GCD(271 823, 42 331)
　　GCD(42 331, 17 842)
　　　GCD(17 842, 6647)
　　　　GCD(6647, 4458)
　　　　　GCD(4458, 2099)
　　　　　　GCD(2099, 350)
　　　　　　　GCD(350, 349)
　　　　　　　　GCD(349, 1)
　　　　　　　　　GCD(1, 0)

图 2-2　欧几里得算法的例子

例 2.3 汉诺(Hanoi)塔问题。

设有三个塔座 X、Y、Z，n 个圆盘。这些圆盘大小互不相同，初始时，这些编号为 1，2，…，n 的圆盘从大到小依次放在塔座 X 上。最底下为最大圆盘。要求将该塔座上的圆盘移到另一个塔座 Z 上，并按照同样顺序放置。圆盘移动时，满足以下规则：① 一次只能移动一个圆盘；② 任何时刻不允许将大的圆盘放在小的圆盘之上；③ 圆盘可以放在 X、Y 和 Z 的任一塔座上。

我们可以用递归解决这个问题。其中递归是基于这样的一个想法：当 $n=1$ 时，只要将编号为 1 的圆盘从塔座 X 直接移到塔座 Z 上即可；当 $n>1$ 时，利用 Z 作中间塔座，依照上述规则，将编号为 n 的圆盘上的 $n-1$ 个圆盘从塔座 X 移到塔座 Y 上，再将 X 上编号为 n 的圆盘直接移到塔座 Z 上，最后，以 X 作中间塔座，将塔座 Y 上的 $n-1$ 个圆盘从塔座 Y 移到塔座 Z 上。而对于 $n-1$ 个圆盘的移动是一个和原问题具有相同特征的子问题，可用同样方法求解。因此，规模为 n 的 Hanoi 塔算法如下：

HANOI(n, X, Y, Z)

1　　**if** $n=1$

2　　　**then** MOVE(X, 1, Z)

3　　　**else** HANOI($n-1$, X, Z, Y)

4　　　　　MOVE(X, n, Z)

5　　　　　HANOI($n-1$, Y, X, Z)

HANOI(n, X, Y, Z)表示将塔座 X 上编号为 $1\sim n$ 的 n 个圆盘按照规则移到塔座 Z 上，以 Y 作中间塔座。HANOI($n-1$, X, Z, Y)表示将塔座 X 上编号为 $1\sim n-1$ 的 $n-1$ 个圆盘按照规则移到塔座 Y 上，以 Z 作中间塔座。HANOI($n-1$, Y, X, Z)表示将塔座 Y 上编号为 $1\sim n-1$ 的 $n-1$ 个圆盘按照规则移到塔座 Z 上，以 X 作中间塔座。MOVE(X, n, Z)表示将编号为 n 的圆盘从塔座 X 移到塔座 Z 上。

递归过程在实现时，可用一个等价的递归栈来实现过程的嵌套调用。递归的深度就是在整个计算中过程嵌套调用的最大程度。通常，深度取决于输入规模。因此，对于大型问题，栈所需的空间可能妨碍我们使用递归方法求解。图 2-3 表示 $n=4$ 时汉诺塔算法的运行过程。

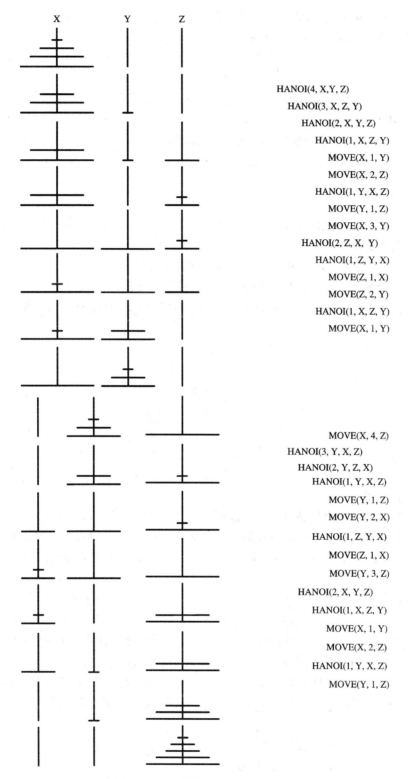

HANOI(4, X, Y, Z)
HANOI(3, X, Z, Y)
HANOI(2, X, Y, Z)
HANOI(1, X, Z, Y)
MOVE(X, 1, Y)
MOVE(X, 2, Z)
HANOI(1, Y, X, Z)
MOVE(Y, 1, Z)
MOVE(X, 3, Y)
HANOI(2, Z, X, Y)
HANOI(1, Z, Y, X)
MOVE(Z, 1, X)
MOVE(Z, 2, Y)
HANOI(1, X, Z, Y)
MOVE(X, 1, Y)

MOVE(X, 4, Z)
HANOI(3, Y, X, Z)
HANOI(2, Y, Z, X)
HANOI(1, Y, X, Z)
MOVE(Y, 1, Z)
MOVE(Y, 2, X)
HANOI(1, Z, Y, X)
MOVE(Z, 1, X)
MOVE(Y, 3, Z)
HANOI(2, X, Y, Z)
HANOI(1, X, Z, Y)
MOVE(X, 1, Y)
MOVE(X, 2, Z)
HANOI(1, Y, X, Z)
MOVE(Y, 1, Z)

图 2-3 汉诺塔的运行过程($n=4$)

汉诺塔算法的时间复杂度为指数级的复杂度。以下做一简要证明。假设汉诺塔算法的时间复杂度为 $T(n)$，由递归算法可得

$$T(n) = \begin{cases} 1 & ,n=1 \\ 2T(n-1)+1 & ,n>1 \end{cases}$$

不失一般性，设 n 为 2 的幂。由数学归纳法容易得出，该递归方程的解为 2^n-1，即 $O(2^n)$。

从上述例子可见，当算法包含调用自身的过程时，其运行时间可用递归方程 (recurrence equation) 描述。本节介绍三种求解递归方程的方法。这三种方法分别是替换方法 (substitution method)、递归树方法 (recursion-tree method) 和主方法 (master method)。

2.1.2 替换方法

用替换方法解某个递归方程时，分为两步。首先猜测问题解的某个界限，然后用数学归纳法证明所猜测解的正确性。

例 2.4 利用替换方法解递归方程 $T(n)=2T(n/2)+n$。

解 我们猜测其解为 $T(n)=O(n\,\mathrm{lb}\,n)$。假设这个界限对于 $\lfloor n/2 \rfloor$ 成立，即存在某个常数 c，$T(\lfloor n/2 \rfloor) \leqslant c(\lfloor n/2 \rfloor)\,\mathrm{lb}(\lfloor n/2 \rfloor)$ 成立。现在要证明 $T(n) \leqslant cn\,\mathrm{lb}\,n$。将假设代入递归方程可得：

$$\begin{aligned} T(n) &= 2T(n/2)+n \\ &\leqslant 2(c\lfloor n/2 \rfloor\,\mathrm{lb}\lfloor n/2 \rfloor)+n \\ &= cn\,\mathrm{lb}\,n/2+n \\ &= cn\,\mathrm{lb}\,n-cn\,\mathrm{lb}\,2+n \\ &= cn\,\mathrm{lb}\,n-cn+n \\ &= cn\,\mathrm{lb}\,n-(c-1)n \\ &\leqslant cn\,\mathrm{lb}\,n \end{aligned}$$

最后一步在 $c \geqslant 1$ 时成立。

下面证明猜测对于边界条件成立，即证明对于选择的常数 c，$T(n) \leqslant cn\,\mathrm{lb}\,n$ 对于边界条件成立。这个要求有时会产生一些问题。假设 $T(1)=1$ 是递归方程的惟一边界条件，那么对于 $n=1$，$T(1) \leqslant c \cdot 1 \cdot \mathrm{lb}\,1=0$ 与 $T(1)=1$ 发生矛盾。因此，归纳法中的归纳基础不成立。

我们可以很容易地解决这个问题。利用这样一个事实：渐近表示法只要求对 $n \geqslant n_0$，$T(n) \leqslant cn\,\mathrm{lb}\,n$ 成立，其中 n_0 是一个可以选择的常数。由于对于 $n>3$，递归方程并不直接依赖 $T(1)$，因此可设 $n_0=2$，选择 $T(2)$ 和 $T(3)$ 作为归纳证明中的边界条件。由递归方程可得 $T(2)=4$ 和 $T(3)=5$。此时只要选择 $c \geqslant 2$，就会使得 $T(2) \leqslant c \cdot 2 \cdot \mathrm{lb}\,2$ 和 $T(3) \leqslant c \cdot 3 \cdot \mathrm{lb}\,3$ 成立。因此，只要选择 $n_0=2$ 和 $c \geqslant 2$，就有 $T(n) \leqslant cn\,\mathrm{lb}\,n$ 成立。

不幸的是，并不存在一般的方法来猜测递归方程的正确解。这种猜测需要经验，有时需要创造性。

有时，一些看上去非常陌生的递归方程在经过一些简单代数变换之后，就可以变为我们较熟悉的形式。下面通过例子进行说明。

例 2.5 解递归方程 $T(n)=2T(\sqrt{n})+1$。

解 设 $n=2^m$ 或者 $m=\mathrm{lb}\,n$，则递归方程变为

$$T(2^m) = 2T(2^{m/2}) + 1$$

再做一次替换，设 $S(m) = T(2^m)$，则递归方程变为

$$S(m) = 2S(m/2) + 1$$

该方程的解为 $S(m) = \Theta(m)$。换成 T，可得 $T(2^m) = \Theta(m)$。将 $n = 2^m$ 代入，得 $T(n) = \Theta(\mathrm{lb}\ n)$。

2.1.3 递归树方法

尽管替换方法提供了证明递归方程解的简要证明方法，但要猜测一个好的解却比较困难。以下介绍基于递归树的方法，通过这种方法，可以更好地猜测一个问题的解，并用替换方法证明这个猜测。图 2-4 表明了如何解递归方程 $T(n) = 3T(n/4) + cn^2$。假设 n 为 4 的幂。

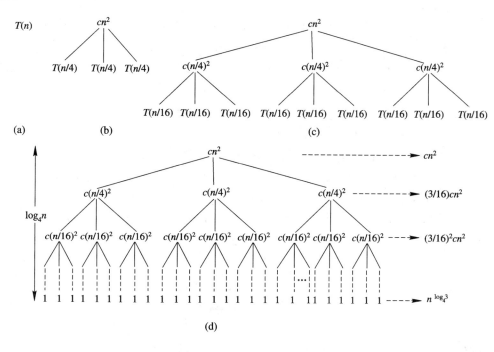

图 2-4 递归树的构造过程

图 2-4(a)表示 $T(n)$。图 2-4(b)表示对 $T(n)$ 进行扩展，形成与递归方程等价的一棵树。cn^2 表示树的根，即递归顶层的开销。根的三棵子树为小一级的递归方程 $T(n/4)$。图 2-4(c)表示对 $T(n/4)$ 的进一步展开。根据递归方程，继续展开树中的每个结点，直到问题规模变成 1，每个开销为 $T(1)$。图 2-4(d)表示最终结果树。树的高度是 $\log_4 n$，深度为 $\log_4 n + 1$。

随着由根开始的展开，子问题规模不断下降，最终达到一个边界条件。当达到边界条件时，结点距根有多远呢？深度为 i 的结点，其子问题的规模为 $n/4^i$。当 $n/4^i = 1$ 或者 $i = \log_4 n$ 时，子问题规模达到 1，因此树有 $\log_4 n + 1$ 层（$0, 1, \cdots, \log_4 n$）。

现在，我们确定树中每一层的开销。每一层的结点数是上一层结点数的 3 倍，因此，第 i 层的结点数为 3^i。由于每一层子问题规模为上一层的 1/4，由根向下，深度为

$i(i=0,1,\cdots,\log_4 n-1)$ 的每个结点的开销为 $c(n/4^i)^2$，那么第 i 层上结点的总开销为

$$3^i c(n/4^i)^2 = (3/16)^i cn^2, \qquad i=0,1,\cdots,\log_4 n-1$$

深度为 $\log_4 n$ 的最后一层有 $3^{\log_4 n}=n^{\log_4 3}$ 个结点，每个结点的开销为 $T(1)$，该层总开销为 $n^{\log_4 3}T(1)$，即 $\Theta(n^{\log_4 3})$。

将所有层的开销相加便得到整棵树的开销：

$$
\begin{aligned}
T(n) &= cn^2 + \frac{3}{16}cn^2 + \left(\frac{3}{16}\right)^2 cn^2 + \cdots + \left(\frac{3}{16}\right)^{\log_4 n-1} cn^2 + \Theta(n^{\log_4 3}) \\
&= \sum_{i=0}^{\log_4 n-1}\left(\frac{3}{16}\right)^i cn^2 + \Theta(n^{\log_4 3}) \\
&\leqslant \sum_{i=0}^{\infty}\left(\frac{3}{16}\right)^i cn^2 + \Theta(n^{\log_4 3}) \\
&= \frac{1}{1-3/16}cn^2 + \Theta(n^{\log_4 3}) \\
&= \frac{16}{13}cn^2 + \Theta(n^{\log_4 3}) \\
&= O(n^2)
\end{aligned}
$$

因此，我们导出对原递归方程 $T(n)=3T(n/4)+cn^2$ 界限的一个猜测，即 $T(n)=O(n^2)$。在这个例子中，cn^2 的系数构成一个递减几何级数。这些级数之和的上界为 16/13。由于根对于总开销的贡献为 cn^2，因此可以说根所占的份额控制着总的开销。事实上，如果 $O(n^2)$ 是递归方程的一个上界，那么它也一定是一个紧致界。这是因为第一次递归调用开销为 $\Theta(n^2)$，所以 $\Omega(n^2)$ 一定是递归方程的一个下界。

现在利用替换方法证明我们的猜测是正确的。假设这个界限对于 $n/4$ 成立，即存在某个常数 d，$T(n/4)\leqslant d(n/4)^2$ 成立。代入递归方程可得

$$
\begin{aligned}
T(n) &= 3T(n/4)+cn^2 \\
&\leqslant 3\,d(n/4)^2 + cn^2 \\
&= (3/16)dn^2 + cn^2 \\
&\leqslant dn^2
\end{aligned}
$$

只要选取 $d\geqslant(16/13)c$，最后一步便成立。

2.1.4 主方法

主方法(master method)为我们提供了解如下形式递归方程的一般方法：

$$T(n) = aT(n/b) + f(n) \tag{2.1}$$

其中 $a\geqslant 1$，$b>1$ 为常数，$f(n)$ 是渐近正函数。递归方程(2.1)描述了算法的运行时间。算法将规模为 n 的问题划分成 a 个子问题，每个子问题的大小为 n/b，其中 a、b 是正常数。求解这 a 个子问题，每个所需时间为 $T(n/b)$。函数 $f(n)$ 表示划分子问题与组合子问题解的开销。例如，对于递归方程 $T(n)=3T(n/4)+cn^2$，$a=3$，$b=4$，$f(n)=\Theta(n^2)$。

每个子问题 n/b 未必为整数，但用 $T(n/b)$ 代替 $T(\lfloor n/b \rfloor)$ 和 $T(\lceil n/b \rceil)$ 并不影响递归方程的渐近行为，因此我们在表达这种形式的分治算法时将略去向下取整函数和向上取整函数。

主方法依赖于以下定理。这个定理也称为主定理。

定理 2.1 设 $a \geqslant 1$，$b > 1$ 为常数，$f(n)$ 为一函数。$T(n)$ 由以下递归方程定义：

$$T(n) = aT(n/b) + f(n)$$

其中 n 为非负整数，则 $T(n)$ 有如下的渐近界限：

(1) 若对某些常数 $\varepsilon > 0$，有 $f(n) = O(n^{\log_b a - \varepsilon})$，那么 $T(n) = \Theta(n^{\log_b a})$。

(2) 若 $f(n) = \Theta(n^{\log_b a})$，那么 $T(n) = \Theta(n^{\log_b a} \text{ lb } n)$。

(3) 若对某些常数 $\varepsilon > 0$，有 $f(n) = \Omega(n^{\log_b a + \varepsilon})$，且对常数 $c < 1$ 与所有足够大的 n，有 $af(n/b) \leqslant cf(n)$，那么 $T(n) = \Theta(f(n))$。

在运用该定理之前，我们先来分析它的含义。在上述每一种情况下，我们都把函数 $f(n)$ 与函数 $n^{\log_b a}$ 进行比较，递归方程的解由这两个函数中较大的一个决定。例如，在第一种情形中，函数 $n^{\log_b a}$ 比函数 $f(n)$ 更大，则解为

$$T(n) = \Theta(n^{\log_b a})$$

在第二种情形中，这两个函数一样大，则解为

$$T(n) = \Theta(n^{\log_b a} \text{ lb } n) = \Theta(f(n) \text{ lb } n)$$

在第三种情形中，$f(n)$ 是较大的函数，则解为

$$T(n) = \Theta(f(n))$$

下面进一步解释。在第一种情形中，函数 $f(n)$ 不仅比函数 $n^{\log_b a}$ 要小，还必须是多项式地小于，即对于某些常数 $\varepsilon > 0$，$f(n)$ 渐近地小于 $n^{\log_b a}$，两者差一个因子 n^ε。在第三种情形中，函数 $f(n)$ 不仅比函数 $n^{\log_b a}$ 要大，还必须是多项式地大于，此外还要满足条件 $af(n/b) \leqslant cf(n)$。

我们可用图 2-5 表示方程(2.1)，从另一个角度解释主定理。

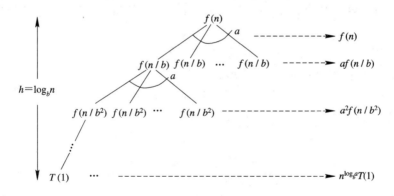

图 2-5 主定理的图示

图 2-5 中，树的叶子结点数为

$$a^h = a^{\log_b n} = n^{\log_b a}$$

对于第一种情形，从根到叶子结点开销的权重呈几何级数增加，即

$$T(n) = f(n) + af(n/b) + a^2 f(n/b^2) + \cdots + n^{\log_b a} T(1) = \Theta(n^{\log_b a})$$

叶子结点占有整个权重的恒定比例。

对于第二种情形，每一层的权重大致相同，即

$$T(n) = f(n) + af(n/b) + a^2 f(n/b^2) + \cdots + n^{\log_b a} T(1) = \Theta(n^{\log_b a} \text{ lb } n)$$

对于第三种情形，从根到叶子结点开销的权重呈几何级数减小，即

$$T(n) = f(n) + af(n/b) + a^2 f(n/b^2) + \cdots + n^{\log_b a} T(1) = \Theta(f(n))$$

需要注意的是，这三种情形并没有覆盖所有可能的 $f(n)$。当 $f(n)$ 不是多项式地小于 $n^{\log_b a}$ 时，在第一种情形与第二种情形之间就会出现一条间隙。类似地，当 $f(n)$ 不是多项式地大于 $n^{\log_b a}$ 时，在第二种情形与第三种情形之间也会出现一条间隙。如果函数 $f(n)$ 落入任何一个间隙中，或者第三种情形中的条件 $af(n/b) \leqslant cf(n)$ 不成立，那么就不能用主定理解递归方程。如对于递归方程 $T(n) = 2T(n/2) + n \operatorname{lb} n$，$f(n) = n \operatorname{lb} n$ 比 $n^{\log_b a} = n$ 大，但并不是多项式地比 n 大，因此不能用主定理的第三种情形解这个递归方程。

下面通过一些例子来说明主方法的应用。

例 2.6 解递归方程 $T(n) = 4T(n/2) + n$。

解 由递归方程可得，$a = 4$，$b = 2$ 且 $f(n) = n$。因此，$n^{\log_b a - \varepsilon} = n^{\operatorname{lb} 4 - \varepsilon} = n^{2 - \varepsilon}$。选取 $0 < \varepsilon < 1$，则

$$f(n) = O(n^{2-\varepsilon}) = O(n^{\log_b a - \varepsilon})$$

递归方程满足主定理的第一种情形，因此

$$T(n) = \Theta(n^{\log_b a}) = \Theta(n^{\operatorname{lb} 4}) = \Theta(n^2)$$

例 2.7 解递归方程 $T(n) = 4T(n/2) + n^2$。

解 由递归方程可得，$a = 4$，$b = 2$，且 $f(n) = n^2$。因此，$n^{\log_b a} = n^{\operatorname{lb} 4} = n^2$，则

$$f(n) = O(n^2) = O(n^{\log_b a})$$

递归方程满足主定理的第二种情形，因此

$$T(n) = \Theta(n^{\log_b a} \operatorname{lb} n) = \Theta(n^{\operatorname{lb} 4} \operatorname{lb} n) = \Theta(n^2 \operatorname{lb} n)$$

例 2.8 解递归方程 $T(n) = 4T(n/2) + n^3$。

解 由递归方程可得，$a = 4$，$b = 2$，且 $f(n) = n^3$。因此，$n^{\log_b a + \varepsilon} = n^{\operatorname{lb} 4 + \varepsilon} = n^{2 + \varepsilon}$。选取 $0 < \varepsilon < 1$，则

$$f(n) = \Omega(n^{2+\varepsilon}) = \Omega(n^{\log_b a + \varepsilon})$$

递归方程满足主定理的第三种情形。还需证明 $af(n/b) \leqslant cf(n)$。选择 $1/2 \leqslant c$，则 $(1/2)n^3 \leqslant cn^3$ 成立，即 $4(n/2)^3 \leqslant cn^3$ 成立，也即 $4f(n/2) \leqslant cf(n)$ 成立，因此选择 c，满足 $1/2 < c < 1$，则 $T(n) = \Theta(f(n)) = \Theta(n^3)$。

2.2 分 治 法

2.2.1 分治法的基本思想

对于一个规模为 n 的问题，若该问题可以容易地解决（比如说规模 n 较小），则直接解决，否则将其分解为 k 个规模较小的子问题，这些子问题互相独立且与原问题形式相同，递归地解这些子问题，然后将各子问题的解合并，得到原问题的解。这种算法设计策略叫做分治（divide and conquer）法。

分治法在每一层递归上由三个步骤组成：

(1) 划分（divide）：将原问题分解为若干规模较小、相互独立、与原问题形式相同的子问题。

（2）解决（conquer）：若子问题规模较小，则直接求解；否则递归求解各子问题。

（3）合并（combine）：将各子问题的解合并为原问题的解。

它的一般算法设计范型如下：

DIVIDE&CONQUER(P)

1   **if** $|P| \leqslant c$

2   **then return**(DSOLVE(P))

3   **else** divide P into P_1, P_2, $\cdots$, P_k subproblems

4   **for** $i \leftarrow 1$ **to** k

5   **do** $s_i \leftarrow$ DIVIDE&CONQUER(P_i)

6    $S \leftarrow$ COMBINE(s_1, s_2, $\cdots$, s_k)

7   **return** S

其中，$|P|$ 表示问题 P 的规模；c 为一阈值，表示当问题 P 的规模不超过 c 时，问题已容易直接解出，不必再继续分解。DSOLVE(P)表示问题规模足够小时，直接用算法 DSOLVE(P)求解。算法第 3 行表示将问题分解为 k 个子问题。算法 COMBINE(s_1, s_2, $\cdots$, s_k)是该分治法中的合并子算法，用于将 P 的子问题 P_1, P_2, $\cdots$, P_k 的相应解 s_1, s_2, $\cdots$, s_k 合并为原问题 P 的解。

从分治法的一般设计模式可以看出，直接用它设计出的算法是一个递归算法。我们可用递归方程描述递归算法的运行时间。设 $T(n)$ 表示用分治法求解规模为 n 的问题所需的计算时间，如果问题规模足够小，比如 $n \leqslant c$，则可直接求解问题，$T(n) = \Theta(1)$。假定将原问题分解为 k 个子问题，每一个子问题规模是原问题的 $1/m$，若分解该问题和合并该问题的时间分别为 $D(n)$ 和 $C(n)$，则算法的计算时间 $T(n)$ 可表示为如下的递归方程：

$$T(n) = \begin{cases} \Theta(1) & , n \leqslant c \\ kT(n/m) + D(n) + C(n) & , n > c \end{cases}$$

如果 n 为 m 的幂，分解该问题和合并该问题的时间为 $f(n)$，则该递归方程的解为

$$T(n) = n^{\log_m k} + \sum_{i=0}^{\log_m n - 1} k^i f(n/m^i)$$

2.2.2 二叉查找算法

已知一个按照非降序排列的 n 个元素列表 a_1, a_2, $\cdots$, a_n，要求判定某个给定元素 v 是否在该表中出现。如果元素 v 在表中出现，则找出 v 在表中的位置，表示查找成功；否则返回位置 0，表示查找不成功。

二叉查找（binary search）算法的基本思想是将 n 个元素分成大致相等的两部分，取 $A(\lfloor n/2 \rfloor)$ 与 v 进行比较，如果相等，则找到 v，返回 v 所在位置，算法终止；如果 $v < A(\lfloor n/2 \rfloor)$，则在数组的左半部分继续查找 v；如果 $v > A(\lfloor n/2 \rfloor)$，则在数组的右半部分继续查找 v。当所查找的区间为 0 时，表示 v 不在数组中，返回查找不成功标志 0。

算法 ITERATIVE-BINARY-SEARCH 描述了上述思想。

ITERATIVE-BINARY-SEARCH(A, v, low, $high$)

1   **while** $low \leqslant high$

2   **do** $mid \leftarrow \lfloor (low + high)/2 \rfloor$

3   **if** $v = A[mid]$

```
4                then return mid
5            else if v>A[mid]
6                  then low ← mid+1
7                  else high ← mid−1
8        return NIL
```

　　算法第 1 行检查待查找的区间，第 2 行计算待比较的元素位置。如果第 3 行中的 D 条件为真，则表示查找成功，返回元素所在位置；否则，或者在左半部分继续进行查找（执行第 6 行），或者在右半部分继续进行查找（执行第 7 行）。如果第 1 行的 while 循环条件为假，则执行第 8 行，返回查找不成功标志 0。

　　算法 ITERATIVE-BINARY-SEARCH 在运行过程中，维持以下循环不变式：如果待查找的元素在数组中，则待查找元素必然在子数组中。

　　在循环迭代开始时，子数组为输入原数组，循环不变式为真。在随后的各循环迭代步中，下一迭代步中的数组是当前子数组中去掉不含 v 的那半部分数组后所剩余的部分，如果 v 在原数组中，则 v 必在下一迭代步中将要查找的子数组中，因此，在每一循环步中，不变式总为真。

　　在每次迭代中，当 A[mid]=v 时，将返回下标 mid；否则，子数组长度将减少一半多。因为原数组有有限个元素，所以循环必定在有限步内终止。若算法终止于 while 循环（第 4 行），则返回下标 mid，循环不变式为真。若算法在第 8 行终止，则返回 NIL，即待查找的元素不在原数组中。

　　为了理解二叉查找算法的运行过程，我们把它的执行想象成一棵二叉判定树（binary decision tree）的执行。下面以 A=⟨5，7，12，25，34，37，43，46，58，80，92，105⟩ 为例来说明，如图 2−6 所示（图中 n=12）。树中每一个结点表示一个元素在数组中的位置，也是算法运行过程中所有可能的 mid 值，结点外面的数值表示该元素的值。算法中所做的第一个元素比较是与 A[6] 进行的比较，如果待查找元素比 A[6] 小，则算法沿着左子树与 A[3] 比较；如果待查找元素比 A[6] 大，则算法沿着右子树与 A[9] 比较。通常称这种表示查找过程的二叉树为判定树。从判定树可见，查找元素 25 的过程恰好是走了一条从根结点到结点 4 的路径，和给定值 25 进行比较的元素个数为该路径上的结点数或结点 4 在判定树上的层数。因而，找到数组中任一元素的过程就是走了一条从根结点到该元素的路径，和给定值比较的元素个数恰为该结点在判定树上的层数。因此，二叉查找在查找成功时进行比较的元素个数最多不超过树的深度，而具有 n 个结点的判定树深度为 ⌊lb n⌋+1，所以，二叉查找在查找成功时进行比较的元素个数至多为 ⌊lb n⌋+1。

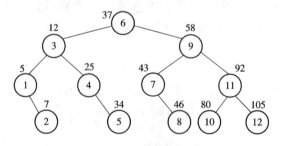

图 2−6　二叉判定树(n=12)

如果在所有结点的空指针域上增加一个指向矩形结点的指针，并称这些矩形结点为判定树的外部结点，其中的数值表示待查找的元素可能值的范围，如58～80表示待查找的元素值在(58,80)之内，如图2-7所示，那么，二叉查找不成功的过程就是走了一条从根结点到外部结点的路径，和给定值进行比较的元素个数等于该路径上内部结点的个数。例如查找50的过程即为走了一条从根结点到结点46～58的过程。因此，二叉查找不成功时和给定元素比较的元素个数也至多为[lb n]+1。

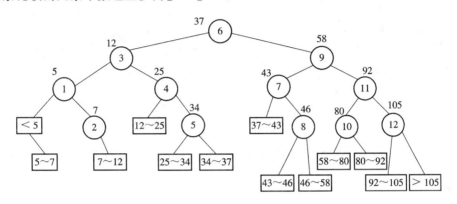

图2-7　加上外部结点的二叉判定树

假定在 A 中查找元素25、50，这分别是一次成功和一次不成功的查找。表2-1给出算法执行时变量 low、$high$ 和 mid 的值。由表2-1可以得出，查找25时进行了3次元素比较，查找成功，返回元素在数组中的位置4；查找50时进行了4次元素比较，查找不成功，返回 NIL。

表2-1　变量 low、$high$ 和 mid 的运行轨迹

$v=25$	low	$high$	mid	$v=50$	low	$high$	mid
初始化	1	12	6		1	12	6
	1	5	3		7	12	9
	4	5	4		7	8	7
			返回4		8	8	8
					9	8	返回 NIL

我们对上述实例作进一步分析。如果以元素比较次数来衡量算法的运行效率，由图2-7可知，查找12个元素中的每一个元素所需的比较次数如表2-2所示。

表2-2　元素的比较次数

A	$A[1]$	$A[2]$	$A[3]$	$A[4]$	$A[5]$	$A[6]$	$A[7]$	$A[8]$	$A[9]$	$A[10]$	$A[11]$	$A[12]$
元素	5	7	12	25	34	37	43	46	58	80	92	105
比较次数	3	4	2	3	4	1	3	4	2	4	3	4

要找到一个元素至少要比较1次，至多比较4次。将找到所有12个元素的比较次数取平均值，可得到每一次成功查找的比较次数为 $37/12≈3.08$。不成功查找的终止方式取决于 v 的值，总共有13种可能的情况，即

$v < A[1]$，$A[1] < v < A[2]$，$A[2] < v < A[3]$，$A[3] < v < A[4]$

$A[4] < v < A[5]$，$A[5] < v < A[6]$，$A[6] < v < A[7]$，$A[7] < v < A[8]$

$A[8] < v < A[9]$，$A[9] < v < A[10]$，$A[10] < v < A[11]$，$A[11] < v < A[12]$

$v > A[12]$

因此，一次不成功查找元素所需的比较次数为

$$\frac{3+4+4+3+4+4+3+4+4+4+4+4+4}{13} \approx 3.77$$

假定有序表的长度为 $n = 2^h - 1$，则二叉查找判定树是深度为 h 的满二叉树。树的第 i 层有 2^{i-1} 个结点。假设数组中每个元素的查找概率相等（$P_i = 1/n$），则查找成功时，二叉查找的平均查找长度（Average Search Length，ASL）为

$$ASL = \sum_{i=1}^{n} P_i C_i = \frac{1}{n} \sum_{j=1}^{h} j \cdot 2^{j-1} = \frac{n+1}{n} \mathrm{lb}(n+1) - 1$$

因此，$ASL = O(\mathrm{lb}\ n)$。

由此可见，二叉查找的效率比顺序查找高，但二叉查找只适用于有序表，且限于顺序存储结构。

2.3 分治法应用实例

2.3.1 找最大值与最小值

在含有 n 个不同元素的集合中同时找出它的最大值和最小值（maximum & minimum）的最简单方法是将元素逐个进行比较。算法中用 max 和 min 分别表示最大值和最小值。算法描述如下：

```
MAXMIN(A)
1    max ← min ← A[1]
2    for i ← 2 to n
3        do if A[i] > max
4            then max ← A[i]
5            else if A[i] < min
6                then min ← A[i]
7    return max & min
```

如果数组中元素按照递增的次序排列，则找出最大值和最小值所需的元素比较次数为 $n-1$，这是最好情况。如果数组中元素按照递减的次序排列，则找出最大值和最小值所需的元素比较次数为 $2(n-1)$，这是最坏情况。在平均情况下，A 中将有一半元素使得第 3 行的比较为真，找出最大值和最小值所需的元素比较次数为 $3(n-1)/2$。

如果我们将分治策略用于此问题，每次将问题分成大致相等的两部分，分别在这两部分中找出最大值与最小值，再将这两个子问题的解组合成原问题的解，就可得到该问题的分治算法。算法描述如下：

```
REC-MAXMIN(i, j, fmax, fmin)
1    if i = j
```

```
2          then fmax ← fmin ← A[i]
3     if i=(j−1)
4          then if A[i]>A[j]
5               then fmax ← A[i]
6                    fmin ← A[j]
7               else fmax ← A[j]
8                    fmin ← A[i]
9     else mid ← ⌊(i+j)/2⌋
10         REC-MAXMIN(i, mid, gmax, gmin)
11         REC-MAXMIN(mid+1, j, hmax, hmin)
12         fmax ← max{gmax, hmax}
13         fmin ← min{gmin, hmin}
```

设 $T(n)$ 表示算法所需的元素比较次数，则可得算法的递归方程为

$$T(n)=\begin{cases}0 & ,n=1\\ 1 & ,n=2\\ T(\lfloor n/2\rfloor)+T(\lceil n/2\rceil)+2 & ,n>2\end{cases}$$

假设 n 为 2 的幂，化简 $T(n)$ 可得

$$T(n)=\begin{cases}0 & ,n=1\\ 1 & ,n=2\\ 2T(n/2)+2 & ,n>2\end{cases}$$

$$\begin{aligned}T(n)&=2T(n/2)+2\\ &=2(2T(n/4)+2)+2\\ &=4T(n/4)+4+2\\ &\cdots\\ &=2^{k-1}T(2)+\sum_{1\leqslant i\leqslant k-1}2^i\\ &=2^{k-1}+2^k-2\\ &=3n/2-2\end{aligned}$$

这表明算法的最坏、平均以及最好情况的元素比较次数为 $3n/2-2$。

事实上，至多进行 $3\lfloor n/2\rfloor$ 次比较是找出最小值和最大值的充分条件。策略是维持到目前为止找到的最小值和最大值。我们并不将每个元素与最大值和最小值都进行比较，因为这样每个元素需要进行两次比较。下面我们成对处理元素。首先，输入成对元素相互进行比较，并将较小者与当前最小值比较，较大者与当前最大值比较，这样每两个元素都进行三次比较。

设置当前最小元素和最大元素的初始值，这两个值与元素个数 n 的奇偶性有关。当 n 为奇数时，我们将最小值和最大值都设为第一个元素，然后将其余元素成对处理；当 n 为偶数时，我们在前两个元素之间进行一次比较，决定最大值和最小值的初始值，然后将其余元素成对处理。

以下分析上述算法的比较次数。如果 n 为奇数，那么需进行 $3\lfloor n/2\rfloor$ 次比较；如果 n 为偶数，我们首先在前两个元素之间进行一次比较，然后进行 $3(n-2)/2$ 次比较，总共进行 $3n/2-2$ 次比较。因此，不论在哪一种情况下，比较的次数至多为 $3\lfloor n/2\rfloor$。

可以证明，任何基于比较的找最大值和最小值的算法，其元素比较次数下界为 $\lceil 3n/2 \rceil - 2$[18]。在这种意义下，算法 REC-MAXMIN 是最优的。但是 REC-MAXMIN 也有其不足之处，它所要求的存储空间较大，即算法中的每次递归调用都需要保留 i, j, $fmax$, $fmin$ 的值及返回地址。

2.3.2 Strassen 矩阵乘法

矩阵乘法是科学计算中最基本的问题之一。设 A 和 B 是两个 $n \times n$ 的矩阵，它们的乘积 $C = AB$ 也是一个 $n \times n$ 的矩阵。其中乘积矩阵中的元素 c_{ij} 定义为

$$c_{ij} = \sum_{k=1}^{n} a_{ik} b_{kj}, \quad i, j = 1, 2, \cdots, n$$

由此可得，计算矩阵 C 中的每个元素都需要 n 次乘法和 $n-1$ 次加法。因此，计算矩阵 C 的 n^2 个元素所需的时间为 O(n^3)。

假设 n 为 2 的幂，运用分治策略，将矩阵分成 4 块大小相等的子矩阵，每个子矩阵都是 $\frac{n}{2} \times \frac{n}{2}$ 的方阵。矩阵乘积 $C = AB$ 可重写为

$$\begin{bmatrix} C_{11} & C_{12} \\ C_{21} & C_{22} \end{bmatrix} = \begin{bmatrix} A_{11} & A_{12} \\ A_{21} & A_{22} \end{bmatrix} \begin{bmatrix} B_{11} & B_{12} \\ B_{21} & B_{22} \end{bmatrix}$$

其中：

$$C_{11} = A_{11}B_{11} + A_{12}B_{21}$$
$$C_{12} = A_{11}B_{12} + A_{12}B_{22}$$
$$C_{21} = A_{21}B_{11} + A_{22}B_{21}$$
$$C_{22} = A_{21}B_{12} + A_{22}B_{22}$$

如果子矩阵的规模大于 2，则可以继续划分这些子矩阵，直至每个矩阵变成 2×2 的矩阵。对于 2×2 的矩阵的计算，只需 8 次乘法和 4 次加法，计算时间为 O(1)。

设 $T(n)$ 表示两个 $n \times n$ 矩阵相乘所需的计算时间，则由 $C_{ij}(i, j = 1, 2)$ 的计算可以看出，可将 $T(n)$ 的计算转化为计算 8 个 $\frac{n}{2} \times \frac{n}{2}$ 的矩阵相乘和 4 个 $\frac{n}{2} \times \frac{n}{2}$ 的矩阵相加，而计算 $\frac{n}{2} \times \frac{n}{2}$ 的矩阵加法所需时间为 O(n^2)，因此

$$T(n) = \begin{cases} \text{O}(1) & , n = 2 \\ 8T(n/2) + \text{O}(n^2) & , n > 2 \end{cases}$$

该递归方程符合主定理的第一种情形，其解为 $T(n) = \text{O}(n^{\text{lb}\,8}) = \text{O}(n^3)$。因此，直接的分治策略并没有降低算法的计算复杂度。1969 年，Strassen 经过对问题的分析，在分治策略的基础上，通过数学技巧，使算法的计算复杂度从 O(n^3) 降到了 O($n^{2.81}$)。当此结果第一次发表时，震动了数学界。在 Strassen 矩阵相乘（Strassen matrix multiplication）算法中，只用了 7 个 $\frac{n}{2} \times \frac{n}{2}$ 的矩阵相乘，但增加了 10 个矩阵加、减法运算。这 7 个矩阵乘法是：

$$P = (A_{11} + A_{22})(B_{11} + B_{22})$$
$$Q = (A_{21} + A_{22})B_{11}$$
$$R = A_{11}(B_{12} - B_{22})$$

$$S = A_{22}(B_{21} - B_{11})$$
$$T = (A_{11} + A_{12})B_{22}$$
$$U = (A_{21} - A_{11})(B_{11} + B_{12})$$
$$V = (A_{12} - A_{22})(B_{21} + B_{22})$$

然后，再通过 8 个矩阵的加、减法运算来计算 C_{ij} 的值($i, j = 1, 2$)：

$$C_{11} = A_{11}B_{11} + A_{12}B_{21} = P + S - T + V$$
$$C_{12} = A_{11}B_{12} + A_{12}B_{22} = R + T$$
$$C_{21} = A_{21}B_{11} + A_{22}B_{21} = Q + S$$
$$C_{22} = A_{21}B_{12} + A_{22}B_{22} = P + R - Q + U$$

在 Strassen 的分治算法中，用了 7 个 $\frac{n}{2} \times \frac{n}{2}$ 的矩阵相乘和 18 个 $\frac{n}{2} \times \frac{n}{2}$ 矩阵相加。因此，算法所需的计算时间满足如下递归方程：

$$T(n) = \begin{cases} O(1) & , n = 2 \\ 7T(n/2) + O(n^2) & , n > 2 \end{cases}$$

该递归方程仍然符合主定理的第一种情形，其解为 $T(n) = O(n^{\mathrm{lb}\,7}) \approx O(n^{2.81})$。因此，Strassen 矩阵乘法的计算时间较之前面讨论的矩阵乘法有所改进。继 Strassen 算法之后，许多科研人员致力于该问题的研究，希望对此结果有所改进。但 J. E. Hopcroft 和 L. R. Kerr[19] 已经证明了两个 2×2 矩阵相乘必须用 7 次乘法，因此，要进一步改进矩阵相乘的时间复杂度，就要考虑 3×3 或 4×4 等更大一级的分块，或者采用新的设计思想。

2.3.3 整数相乘

两个 n 位整数相乘(integer multiplication)的标准算法所需计算时间为 $\Theta(n^2)$。算法是如此的自然，以至于我们可能会觉得没有更好的算法了。在这里，我们却要通过分治策略向大家展示一种确实存在的更好的算法。

采用分治法，将 x 和 y 都分成两部分：$x = 10^{n/2}a + b$，$y = 10^{n/2}c + d$，那么 x 与 y 的乘积可表示为如下的式子：

$$xy = 10^n ac + 10^{n/2}(ad + bc) + bd$$

假设两个 $n/2$ 位的整数相乘不进位，如果按照上式计算 xy 的乘积，要做 4 次两个 $n/2$ 位的乘法，即 ac、ad、bc 和 bd，此外还要做 2 次移位(对应于式中的 10^n 和 $10^{n/2}$)和 3 次不超过 $2n$ 位的整数加法，所有这些移位和加法所需计算时间为 $O(n)$。

设 $T(n)$ 表示两个 n 位的整数相乘所需的计算时间，则

$$T(n) = \begin{cases} O(1) & , n = 1 \\ 4T(n/2) + O(n) & , n > 1 \end{cases}$$

其中，$4T(n/2)$ 表示需要解 4 个规模为 $n/2$ 的子问题，$O(n)$ 表示利用移位和加法将子问题解组合成原问题解的时间。该递归方程符合主定理的第一种情形，其解为

$$T(n) = O(n^{\mathrm{lb}\,4}) = O(n^2)$$

不幸的是，算法效率仍然没有得到提高。这里的关键是分割产生的 4 个子问题有些多。能否像在 Strassen 算法中所做的那样，通过一些技巧，或者说通过提高计算的效率，减少子问题的数量呢？答案是肯定的，即不需分别计算 ad 和 bc，而只需计算它们的和 $ad + bc$。

注意下式：
$$(a+b)(c+d) = (ad+bc) + (ac+bd)$$
如果计算出 ac、bd 和 $(a+b)(c+d)$，那么可以从 $(a+b)(c+d)$ 中减去 ac 和 bd 得到 $ad+bc$ 的值，即 $ad+bc=(a+b)(c+d)-ac-bd$。当然，这样会增加一些加法运算，但却使得计算规模为 $n/2$ 的子问题的乘法减少了一个。递归方程为
$$T(n) = \begin{cases} O(1) & , n=1 \\ 3T(n/2)+O(n) & , n>1 \end{cases}$$
该递归方程只需要解 3 个规模为 $n/2$ 的子问题，而该递归方程符合主定理的第一种情形，其解为 $T(n)=O(n^{\text{lb}\,3})\approx O(n^{1.59})$。这是对二次算法的一个改进。

要实现这个算法，并不用将问题划分至规模为 1 的子问题才停止。由于常规算法利用的加法次数要少，即对于规模较小的 n，常规算法更有效，因此，我们将问题划分至标准计算机上可解的规模，就可停止划分。

上述描述的整数相乘算法可用于小数相乘和二进制乘法。我们用下面的例子来说明这个方法。设 $x=3141$，$y=5927$，则
$$a=31, b=41, c=59, d=27$$
$$u=(a+b)(c+d)=72\times86=6192$$
$$v=ac=31\times59=1829$$
$$w=bd=41\times27=1107$$
$$xy=18\,290\,000+(6192-1829-1107)\times100+1107=18\,616\,707$$
xy 中的第一项是将 v 的小数点位置右移 4 位得到的，中间项是将 $u-v-w$ 的小数点位置右移 2 位得到的。

2.3.4 归并排序

归并排序（merge sorting）是分治法应用的另一个实例，它由以下三步组成：
（1）划分：将待排序 n 个元素的序列划分成两个规模为 $n/2$ 的子序列。
（2）解决：用归并排序递归地对每一子序列排序。
（3）合并：归并两个有序序列，得到排序结果。
当划分的子序列规模为 1 时，递归结束，因为只有一个元素的序列被认为是有序的。

1. 归并算法及其运行时间

归并排序的关键操作是归并两个已排序的子序列的过程。用过程 MERGE(A,p,q,r) 表示归并两个有序序列 $A[p..q]$ 和 $A[q+1..r]$。当过程 MERGE(A, p, q, r) 执行完成后，$A[p..r]$ 中包含的元素有序。过程 MERGE(A, p, q, r) 描述如下：

```
MERGE(A, p, q, r)
1    n₁ ← q−p+1
2    n₂ ← r−q
3    create arrays L[1..n₁+1] and R[1..n₂+1]
4    for i ← 1 to n₁
5        do L[i]←A[p+i−1]
6    for j ← 1 to n₂
```

```
7        do R[j] ← A[q+j]
8      L[n₁+1] ← ∞
9      R[n₂+1] ← ∞              //设置观察哨
10     i ← 1
11     j ← 1
12     for k ← p to r
13        do if L[i]<R[j]
14           then A[k] ← L[i]
15                i ← i+1
16           else A[k] ← R[j]
17                j ← j+1
```

第 1 行计算子数组 $A[p..q]$ 的大小 n_1。第 2 行计算子数组 $A[q+1..r]$ 的大小 n_2。第 3 行创建两个大小分别为 n_1+1 和 n_2+1 的数组。第 4、5 行的 for 循环将子数组 $A[p..q]$ 拷贝到数组 $L[1..n_1]$ 中。第 6、7 行的 for 循环将子数组 $A[q+1..r]$ 拷贝到数组 $R[1..n_2]$ 中。第 8、9 行在数组 L 和 R 的末尾设置观察哨。第 10～17 行执行 $r-p+1$ 个基本步，并维持以下循环不变式：在第 12～17 行 for 循环的开始，子数组 $A[p..k-1]$ 包含 $L[1..n_1]$ 和 $R[1..n_2]$ 中的 $k-p$ 个已排好序的元素。$L[i]$ 和 $R[j]$ 分别是各自数组中还未拷贝到 A 中的最小元素。

现在需要证明，在第 12～17 行的 for 循环开始执行之前，这个循环不变式成立，并在循环的每次迭代过程中，循环不变式保持。当循环终止时，循环不变式还可以提供证明算法正确性的有用性质。

• 初始：在循环的第一次迭代之前，$k=p$，子数组 $A[p..k-1]$ 为空。空数组包含 $k-p\,(=0)$ 个 L 和 R 中的最小元素。由于 $i=j=1$，因此 $L[i]$ 和 $R[j]$ 分别是各自数组中还未拷贝到 A 中的最小元素。

• 维持：为证明每次迭代过程维持不变式，我们首先假定 $L[i] \leqslant R[j]$。$L[i]$ 是没有拷贝到 A 中的最小元素。因为 $A[p..k-1]$ 包含 $k-p$ 个最小元素，在执行第 14 行后，$L[i]$ 被拷贝到 $A[k]$，子数组 $A[p..k]$ 包含 $k-p+1$ 个最小元素。在 for 循环更新中 k 增加，执行第 15 行时 i 增加，重新建立下一次迭代的循环不变式。如果 $L[i]>R[j]$，那么第 16～17 行执行维持循环不变式的相应行为。

• 终止：终止时 $k=r+1$。由循环不变式可知，子数组 $A[p..k-1]$，即 $A[p..r]$ 包含 $L[1..n_1+1]$ 和 $R[1..n_2+1]$ 中的 $k-p=r-p+1$ 个最小元素，且有序。数组 L 和 R 共有 $n_1+n_2+2=r-p+3$ 个元素。除了 L 和 R 中两个最大的元素外，其他所有元素都已拷贝到 A 中。这两个元素是观察哨。

现在分析 MERGE 算法的时间复杂度。第 1～3 行和第 8～11 行需要常量时间，第 4～7 行的 for 循环需要 $\Theta(n_1+n_2)=\Theta(n)$ 时间。第 12～17 行的 for 循环需要 n 次迭代，每次花费常量时间。因此 MERGE 过程的运行时间为 $\Theta(n)$。

2. 归并算法示例

图 2-8 表示归并过程 MERGE 作用于子数组〈2，4，5，7，1，2，3，6〉上执行第 10～17 行的过程。调用归并过程 MERGE 时，参数 p、q 和 r 的值分别为 9、12 和 16。

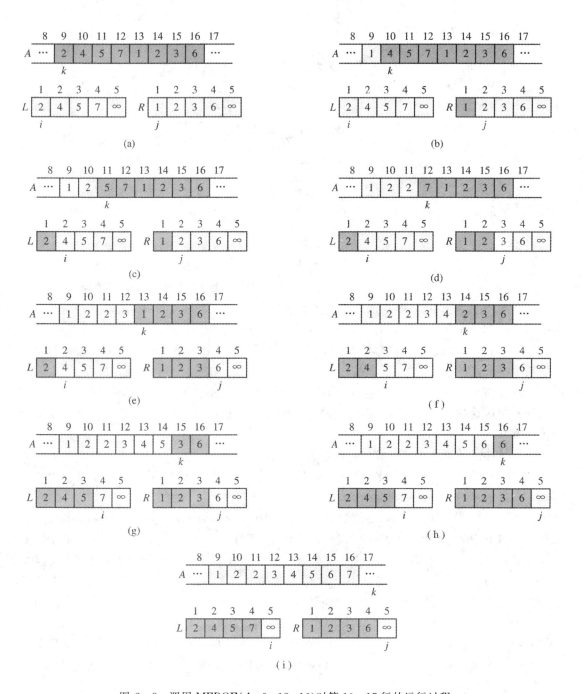

图 2-8 调用 MERGE(A，9，12，16)时第 10~17 行的运行过程

调用 MERGE(A，9，12，16)时，子数组包含序列⟨2，4，5，7，1，2，3，6⟩。执行完第 4~9 行后，数组 L 的值为⟨2，4，5，7，∞⟩，数组 R 的值为⟨1，2，3，6，∞⟩。A 中浅色阴影部分包含最终值，L 和 R 中浅色阴影部分表示必须被拷贝到 A 中的值。A 中深色阴影部分包含已被拷贝完的值，L 和 R 中深色阴影部分表示已被拷贝到 A 中的值。在图 2-8(a)~(h)中，k、i、j 分别表示数组 A、L 和 R 在第 12~17 行循环开始前的下标。图 2-8(i)是最终结果，此时子数组 A[9..16]有序。两个观察哨是 L 和 R 数组中惟一没被拷贝到 A 中

的元素。

3. 归并排序算法

我们将利用 MERGE 作为排序算法的子过程，利用 MERGE-SORT 对子数组 $A[p..r]$ 中的元素进行排序。如果 $p \geq r$，则子数组至多有一个元素，因而有序；否则第 2 行计算下标 q，将数组 $A[p..r]$ 划分成两个子数组 $A[p..q]$ 和 $A[q+1..r]$，它们分别包含 $\lceil n/2 \rceil$ 和 $\lfloor n/2 \rfloor$ 个元素。

MERGE-SORT(A, p, r)

1   **if** $p < r$
2   **then** $q \leftarrow \lfloor (p+r)/2 \rfloor$
3   MERGE-SORT (A, p, q)
4   MERGE-SORT $(A, q+1, r)$
5   MERGE(A, p, q, r)

算法通过两个长为 1 的子序列形成长为 2 的有序序列，再通过两个长为 2 的有序序列形成长为 4 的有序序列，直到通过两个长为 $n/2$ 的有序序列形成长为 n 的有序序列。初始时调用 MERGE-SORT$(A, 1, length[A])$，其中 $length[A] = n$。设 $A = \langle 5, 2, 4, 7, 1, 3, 2, 6 \rangle$，图 2-9 说明了 MERGE-SORT 排序的过程。

MERGE-SORT$(\langle 5, 2, 4, 7, 1, 3, 2, 6 \rangle, 1, 8)$
  MERGE-SORT$(\langle 5, 2, 4, 7 \rangle, 1, 4)$
    MERGE-SORT$(\langle 5, 2 \rangle, 1, 2)$
      MERGE-SORT$(\langle 5 \rangle, 1, 1)$
      MERGE-SORT$(\langle 2 \rangle, 2, 2)$
      MERGE$(\langle 2, 5 \rangle, 1, 1, 2)$
    MERGE-SORT$(\langle 4, 7 \rangle, 3, 4)$
      MERGE-SORT$(\langle 4 \rangle, 3, 3)$
      MERGE-SORT$(\langle 7 \rangle, 4, 4)$
      MERGE$(\langle 4, 7 \rangle, 3, 3, 4)$
    MERGE$(\langle 2, 4, 5, 7 \rangle, 1, 2, 4)$
  MERGE-SORT$(\langle 1, 3, 2, 6 \rangle, 5, 8)$
    MERGE-SORT$(\langle 1, 3 \rangle, 5, 6)$
      MERGE-SORT$(\langle 1 \rangle, 5, 5)$
      MERGE-SORT$(\langle 3 \rangle, 6, 6)$
      MERGE$(\langle 1, 3 \rangle, 5, 5, 6)$
    MERGE-SORT$(\langle 2, 6 \rangle, 7, 8)$
      MERGE-SORT$(\langle 2 \rangle, 7, 7)$
      MERGE-SORT$(\langle 6 \rangle, 8, 8)$
      MERGE$(\langle 2, 6 \rangle, 7, 7, 8)$
    MERGE$(\langle 1, 2, 3, 6 \rangle, 5, 6, 8)$
  MERGE$(\langle 1, 2, 2, 3, 4, 5, 6, 7 \rangle, 1, 4, 8)$

图 2-9 MERGE-SORT 排序的过程

当算法包括调用自身的递归时，它的运行时间可用递归方程描述，即根据更小规模的问题的计算时间来表示输入规模为 n 的问题的计算时间，然后用数学方法解递归方程，导出关于算法性能的界限。

4. 归并排序算法的复杂度分析

设 $T(n)$ 表示规模为 n 的问题的运行时间，为了简化以下对于递归方程的分析，设 n 为 2 的幂。归并排序每次划分时产生规模为 $n/2$ 的两个子问题。对于一个元素排序需要常量时间 $\Theta(1)$。按照分治算法的三个步骤，归并排序分为以下三步：

(1) 划分：计算数组的中点，这需要常量时间 $\Theta(1)$。

(2) 解决：递归求解两个规模为 $n/2$ 的子问题，运行时间为 $2T(n/2)$。

(3) 组合：对两个规模为 $n/2$ 的子问题进行归并，时间为 $\Theta(n)$。

由以上分析可知

$$T(n) = \begin{cases} \Theta(1) & , n = 1 \\ 2T(n/2) + \Theta(n) & , n > 1 \end{cases} \tag{2.2}$$

该递归方程符合主定理的第二种情形，即 $\Theta(n^{\log_b a}) = \Theta(n^{\text{lb} 2}) = \Theta(n) = f(n)$，其解为

$$T(n) = \Theta(n^{\text{lb} 2} \, \text{lb} \, n) = \Theta(n \, \text{lb} \, n)$$

由于对数函数要比线性函数增长得慢，因此，归并排序在最坏情况下的时间复杂度 $\Theta(n \, \text{lb} \, n)$ 要优于冒泡排序在最坏情况下的时间复杂度 $\Theta(n^2)$。

我们现在利用一棵递归树直观地描述递归方程的解。假设 n 为 2 的幂。图 2-10(a)表示一个结点的树 $T(n)$，在图 2-10(b)中这棵树被扩展，其中 cn 是树的根，表示递归方程顶层的开销，根的两棵子树是更小一级的递归方程 $T(n/2)$。递归的第二层上每个子结点的开销为 $cn/2$。利用递归方程，继续扩展树中的每个结点，直到问题规模为 1，开销为 c。图 2-10(d) 是结果树。

图 2-10(a)~(d)展示了递归方程 $T(n) = 2T(n/2) + cn$ 的递归树的构造过程。图 2-10(d) 是完全展开的树，高度为 $\text{lb} \, n$，有 $\text{lb} \, n + 1$ 层。每一层开销为 cn，因此，总开销为 $cn \, \text{lb} \, n + cn$，即 $\Theta(n \, \text{lb} \, n)$。

我们也可以把树中每层的开销相加。顶层开销为 cn，下一层开销为 $c(n/2) + c(n/2) = cn$，再下一层开销为 $c(n/4) + c(n/4) + c(n/4) + c(n/4) = cn$，以此类推。一般而言，第 i 层有 2^i 个结点，每个结点开销为 $c(n/2^i)$，因此第 i 层的总开销为 $2^i c(n/2^i) = cn$。最后一层有 n 个结点，每个结点开销为 c，总开销为 cn。

由图 2-10 可以看出，递归树的总层数为 $\text{lb} \, n + 1$。利用归纳法很容易证明这一点。归纳基础为 $n=1$，此时只有一层。因为 $\text{lb} \, 1 = 0$，所以层数为 $\text{lb} \, 1 + 1 = 1$。由归纳假设可得，2^i 个结点的递归树的层数为 $\text{lb} \, 2^i + 1 = i + 1$，因为输入规模为 2 的幂，则下一个考虑的输入规模为 2^{i+1}，2^{i+1} 个结点的树的层数比 2^i 个结点的树的层数多 1，所以 2^{i+1} 个结点树的层数为 $(i+1) + 1 = \text{lb} \, 2^{i+1} + 1$。

要计算递归方程(2.2)的总开销，我们只需把所有层上的开销相加。共有 $\text{lb} \, n + 1$ 层，每层开销为 cn，总开销为 $cn \, \text{lb} \, n + cn$。忽略低阶项和常数 c，则得所要结果 $\Theta(n \, \text{lb} \, n)$。

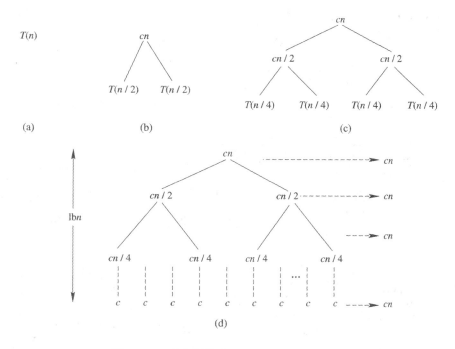

图 2-10 递归树构造（$T(n)=2T(n/2)+cn$）

2.3.5 快速排序

快速排序（quicksort）是分治法的另一个典型例子。它在最坏情况下的复杂度为 $\Theta(n^2)$。由于快速排序具有良好的平均性能 $\Theta(n \text{ lb } n)$，且在 $\Theta(n \text{ lb } n)$ 中隐藏的常数因子较小，因此它在实际中常常是首选的排序算法。以下从快速排序算法、算法复杂度分析两个方面研究快速排序问题。

1. 快速排序算法

与归并排序一样，基于分治算法设计范型，快速排序由以下三步组成：

（1）划分：将数组 $A[p..r]$ 划分成两个子数组 $A[p..q-1]$ 和 $A[q+1..r]$（其中之一可能为空），且数组 $A[p..q-1]$ 中的每个元素值不超过数组 $A[q+1..r]$ 中的每个元素值。计算下标 q 作为划分过程的一部分。

（2）解决：递归调用快速排序算法，对两个子数组 $A[p..q-1]$ 和 $A[q+1..r]$ 进行排序。

（3）合并：由于子数组中元素已被排序，无需合并操作，整个数组 $A[p..r]$ 有序。

以下是实现快速排序的 QUICKSORT 过程。

QUICKSORT(A, p, r)

1   **if** $p<r$
2   **then** $q \leftarrow$ PARTITION(A, p, r)
3   QUICKSORT(A, p, $q-1$)
4   QUICKSORT(A, $q+1$, r)

初始时，调用 QUICKSORT(A, 1, $length[A]$)。算法的关键之处在于划分过程 PARTITION，如果不计所用栈的空间，则快速排序所需空间为 O(1)。

```
PARTITION(A, p, r)
1    x ← A[r]                        //最右端元素作为枢轴元素
2    i ← p−1
3    for j ← p to r−1
4        do if A[j] ⩽ x
5            then i ← i+1
6                exchange A[i]↔A[j]
7    exchange A[i+1] ↔ A[r]
8    return i+1
```

图 2-11 显示了 8 个元素的 PARTITION 运行过程。PARTITION 总是选择元素 $x=A[r]$ 作为枢轴元素(pivot element),对数组 $A[p..r]$ 进行划分。当过程运行时,数组被划分成 4 个区域(可能为空)。

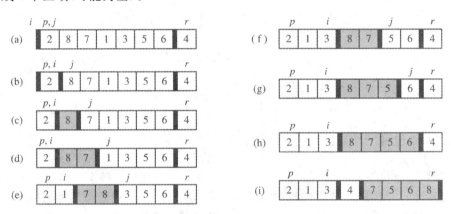

图 2-11   PARTITION 运行过程

在图 2-11 中,PARTITION 划分的前一部分中浅色部分元素的值都不大于 x 的值,划分的后一部分中深色部分元素的值均大于 x 的值。无阴影的元素表示还未放入这两个划分区域中。最终白色元素是枢轴元素。图 2-11(a)表示初始数组和设置。图 2-11(b)中,2 与自身交换,并被放入较小值的划分区域中。在图 2-11(c)和(d)中,8 和 7 都被放进较大值的划分区域中。在图 2-11(e)中,1 和 8 交换,较小值的区域增长。在图 2-11(f)中,3 和 7 交换,较小值的区域增长。在图 2-11(g)和(h)中,5 和 6 被放入较大值的区域后,较大值的区域增长,循环终止。在图 2-11(i)中,执行第 7、8 行,交换枢轴元素位置,它位于两个划分区域之间。

在 PARTITION 过程中,当第 3~6 行 for 循环的每次迭代开始时,每个区域都满足某个性质,我们称这些性质为 PARTITION 的循环不变式。

在第 3~6 行循环的每次迭代的开始,对于任一下标 k,有以下条件:

(1) 如果 $p⩽k⩽i$,那么 $A[k]⩽x$;

(2) 如果 $i+1⩽k⩽j−1$,那么 $A[k]>x$;

(3) 如果 $k=r$,那么 $A[k]=x$。

图 2-12 概述了这种结构。位于 j 和 $r−1$ 之间的下标未被含在以上三种情形中,其中的值与枢轴元素 x 没有特别关系。

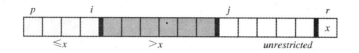

图 2-12 划分的四个区域

对于子数组 $A[p..r]$，在 $A[p..i]$ 中的值小于等于 x，在 $A[i+1..j-1]$ 中的值大于 x，$A[r]=x$。$A[j..r-1]$ 可取任意值。

我们证明循环不变式在第一次迭代之前成立，在循环的每次迭代中保持，并利用循环不变式证明算法终止时的正确性。

· 初始：在循环的第一次迭代之前，$i=p-1$，$j=p$。p 和 i 之间没有值，$i+1$ 和 $j-1$ 之间没有值，因此循环前两个条件平凡成立。第 1 行的赋值满足条件(3)。

· 维持：参照图 2-13，考虑两种情况，这两种情况都与算法第 4 行的判断条件有关。图2-13(a)表示$A[j]>x$ 的情况，循环中惟一要做的是使变量 j 增加。变量 j 增加后，条件(2)对$A[j-1]$成立，其他元素保持不变。图 2-13(b)表示 $A[j]\leqslant x$ 的情况，变量 i 增加，交换$A[i]$和$A[j]$，然后j 增加。由于交换，使得 $A[i]\leqslant x$ 成立，条件(1)得到满足。类似地，由循环不变式可知，被交换进入 $A[j-1]$ 的项大于 x，即 $A[j-1]>x$。

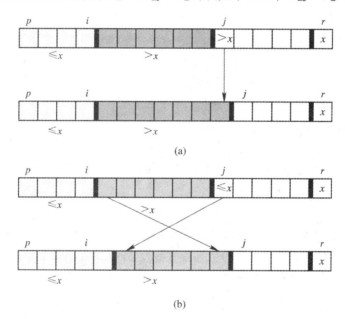

(a)

(b)

图 2-13 过程 PARTITION 迭代的两种情况

· 终止：终止时 $j=r$。于是，数组中的每个元素位于用不变式描述的三个集合之一中，即小于等于 x 的集合、大于 x 的集合以及只含 x 的孤集。

过程 PARTITION 的最后两行将枢轴无素与最左边大于 x 的元素交换，将其放在数组的中间。PARTITION 的输出满足划分步骤给出的规范。它在数组 $A[p..r]$ 上的运行时间为 $\Theta(n)$，其中 $n=r-p+1$。证明留作习题。

快速排序的运行时间与划分是否平衡有关，而划分是否平衡又取决于所用的划分元素。如果划分平衡，则算法的渐近运行时间与归并排序一样；如果划分不平衡，则它的运行时间和冒泡排序一样，都为 $O(n^2)$。以下研究三种不同划分情况下快速排序算法的性能。

2. 快速排序最坏情况分析

当划分过程产生的两个子问题规模分别为 $n-1$ 和 0 时，快速排序出现最坏的情况。假设每次递归调用时都会产生这种不平衡的情况。划分的时间复杂度为 $\Theta(n)$，因为对规模为 0 的数组的递归调用只会返回，$T(0)=\Theta(1)$，所以递归方程的运行时间为

$$T(n) = T(n-1) + T(0) + \Theta(n)$$
$$= T(n-1) + \Theta(n)$$

直觉地，如果我们对递归每一层的开销求和，就得到一个算术级数，其和为 $\Theta(n^2)$。也可以利用替换方法证明递归方程 $T(n)=T(n-1)+\Theta(n)$ 的解为 $\Theta(n^2)$。因而，如果划分在算法的每一层递归上均产生最大不平衡，则运行时间为 $\Theta(n^2)$。因此，快速排序最坏情况下的运行时间并不比冒泡排序的运行时间短，而最坏情况是在输入已经完全有序（升序）时出现的。

3. 快速排序最好情况分析

在大多数均匀划分的情况下，PARTITION 产生两个规模不超过 $n/2$ 的子问题，其中一个规模为 $[n/2]$，另一个规模为 $[n/2]-1$。在这种情况下，快速排序过程运行得更快。此时，递归方程为

$$T(n) \leqslant 2T(n/2) + \Theta(n)$$

由主定理的第 2 种情形，即 $a=2$，$b=2$，$n^{\log_b a}=n^{\text{lb} 2}=\Theta(n)=f(n)$，可知递归方程的解为 $T(n)=O(n \text{ lb } n)$。因此，如果划分在算法的每一层递归上都产生两个相同规模的问题，则得快速排序算法的最好情况。

4. 快速排序平均情况分析

快速排序算法的平均情况分析更类似于最好情况分析，关键在于要理解平衡划分是如何反映描述运行时间的递归方程的。假定划分算法总是产生 9：1 的划分比例，这似乎是相当不平衡的。快速排序的递归方程表示如下：

$$T(n) \leqslant T(9n/10) + T(n/10) + cn$$

图 2-14 表示这个递归方程的递归树。注意，树的每层开销为 cn，在深度 $\lg n = \Theta(\text{lb } n)$ 达到边界条件，开销至多为 cn，递归在深度 $\log_{10/9} n = \Theta(\text{lb } n)$ 时终止，快速排序的总开销为 $O(n \text{ lb } n)$。对于递归每一层 9：1 的划分，在直觉上似乎是相当不平衡的，如果

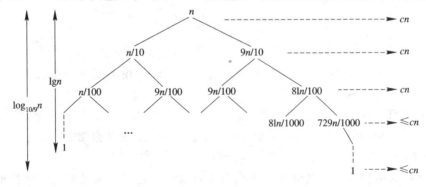

图 2-14 划分比例为 9：1 时的快速排序递归树

划分恰好在中间，则运行时间为 O(n lb n)，而此时 9∶1 的划分也会产生 O(n lb n) 的运行时间。事实上，对于 99∶1 的划分也会产生 O(n lb n) 的运行时间。总之，对于任何常数比例的划分，其递归树的深度都为 Θ(lb n)，而每一层上的开销为 O(n)。因此，只要划分具有常数比例，运行时间就为 O(n lb n)。

图 2-14 中的结点表示子问题规模，最右侧列出了每一层的开销，包含常数 c 的项表示 Θ(n)。

为了更清楚地表示快速排序平均情况，我们对各种可能遇见的输入情形作一假设。快速排序的行为是由输入数组中元素的相对次序决定的，而不是由数组中的某些值决定的，所以假设输入元素的所有排列等概率发生。

当我们在随机输入数组上运行快速排序时，每一次的划分并不总是一样的。我们期望某些划分合理地平衡，然而某些划分却相当不平衡。例如，大约 80% 的 PARTITION 过程产生的平衡大于 9∶1，而大约 20% 的 PARTITION 过程产生的平衡小于 9∶1。在平均情况下，PARTITION 过程产生的划分既有"好"也有"坏"。在 PARTITION 过程平均情况执行的递归树中，好坏的情况随机地分布在递归树中。假定好坏的情况在树中交替出现，并且好的情况就是最好情况，坏的情况就是最坏情况。图 2-15 表示递归树中两个连续层的划分。在树根结点，划分开销为 n，产生两个规模分别为 $n-1$ 和 0 的划分，这是一种最坏情况。在下一层，对规模为 $n-1$ 的子数组进行最佳划分，产生两个规模分别为 $(n-1)/2-1$ 和 $(n-1)/2$ 的子数组。假设规模为 0 的子数组，其边界条件开销为 1。

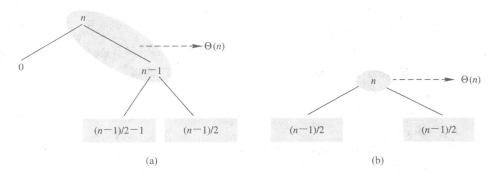

(a)   (b)

图 2-15   快速排序的两层递归树

图 2-15 中的椭圆形区域表示子问题的划分开销，都为 Θ(n)。在图 2-15(a) 中所剩下要解的子问题（方形阴影区域）不会大于图 2-15(b) 中所剩下要解的子问题。在图 2-15(a) 中，将划分产生的三个规模分别为 0、$(n-1)/2-1$、$(n-1)/2$ 的子数组组合，总开销为

$$\Theta(n) + \Theta(n-1) = \Theta(n)$$

肯定地说，这种情况不会比图 2-15(b) 中的平衡划分坏，即产生两个规模为 $(n-1)/2$ 的某层划分，其开销为 Θ(n)。而后者的情形是平衡的！从直觉上来看，坏的划分 Θ($n-1$) 可以被吸收进好的划分 Θ(n) 中，导致最终的划分结果是好的。因此，当好的划分与坏的划分在树的层次间交替进行时，就像都是好的划分结果一样，快速排序的运行时间仍然为 O(n lb n)，但是隐含在大 O 中的常数因子较大。

2.3.6   线性时间选择

给定 n 个元素的集合，集合中的第 i 个顺序统计量（order statistics）是指集合中的第 i

个最小元素。集合中的第一个顺序统计量是指集合中的最小元素，第 n 个顺序统计量是指集合中的最大元素。当 n 为奇数时，有惟——个中值 $i=(n+1)/2$；当 n 为偶数时，有两个中值 $i=n/2$ 和 $i=n/2+1$。如果假定不论 n 的奇偶性，则中值都是指 $[(n+1)/2]$。

本小节讨论在 n 个不同元素的集合中，选择第 i 个顺序统计量的问题。为简便起见，假设集合中元素互不相同。选择问题描述如下：

给定 n 个不同元素的集合 A 和一个数 i，$1 \leqslant i \leqslant n$，找出集合中的第 i 个最小元素，使得 A 中只存在 $i-1$ 个元素小于这个元素。如果我们利用归并排序，就可以简单地取出数组中的第 i 个元素，且时间复杂度为 $O(n \lg n)$。在下面的内容中研究了一般选择问题。首先，研究期望情况下的线性时间 $O(n)$ 选择算法，然后研究在理论上具有重要意义的最坏情况线性时间 $O(n)$ 选择算法。

1. 期望线性时间的选择

一般的选择问题要比找最小值问题更难，然而令人惊讶的是，这两个问题具有相同的渐近运行时间 $O(n)$。我们仍然利用分治策略解决选择问题。前面提到的 PARTITION 过程需要做一些修改，这是因为 PARTITION 过程假定所有输入元素的排列出现概率相同，但在实际情况中这种假定并不总是能够成立。我们在算法中引入随机化，以便更好地研究选择问题平均情况下的性能。修改后的划分过程如下：

RANDOMIZED-PARTITION(A, p, r)

1    $i \leftarrow$ RANDOM(p, r)

2   exchange $A[r] \leftrightarrow A[i]$

3   **return** PARTITION(A, p, r)

RANDOMIZED-SELECT 利用过程 RANDOMIZED-PARTITION 作为子过程。过程 RANDOMIZED-SELECT 返回数组 $A[p..r]$ 中的第 i 个最小元素。

RANDOMIZED-SELECT(A, p, r, i)

1   **if** $p=r$

2   **then return** $A[p]$

3    $q \leftarrow$ RANDOMIZED-PARTITION(A, p, r)

4    $k \leftarrow q-p+1$

5   **if** $i=k$ // 枢轴元素为所求结果

6   **then return** $A[q]$

7   **else if** $i<k$

8   **then return** RANDOMIZED-SELECT(A, p, $q-1$, i)

9   **else return** RANDOMIZED-SELECT(A, $q+1$, r, $i-k$)

过程 RANDOMIZED-SELECT 的第 3 行执行调用过程 RANDOMIZED-PARTITION 的赋值语句之后，数组 $A[p..r]$ 被划分成 $A[p..q-1]$ 和 $A[q+1..r]$（其中部分可能为空）两部分，满足 $A[p..q-1]$ 中的元素都小于等于 $A[q]$，$A[q+1..r]$ 中的元素都大于 $A[q]$ 的条件。如同在快速排序中一样，我们也称 $A[q]$ 为枢轴元素。第 4 行中计算子数组 $A[p..q]$ 中的元素个数 k，也即划分的左端元素个数加上 1（枢轴元素）。第 5 行检查 $A[q]$ 是否是第 i 个最小元素。如果是，则返回 $A[q]$；否则，算法决定第 i 个最小元素在两个子数组 $A[p..q-1]$ 和 $A[q+1..r]$ 的哪一个中。如果 $i<k$，那么所找的元素在左边部分，则执行第 8 行的递归调用。如果 $i>k$，那么所找的元素在右边部分。因为我们已经知道 k 个值比$A[p..r]$中的第i个最小元素小，要找的元素为$A[q+1..r]$中的第$i-k$个最小元素。这在过程第9行的递归调用参数中可以看到。代码所允许递归调用的子数组似乎可以是0个元素，但可以证明，这种情况不可能发生。

RANDOMIZED-SELECT 在最坏情况下的运行时间为$\Theta(n^2)$，即便是找最小值也是如此。这是因为很可能总是在剩余元素的最大部分进行划分，而划分需要$\Theta(n)$时间。该算法在平均情况下的性能很好，因为它是随机算法，没有特定输入会引起最坏情况下的行为。

设$T(n)$表示 RANDOMIZED-SELECT 算法在输入为$A[p..r]$时的运行时间，这是一个随机变量。我们以下导出$E[T(n)]$的上界。过程 RANDOMIZED-PARTITION 以等概率返回任一元素作为枢轴元素。因此，对于满足$1\leqslant k\leqslant n$的每个k，子数组$A[p..q]$有k个元素（都小于等于枢轴元素）的概率为$1/n$。对于$k=1,2,\cdots,n$，我们定义指示器随机变量X_k为

$$X_k = \mathrm{I}\{\text{子数组}\ A[p..q]\ \text{只有}\ k\ \text{个元素}\}\ \text{且}\ E[X_k] = 1/n$$

当我们调用 RANDOMIZED-SELECT 并选择$A[q]$作为枢轴元素时，预先并不知道是否可以很快以正确解终止。在子数组$A[p..q-1]$上递归，还是在子数组$A[q+1..r]$上递归，是与枢轴元素$A[q]$相关的。假设$T(n)$单调递增，我们分析在最大可能输入的情况下递归调用所需的时间。换句话说，就是得到一个上界。第i个元素总是在具有最大个数的那个划分中。对于给定的调用 RANDOMIZED-SELECT，指示器随机变量X_k在$k=1$时取值为1，当k为其他值时则为0。当$X_k=1$时，我们可能递归调用的两个子数组大小分别为$k-1$和$n-k$。因此，递归方程为

$$T(n) \leqslant \sum_{k=1}^{n} X_k \cdot (T(\max(k-1, n-k)) + \mathrm{O}(n))$$
$$= \sum_{k=1}^{n} (X_k \cdot T(\max(k-1, n-k)) + \mathrm{O}(n))$$

两边取期望值，则得

$$E[T(n)] \leqslant E\Big[\sum_{k=1}^{n} (X_k \cdot T(\max(k-1, n-k)) + \mathrm{O}(n))\Big]$$
$$= \sum_{k=1}^{n} E[X_k \cdot T(\max(k-1, n-k))] + \mathrm{O}(n)$$
$$= \sum_{k=1}^{n} E[X_k] \cdot E[T(\max(k-1, n-k))] + \mathrm{O}(n)$$
$$= \sum_{k=1}^{n} \frac{1}{n} \cdot E[T(\max(k-1, n-k))] + \mathrm{O}(n)$$

其中X_k和$T(\max(k-1, n-k))$是独立的随机变量。

考虑表达式$\max(k-1, n-k)$，则有

$$\max(k-1, n-k) = \begin{cases} k-1 & , k > \lceil n/2 \rceil \\ n-k & , k \leqslant \lceil n/2 \rceil \end{cases}$$

如果n为偶数，则在求和算式中，从$T(\lceil n/2 \rceil)$到$T(n-1)$中的每一项只出现两次；如果n为奇数，所有这些项出现两次，$T(\lfloor n/2 \rfloor)$出现一次。因此有

$$E[T(n)] \leqslant \frac{2}{n} \sum_{k=\lfloor n/2 \rfloor}^{n-1} E[T(k)] + \mathrm{O}(n) \tag{2.3}$$

用替换方法解此方程。假设对于满足递归方程初始条件的某些常数 c，$T(n) \leqslant cn$，且当 $n \leqslant n_0$ 时，$T(n) = O(1)$，其中 n_0 为足够小的整数。我们稍后选择这个常数 n。同时，还要选择式 (2.3) 中 $O(n)$ 项隐含的常数 a，使得对于所有 $n > 0$，$O(n) \leqslant an$。利用归纳假设有

$$E[T(n)] \leqslant \frac{2}{n} \sum_{k=\lfloor n/2 \rfloor}^{n-1} ck + an = \frac{2c}{n} \Big(\sum_{k=1}^{n-1} k - \sum_{k=1}^{\lfloor n/2 \rfloor - 1} k + an \Big)$$

$$= \frac{2c}{n} \Big(\frac{(n-1)n}{2} - \frac{(\lfloor n/2 \rfloor - 1)\lfloor n/2 \rfloor}{2} \Big) + an$$

$$\leqslant \frac{2c}{n} \Big(\frac{(n-1)n}{2} - \frac{(n/2-2)(n/2-1)}{2} \Big) + an$$

$$= \frac{2c}{n} \Big(\frac{n^2 - n}{2} - \frac{n^2/4 - 3n/2 + 2}{2} \Big) + an$$

$$= \frac{c}{n} \Big(\frac{3n^2}{4} + \frac{n}{2} - 2 \Big) + an = c \Big(\frac{3n}{4} + \frac{1}{2} - \frac{2}{n} \Big) + an$$

$$\leqslant \frac{3cn}{4} + \frac{c}{2} + an = cn - \Big(\frac{cn}{4} - \frac{c}{2} - an \Big)$$

需要证明，对于足够大的 n，最后的表达式至多为 cn，或 $cn/4 - c/2 - an \geqslant 0$。该不等式两边加上 $c/2$ 且提出公因子 n，可得 $n(c/4-a) \geqslant c/2$。只要选择常数 c 满足 $c/4-a > 0$，即 $c > 4a$，再用 $c/4-a$ 去除两边，就可得

$$n \geqslant \frac{c/2}{c/4 - a} = \frac{2c}{c - 4a}$$

因此，选择 $c > 4a$，$n_0 = 2c/(c-4a)$。假设当 $n \leqslant n_0$ 时，$T(n) = O(1)$，可得 $T(n) = O(n)$。因此，对于任意顺序统计量，尤其是中值的计算，平均情况下线性时间即可确定。

2. 最坏情况线性时间的选择

以下介绍一种最坏情况下运行时间为 $O(n)$ 的选择算法 SELECT。算法 SELECT 是一递归算法，其基本思想是对数组划分时，保证产生好的分割。该算法中仍然使用快速排序中使用过的确定划分算法 PARTITION，但用划分元素作为输入参数。SELECT 算法描述如下：

SELECT

1　将 n 个输入元素分成 $\lfloor n/5 \rfloor$ 个组，每组 5 个元素，另一组由剩余的 $n \bmod 5$ 个元素组成。

2　利用插入排序算法对 $\lceil n/5 \rceil$ 个组进行排序，并找出每组元素的中值。

3　对于第 2 步中找出的 $\lceil n/5 \rceil$ 个中值，利用 SELECT 递归算法找出这 $\lceil n/5 \rceil$ 个中值的中值 x。

4　利用修改的 PARTITION 过程，以中值的中值 x 作为划分元素，对输入数组进行划分。设 k 是划分后左半部分元素数再加上 1。因此，x 是第 k 个最小元素，且右半部分有 $n-k$ 个元素。

5　如果 $i = k$，则返回 x；如果 $i < k$，则利用 SELECT 在划分的左半部分找第 i 个最小元素；如果 $i > k$，则在右半部分找第 $i-k$ 个最小元素。

为了分析 SELECT 的运行时间，我们首先确定大于划分元素 x 的元素个数。图 2-16 图示了划分元素的选择过程。小圆圈表示 n 个元素。每列表示一组，每组中的中值用浅灰色表示，中值的中值 x 已标示出。箭头表示从大元素到小元素，由此可见，x 右边的 5 个元

素的每个组中有 3 个元素大于 x，x 左边的 5 个元素的每个组中有 3 个元素小于 x。阴影背景中的元素比 x 大。

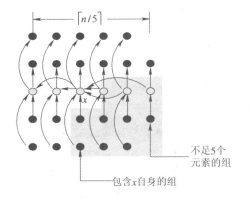

图 2-16 SELECT 算法分析

在算法 SELECT 第 2 步所找到的中值中，至少有一半大于 x。因此，$\lceil n/5 \rceil$ 组中至少有一半的组有 3 个元素大于 x，除了元素不足 5 个的组（如果 n 不能被 5 整除）以及包括 x 自身的那个组之外。减去这两个组，则大于 x 的元素个数至少为

$$3\left(\left\lceil \frac{1}{2}\left\lceil \frac{n}{5}\right\rceil\right\rceil - 2\right) \geqslant \frac{3n}{10} - 6$$

类似地我们可以得出，小于 x 的元素个数至少为 $3n/10-6$。因此，在最坏情况下，第 5 步对 SELECT 的递归调用时至多为 $7n/10+6$ 个元素。

在算法 SELECT 中，第 1、2 和 4 步需要 $O(n)$ 时间。这是因为在第 2 步中，需要调用规模为 $O(1)$ 的排序算法 $O(n)$ 次。第 3 步运行时间为 $T(\lceil n/5 \rceil)$，第 5 步所需时间至多为 $T(7n/10+6)$，假设 T 单调增加。因此，算法的递归方程为

$$T(n) \leqslant \begin{cases} \Theta(1) & , n \leqslant 140 \\ T(\lceil n/5 \rceil) + T(7n/10+6) + O(n) & , n > 140 \end{cases}$$

用替换方法证明，这个递归方程的解是线性的，即证明对于某些常数 c 和 $n>0$，$T(n) \leqslant cn$。假定开始时，通过选择 c 和 $n \leqslant 140$，使得 $T(n) \leqslant cn$ 成立。它描述了算法进行非递归时的运行时间。将归纳假设代入递归方程右端可得

$$T(n) \leqslant c\lceil n/5 \rceil + c(7n/10+6) + an$$
$$\leqslant cn/5 + c + 7cn/10 + 6c + an$$
$$= 9cn/10 + 7c + an$$
$$= cn + (-cn/10 + 7c + an)$$

如果 $-cn/10 + 7c + an \leqslant 0$，则 $T(n)$ 至多为 cn。而当 $n>70$ 时，不等式 $c \geqslant 10a\lceil n/(n-70) \rceil$ 成立。因为 $n \geqslant 140$ 是假设，所以 $n/(n-70) \leqslant 2$，选择 $c \geqslant 20a$，满足不等式 $-cn/10 + 7c + an \leqslant 0$。这里需注意的是，常数 140 并不特殊，我们可以选择任何严格大于 70 的整数，并相应选择合适的 c。因此 SELECT 最坏情况下的运行时间为线性的。

2.3.7　最近点对问题

最近点对问题（closest-pair problem）指的是：给定 $n(n \geqslant 2)$ 个点的集合 Q，找集合 Q 中

一对点 $p_1=(x_1,y_1)$ 和 $p_2=(x_2,y_2)$，使得它们的距离在欧氏距离意义下最小。集合中的两个点可能重合，在这种情况下，这两个点的欧氏距离为 0。这个问题有许多应用。例如，在交通控制系统中，无论是空中还是海上的控制系统，都需要知道哪两个交通工具相距最近，以便检测可能发生的碰撞。

如果我们计算出集合中的每一点与其余点的欧氏距离，然后通过比较，找出其中的最短距离，即可达到目的。但是这样做效率太低，使得算法的复杂度达到 $O(n^2)$。在本节中，我们描述一个基于分治策略计算最近点对问题的算法，其时间复杂度为 $O(n \lg n)$。

在算法的每次递归调用中，输入参数为：子集 $P \subseteq Q$，数组 X 和 Y。每个数组含有输入集合 P 中的所有点。数组 X 中的点按照 x 坐标排成升序。类似地，数组 Y 中的点按照 y 坐标排成升序。为了达到 $O(n \lg n)$ 的时间界限，我们不能在每次递归调用中都进行排序。如果这样的话，算法的递归方程为：$T(n)=2T(n/2)+O(n \lg n)$，它的解为 $T(n)=O(n \lg n^2)$。稍后，我们将会看到如何利用"预排序"维持有序的性质，而无需在每次递归调用中进行排序。

在输入参数为 P、X 和 Y 的每次递归调用中，首先检查 $|P| \leqslant 3$ 是否成立。如果成立，直接进行计算，即计算每一点与其余点的距离，共有 $|P|(|P|-1)/2$ 对需要计算。如果 $|P|>3$，则递归调用进行如下的分治过程。

1. 最近点对分治算法

· 划分：找一条垂线 l，将点集 P 对分成两个集合 P_L 和 P_R，满足 $|P_L|=\lceil |P|/2 \rceil$，$|P_R|=\lfloor |P|/2 \rfloor$，$P_L$ 中的所有点或在直线 l 上，或在直线 l 的左边，P_R 中的所有点或在直线 l 上，或在直线 l 的右边。数组 X 被划分成数组 X_L 和 X_R，分别包含 P_L 和 P_R 中的点，并按照 x 坐标排成升序。类似地，数组 Y 被划分成数组 Y_L 和 Y_R，分别包含 P_L 和 P_R 中的点，并按照 y 坐标排成升序。

· 解子问题：将 P 分成 P_L 和 P_R 之后，进行两次递归调用，一次是找出 P_L 中的最近点对，另一次是找出 P_R 中的最近点对。前一个递归调用的输入参数是子集 P_L、X_L 和 Y_L；后一个递归调用的输入参数是子集 P_R、X_R 和 Y_R。设 P_L 和 P_R 返回的最近点对的距离分别是 δ_L 和 δ_R。设 $\delta=\min(\delta_L, \delta_R)$。

· 最近点对或者是递归调用中所找到的距离 δ，或者是一点对，其中一点在 P_L 中，另一点在 P_R 中。算法决定是否存在这样的点对，其距离小于 δ。由观察可见，如果存在距离小于 δ 的点对，那么这个点对中的两点必定在直线 l 的 δ 个单位区域内，如图 2-17 所示，即这两点必定在以直线 l 为中心、2δ 宽的垂直条形区域内。为了找到这样的点对（如果存在一对），算法执行如下步骤：

（1）创建数组 Y'，它由数组 Y 中的元素去掉不在 2δ 区域中的点构成。数组 Y' 按照 y 坐标排序。

（2）对于数组 Y' 中的每一点，算法试图找到 Y' 中一点，该点位于 p 的 δ 单位区域内。正如将要看到的那样，只需要考虑 Y' 中 p 后的 7 个点。算法计算 p 到这 7 个点的每一点距离。记录在 Y' 的所有点对中找到的最近点对距离 δ'。

（3）如果 $\delta'<\delta$，即在垂直条形区域内确实包含比递归调用返回距离更小的一对点，则返回该点对及其距离 δ'；否则，返回递归调用找到的最近点对及其距离 δ。

我们首先证明算法的正确性，然后表明如何让算法达到所希望的时间界限$O(n\ \text{lb}\ n)$。

2. 算法的正确性

最近点对算法的正确性是显而易见的，除了在以下两个方面：一方面，当$|P| \leqslant 3$时，停止递归，保证算法不会解由一个点组成的子问题；另一方面，我们只需检查数组Y'中每点p后的7个点，我们现在证明这一性质。

假设在递归的某些层上，最近点对$p_L \in P_L$，$p_R \in P_R$。因此，p_L和p_R之间的距离δ'严格小于δ。点p_L一定在直线l上或者在直线l的左边，与l的距离小于δ单位。类似地，点p_R一定在直线l上或者在直线l的右边，与l的距离小于δ单位。然而，p_L和p_R的垂直距离应在δ之内。因此，如图$2-17(a)$所示的那样，p_L和p_R在以l为中心的矩形区域$\delta \times 2\delta$内。此矩形区域内可能有其他点。

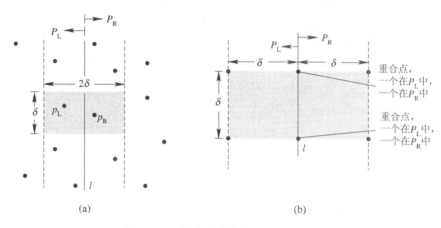

图 2-17 算法证明中所用的主要概念

以下证明至多有P中的8个点落在这个矩形区域$\delta \times 2\delta$内。考虑这个矩形的左半区域$\delta \times \delta$。因为P_L内的所有点至少相距δ单位，所以至多有4个点在此方形区域内，如图$2-17(b)$所示。同样，P_R中至多有4个点在右边的方形区域$\delta \times \delta$内。因此，P中至多有8个点在矩形区域$\delta \times 2\delta$内。由于l上的某些点或者在P_L中，或者在P_R中，因此l上的点可达4个。如果有两对相同点，则对于每一对点，其中一点来自P_L，另一点来自P_R，并且一对在直线l与矩形顶部的相交处，另一对在直线l与矩形底部的相交处。

证明了P中至多有8个点在这个矩形区域内以后，我们只需检查数组Y'中每点后的7个点。仍假设最近点对为p_L和p_R，不失一般性，假设数组Y'中p_L在p_R之前。即使p_L尽可能早地出现在Y'中，p_R尽可能晚地出现在Y'中，p_R也会在p_L之后的7个位置之一中。因此，我们就证明了最近点对算法的正确性。

3. 算法实现及其运行时间

正如上面提到的那样，我们的目标是得出运行时间为$T(n) = 2T(n/2) + O(n)$的递归方程，其中$T(n)$为n个点集的运行时间。主要的困难是在将数组X_L、X_R、Y_L和Y_R传递给递归调用时，对其相应的坐标进行排序，同时数组Y'按照y坐标排序。因为如果递归调用时接收的数组X已排序，则用线性时间可容易地将P分成P_L和P_R。

每次调用中的关键点是要形成一个有序数组的有序子数组。例如，某次调用中，给定子集P和数组Y，按照y坐标排序。将P划分成P_L和P_R之后，需要形成数组Y_L和Y_R，

并按照 y 坐标排序。而且，构造这些数组要用线性时间。这种方法可看做 MERGE 过程的逆过程：将有序数组分解成两个有序数组。以下的伪码给出了上述思想。

```
1    length[Y_L] ← length[Y_R] ← 0
2    for i ← 1 to length[Y]
3        do if Y[i] ∈ P_L
4            then length[Y_L] ← length[Y_L]+1
5                Y_L[length[Y_L]] ← Y[i]
6            else length[Y_R] ← length[Y_R]+1
7                Y_R[length[Y_R]] ← Y[i]
```

我们按顺序简单地检查数组 Y 中的点。如果点 $Y[i]$ 在 P_L 中，我们将它追加到数组 Y_L 的末尾；否则，将它追加到数组 Y_R 的末尾。构造数组 X_L、X_R 和 Y' 的伪码类似。

惟一剩下的问题是如何找到排序点的第一个位置。这可通过预排序得到解决。在第一次递归调用之前，我们进行一次排序。这些经过排序的数组被传递到第一次调用中。此后，递归调用时数组规模减小。预排序所增加的运行时间为 $O(n \text{ lb } n)$。现在递归的每一步都花费线性时间。因此，如果设 $T(n)$ 为每个递归步的运行时间，$T'(n)$ 为整个算法的运行时间，则有

$$T'(n) = T(n) + O(n \text{ lb } n)$$

且

$$T(n) = \begin{cases} 2T(n/2) + O(n) & , n > 3 \\ O(1) & , n \leqslant 3 \end{cases}$$

因此，$T(n) = O(n \text{ lb } n)$ 且 $T(n) = O(n \text{ lb } n)$。

习　　题

2-1　利用递归定义 $BINOM(n, m) = BINOM(n-1, m) + BINOM(n-1, m-1)$ 和 $BINOM(n, 0) = BINOM(n, n) = 1$，写一个计算二项式系数的递归程序。

2-2　利用替换方法证明递归方程 $T(n) = 2T(n/2) + n$ 的解为 $O(n \text{ lb } n)$。

2-3　利用递归树方法证明递归方程 $T(n) = 8T(n/2) + n^2$ 的解为 $O(n^3)$。

2-4　利用递归树方法证明递归方程 $T(n) = T(n/3) + T(2n/3) + cn$ 的解为 $\Omega(n \text{ lb } n)$，其中 c 是常数。

2-5　利用递归树方法给出递归方程 $T(n) = T(n-a) + T(a) + cn$ 的渐近紧致界，其中 $a \geqslant 1$ 且 $c > 0$，a、c 是常数。

2-6　利用变量代换解递归方程 $T(n) = 2T(\sqrt{n}) + 1$。

2-7　利用主方法解以下递归方程。

(1) $T(n) = 4T(n/2) + n$

(2) $T(n) = 4T(n/2) + n^2$

(3) $T(n) = 4T(n/2) + n^3$

2-8　递归方程 $T(n) = 7T(n/2) + n^2$ 描述了算法 A 的运行时间。另一个可与它竞争的算法 A' 的运行时间为 $T'(n) = aT'(n/4) + n^2$。算法 A' 渐近快于算法 A 的最大整数值 a

是多少？

2-9　主方法是否可用于解递归方程 $T(n)=4T(n/2)+n^2 \text{ lb } n$？阐述你的理由。给出这个递归方程的渐近上界。

2-10　解下列递归方程，已知 $T(1)=1$。

(1) $T(n)=aT(n-1)+bn$

(2) $T(n)=T(n/2)+bn \text{ lb } n$

(3) $T(n)=aT(n-1)+bn^c$

(4) $T(n)=aT(n/2)+bn^c$

2-11　利用表 2-1 作为模型，说明二叉查找算法在输入数组 $A=\langle 3,15,21,25,34,37,43,46,63,80,87,100\rangle$ 上分别查找元素 40 和 87 的过程。

2-12　根据二叉查找思想，写一个二叉查找的递归过程。

2-13　设计一个二叉查找算法，将集合分成 1/3 和 2/3 大小的两个集合。将这个算法与 2.2.2 节的 ITERATIVE-BINARY-SEARCH 算法进行比较。

2-14　设计一个三叉查找算法，首先检查 $n/3$ 处的元素是否等于某个 v 值，然后检查 $2n/3$ 处的元素。这样，或者找到 v，或者把集合缩小到原来的 1/3。分析此算法的计算复杂度。

2-15　设计一算法产生 $1\sim n$ 的所有排列。

2-16　证明在最坏情况下，找出最大值和最小值需要 $\lceil 3n/2\rceil-2$ 次比较，其中 n 为元素个数。

2-17　Strassen 矩阵乘法的另一种形式是用下面的恒等式计算 2.3.2 节中的 C_{ij}，这样处理共用了 7 次乘法和 15 次加、减法，即

$$S_1=A_{21}+A_{22},\ M_1=S_2S_6,\ T_1=M_1+M_2$$
$$S_2=S_1-A_{11},\ M_2=A_{11}B_{11},\ T_2=T_1+M_4$$
$$S_3=A_{11}-A_{21},\ M_3=A_{12}B_{21}$$
$$S_4=A_{12}-S_2,\ M_4=S_3S_7$$
$$S_5=B_{12}-B_{11},\ M_5=S_1S_5$$
$$S_6=B_{22}-S_5,\ M_6=S_4B_{22}$$
$$S_7=B_{22}-B_{12},\ M_7=A_{22}S_8$$
$$S_8=S_6-B_{21}$$

则 C_{ij} 为

$$C_{11}=M_2+M_3$$
$$C_{12}=T_1+M_5+M_6$$
$$C_{21}=T_2-M_7$$
$$C_{22}=T_2+M_5$$

证明由这些恒等式可计算出 C_{11}，C_{12}，C_{21} 和 C_{22} 的正确值。

2-18　考虑图 2-18 所示的具有两个输入和两个输出的两位置开关。在一个位置上，输入 1 和 2 分别连接到输出 1 和 2；在另一个位置上，输入 1 和 2 分别连接到输出 2 和 1。利用这些开关，设计具有 n 个输入和 n 个输出的网络，该网络产生 $n!$ 种可能的排列。要求网络中使用的网络开关数不超过 $O(n \text{ lb } n)$。

输出1

输出2

-------- 位置1的连接

············ 位置2的连接

图 2-18 两位置开关

2-19 假设给定由 n 个互不相同数组成的数组，且数组中的这些数字序列是单峰的：存在下标 i，满足序列 $A[1..i]$ 递增，$A[j]<A[j+1]$，对于 $1 \leqslant j<i-1$，序列 $A[i..n]$ 递减。下标 i 称为 A 的模式。试设计一算法在 $O(\text{lb } n)$ 时间内找出 A 的模式。

2-20 假定已知城市中若干矩形建筑物的位置及形状，想要在二维平面上画出这些矩形的轮廓，并消去隐藏线。假设所有建筑物的底部位于固定直线上。用三元组 (L_i, H_i, R_i) 表示建筑物 B_i，其中 L_i 和 R_i 分别表示建筑物左右的 x 坐标，H_i 表示建筑物的高度。建筑物的轮廓是指一系列 x 坐标及相应的高度，按照从左到右的方式排列。例如，图2-19 中的建筑物对应以下输入（黑体数字表示高度）：$(1, \mathbf{5}, 5)$，$(4, \mathbf{3}, 7)$，$(3, \mathbf{8}, 5)$，$(6, \mathbf{6}, 8)$，其输出轮廓为 $(1, \mathbf{5}, 3, \mathbf{8}, 5, \mathbf{3}, 6, \mathbf{6}, 8)$。

(1) 给定 n 个建筑物的轮廓和 m 个建筑物的轮廓，证明如何在 $O(m+n)$ 步内将这些建筑物组合成 $m+n$ 个建筑物的轮廓。

(2) 试设计计算 n 个建筑物的分治算法。你所设计的算法的运行时间应为 $O(n \text{ lb } n)$。

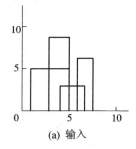
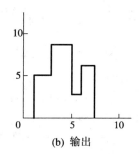

(a) 输入   (b) 输出

图 2-19 示例轮廓

2-21 设 $X[1..n]$ 和 $Y[1..n]$ 是两个有序数组，试设计运行时间为 $O(\text{lb } n)$ 的算法，找出在数组 X 和 Y 中的 $2n$ 个元素的中值。

2-22 寻找丢失的整数。假设数组 $A[1..n]$ 包含 $0 \sim n$ 之间的 n 个整数。如果使用一个辅助数组 $B[1..n]$ 来记录出现在 A 中的那些整数，可以很容易地在 $O(n)$ 时间内找出这个丢失的整数。然而，我们的问题是，不能使用单个操作来访问 A 中的一个完整整数。A 中的元素是用二进制表示的，我们访问 A 中整数所能使用的惟一操作是：取 $A[i]$ 的第 j 位，这个操作花费常量时间。

如果只能使用这个位操作，试给出一个仍然可在 $O(n)$ 时间内确定这个丢失的整数的算法。

2-23 VLSI 芯片测试。Diogenes 教授有 n 个可疑的相同 VLSI 芯片，它们原则上可以相互测试。教授的测试夹具一次可容纳两个芯片。当加载夹具时，夹具上的两个芯片相互测试，并输出芯片的测试结果，但是坏的芯片测试结果不可信。因此，一次测试的 4 种可能报告结果如表 2-3 所示。

表 2 - 3   一次测试的 4 种可能报告结果

芯片 A 的输出结果	芯片 B 的输出结果	结　　论
B 完好	A 完好	都完好，或都损坏
B 完好	A 损坏	至少一个损坏
B 损坏	A 完好	至少一个损坏
B 损坏	A 损坏	至少一个损坏

（1）证明：如果有多于 $n/2$ 个芯片是损坏的，教授使用这种基于成对测试的任何一种策略，不一定能够确定哪些是完好的芯片。假设坏芯片可以合谋欺骗教授。

（2）考虑从 n 个芯片中找出单个完好芯片的问题。假设完好的芯片超过 $n/2$。证明 $n/2$ 次的成对测试足以将此问题减小为近一半的问题。

（3）证明使用 $\Theta(n)$ 次成对测试就可以识别出完好芯片。给出描述测试次数的递归方程，并求解此方程。

2 - 24　某石油公司计划建造一条由东向西的主输油管道，这条管道要穿过有 n 口油井的油田，每口油井通过一条次管道沿最短路径（或南或北）直接与主管道相连，如图 2 - 20 所示。给定油井的 x 坐标和 y 坐标，如何确定主管道位置，使得各油井到主管道的输油管道长度总和达到最小？证明可在线性时间内确定主管道的最优位置。

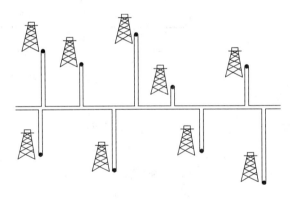

图 2 - 20　石油公司所要确定的主管道及油井分布

2 - 25　（本题为 1995 年国际信息学奥林匹克竞赛试题。）导线和开关问题。如图 2 - 21 所示，具有 3 根导线的电缆把 A 区和 B 区连接起来。在 A 区 3 根导线上标以 1，2，3；在 B 区导线 1 和 3 被连到开关 3，导线 2 被连到开关 1。

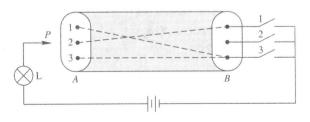

图 2 - 21　一个有 3 条导线和 3 个开关的实例

一般来说，电缆含 $m(1 \leqslant m \leqslant 90)$ 根导线，在 A 区标以 1，2，…，m。在 B 区有 m 个开关，标以 1，2，…，m。每一根导线都被严格地连到这些开关中的某一个上；每一个开关上可以连有 0 根或多根导线。

你的程序应进行某些测量来确定导线和开关是怎样连接的。每个开关或处于接通状态，或处于断开状态，开关的初始状态为断开。我们可用一个探头 P 在 A 区进行测试：如果探头点到某根导线上，当且仅当该导线连到处于接通状态的开关时，灯 L 才会点亮。

你的程序从标准输入读入一行以得到数字 m，然后可以通过向标准输出写入一行以发出命令(共 3 种命令)。每种命令的开头是一个大写字母：

测试导线命令 T：后面跟一个导线标号；

改变开关状态命令 C：后面跟一个开关标号；

完成命令 D：后面跟的是一个表列，该表列中的第 i 个元素代表与导线 i 相连的开关号。

在命令 T 和 C 之后，你的程序应从标准输入读入一行。若开关状态能使灯亮，则命令 T 的回答应是 Y；反之，回答应是 N。命令 C 的作用是改变开关的状态(若原来是接通，则变为断开；若原来是断开，则变为接通)。对 C 命令的回答作为一种反馈信号。

你的程序可以给出一系列命令，将 T 命令与 C 命令以任意顺序混合使用。最后给出命令 D，并结束。你的程序给出的命令总数应不大于 900。

举例：表 2-4 给出了一个实例，对应于图 2-21，这是一个有 8 条命令的对话。

表 2-4 对应于图 2-21 的 8 条命令的实例

标准输入	标准输出
3	C3
Y	T1
Y	T2
N	T3
Y	C3
N	C2
Y	T2
N	D313

2-26 循环赛日程表。设有 $n = 2^k$ 个运动员要进行网球循环赛。现要设计一个满足以下要求的比赛日程表：

(1) 每个选手必须与其他 $n-1$ 个选手各赛一次；

(2) 每个选手一天只能参赛一次；

(3) 循环赛一共进行 $n-1$ 场。

请按此要求将比赛日程表设计成有 n 行和 $n-1$ 列的一个表。在表中的第 i 行、第 j 列处填入第 i 个选手在第 j 天所遇到的选手，其中 $1 \leqslant i \leqslant n$，$1 \leqslant j \leqslant n-1$。

第3章 动态规划

动态规划(dynamic programming)已经成为计算机科学中重要的算法设计范型。1957年，Richard Bellman 在描述一类优化控制问题时创造了这个名字。那时，这个名字更多地用于描述问题，而不是解问题的技巧。规划(programming)的含义意味着一系列的决策，而动态(dynamic)的含义则传递着这样一种思想，就是所做决策可能依赖于当前状态，而与此前所做决策无关。此方法的主要特点是通过采用表格技术，用多项式算法代替指数算法。

动态规划典型的应用领域是组合优化问题，在这类问题中，可能会有许多可行解(feasible solution)，每个解对应一个值，我们想要找出一个具有最优值的解，称这个解为问题的一个最优解。可能有多个解都能达到这个最优值。

本质上，动态规划计算所有子问题的解。计算的过程从小问题到大问题，并将计算结果存储在一张表中。此方法的优点在于，一旦一个子问题被解决，就存储其结果，此后遇到同样的子问题，就不再重复计算。

本章 3.1 节与 3.2 节从问题计算角度出发，引入了动态规划技术的使用。3.3 节讨论了经典问题——矩阵链乘问题的动态规划算法。3.4 节在上述基础上，论述了动态规划的基本元素，揭示了动态规划的应用条件。3.5 节深入讨论了动态规划方法的一种变形。3.6～3.9 节讨论了动态规划的应用实例。

3.1 用表代替递归

从第 2 章的例 2.1 中我们可以看到，计算斐波那契的递归算法是非常低效的。实际上，计算 F_n 的递归调用次数恰好为 F_{n+1}。但是 F_n 约为 φ^n，其中 $\varphi \approx 1.618$，是黄金分割比例。因此，$F_n = O(1.618^n)$，这是一个指数时间(exponential-time)级的算法。图 3-1 是利用递归算法计算斐波那契数 F_7 时的递归结构，由此可见，重复计算的子问题数导致了指数级的复杂度。

图 3-1 表明，为了计算 F_7，递归算法进行了多次重叠子问题的递归调用，而这些重叠子问题导致了指数级的算法。在这个例子中，在第二次调用中忽略了前次调用所做的计算。计算 $F_6 = 8$ 的递归调用如图 3-2 所示。树中每一个结点代表所计算的斐波那契数。由于多重递归，导致了大量重复计算。

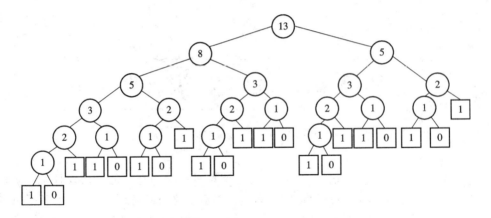

图 3-1   计算斐波那契数算法的递归结构(n=7)

相应地，如果我们用一个数组作为数据结构，将计算的前 n 个数存储在数组中，就可以用线性时间计算斐波那契数 F_n：

$$F[0] \leftarrow 0; F[1] \leftarrow 1;$$

for $i \leftarrow 2$ **to** n

do $F[i] \leftarrow F[i-1]+F[i-2]$

计算结果 F_n 呈指数级增长，但是所需数组规模较小。例如，F_{45} = 1 836 311 903 是 32 位整数所能表示的最大斐波那契数，因此，定义大小为 46 的数组即可。

这种技术为我们得到递归关系的数值解提供了直接途径。在斐波那契数的情形下，我们甚至可以省略数组，只保存前两个数值；对于遇见的其他情形，也可能需要保存所有已知数值的一个数组。

递归方程是值为整数的递归函数。正如在第 2 章中所做的讨论那样，递归函数的计算，从规模最小的问题开始，计算所有子问题，得到任何更大规模的问题，每一步都利用以前计算的结果计算当前值，我们称 这 种 技 术 为 自 底 向 上 的 动 态 规 划（bottom-up dynamic programming）。如果我们能够保存所有以前计算的结果（空间上允许），就能用这种方法计算递归。这种算法设计技术已经成功地应用在许多问题的求解中。我们必须对这种技术足够重视，因为对于斐波那契问题，它可以使得算法的运行时间从指数级降到线性级！

利用自底向上的动态规划设计策略，我们可以将计算斐波那契数的递归算法（例 2-1）变成以下的 C 语言函数：

```
8 F(6)
 5 F(5)
  3 F(4)
   2 F(3)
    1 F(2)
     1 F(1)
     0 F(0)
    1 F(1)
   1 F(2)
    1 F(1)
    0 F(0)
  2 F(3)
   1 F(2)
    1 F(1)
    0 F(0)
   1 F(1)
 3 F(4)
  2 F(3)
   1 F(2)
    1 F(1)
    0 F(0)
   1 F(1)
  1 F(2)
   1 F(1)
   0 F(0)
```

图 3-2   计算 F_6 时的递归调用

```
int F(int n)
{ int f, f₁, f₂, k, t;
  if（n<2）return n;
  else｛
```

$$f_1 = f_2 = 1;$$
```
    for (k=2; k<n; k++) {
    f=f_1+f_2;
    f_2=f_1;
    f_1=f;}
    }
    return f;
}
```

自顶向下的动态规划(top-down dynamic programming)方法是更简单的一种技术,它执行递归函数的运行时间与自底向上的动态规划的运行时间相同,有时更少。我们跟踪递归程序,存储它计算的每一个值,并检查计算的值,以避免重复计算。这种自顶向下的技术也称为备忘录(memoization)方法。

利用自顶向下的动态规划设计策略,我们可以将计算斐波那契数的递归算法(例 2-1)变成以下的 C 语言函数:

```
int fibarr[1000]={0};
int MEMOIZED-F(int n)
    { int t;
    if( fibarr[n] !=0 return fibarr[n];
    if (n==0) t=0;
    if (n==1) t=1;
    if (n>1) t=MEMOIZED-F(n-1)+MEMOIZED-F(n-2);
    return fibarr[n]=t;
    }
```

图 3-3 以 $n=7$ 为例,说明了 MEMOIZED-F 的运行过程。

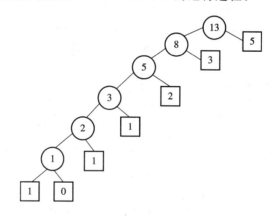

图 3-3　计算斐波那契数的自顶向下的动态规划示例($n=7$)

算法将数组 fibarr 初始化为 0,算法执行完成后,数组 fibarr 中的值如图 3-4 所示。

n	0	1	2	3	4	5	6	7
fibarr	0	1	1	2	3	5	8	13

图 3-4　数组 fibarr 中的值

比较图 3-1 与图 3-3 可得，自顶向下的动态规划方法大大减少了递归调用的次数，使得算法的复杂度从指数级降到线性级。这种方法将已经计算过的子问题存储在数组 fibarr 中，可避免重复计算。

3.2　0-1背包问题

对于更复杂的例子，考虑 0-1 背包问题(knapsack problem)。某商店有 n 个物品，第 i 个物品价值为 v_i，重量(或称权值)为 w_i，其中 v_i 和 w_i 为非负数。背包的容量为 W，W 为一非负数。目标是如何选择装入背包的物品，使装入背包的物品总价值最大。可将这个问题形式描述如下：

$$\max \sum_{1 \leqslant i \leqslant n} v_i x_i \tag{3.1}$$

约束条件为

$$\sum_{1 \leqslant i \leqslant n} w_i x_i \leqslant W, \quad x_i \in \{0, 1\} \tag{3.2}$$

式(3.1)是目标函数，式(3.2)是约束条件。满足约束条件的任一集合 $(x_1, x_2, \cdots, x_n)$ 是问题的一个可行解。下面考虑 5 个物品的一个例子，其中 $(w_1, w_2, w_3, w_4, w_5) = (3, 4, 7, 8, 9)$，$(v_1, v_2, v_3, v_4, v_5) = (4, 5, 10, 11, 13)$，$W = 17$。图 3-5 给出了问题的三种可行解。图 3-5(a)表示将物品 4、5 放入背包，并装满背包，获得价值 24，此时，问题解为 $(x_1, x_2, x_3, x_4, x_5) = (0, 0, 0, 1, 1)$。图 3-5(b)表示将物品 1、2 和 5 放入背包，背包未满，获得价值 22，此时，问题解为 $(x_1, x_2, x_3, x_4, x_5) = (1, 1, 0, 0, 1)$。图 3-5(c)表示将物品 3 和 5 放入背包，背包未满，获得价值 23，此时，问题解为 $(x_1, x_2, x_3, x_4, x_5) = (0, 0, 1, 0, 1)$。

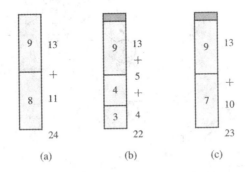

图 3-5　0-1背包问题示例

(1) 刻画 0-1 背包问题最优解的结构。我们可以将背包问题的求解过程看做是进行一系列的决策过程，即决定哪些物品应该放入背包，哪些物品不放入背包。

如果问题的一个最优解 $x_1, x_2, \cdots, x_n$ 包含物品 n，即 $x_n = 1$，那么其余决策 $x_1, x_2, \cdots, x_{n-1}$ 一定构成子问题 $1, 2, \cdots, n-1$ 在容量为 $W - w_n$ 时的最优解。我们可以利用"切割—粘贴"方法证明：如果存在子问题 $1, 2, \cdots, n-1$ 在容量为 $W - w_n$ 时的更大价值的解 $x_1', x_2', \cdots, x_{n-1}'$，我们可以构造问题的一个新解 $x_1', x_2', \cdots, x_{n-1}', x_n$。这个解比 x_1,

x_2，…，x_n 的总价值更大，这与 x_1，x_2，…，x_n 是问题最优解相矛盾。如果这个最优解不包含物品 n，即 $x_n = 0$，那么这个最优解一定包含子问题 $1，2，…，n-1$ 在容量为 W 时的最优解。证明过程类似上述情形。

（2）递归定义最优解的值。根据子问题的最优解递归地定义问题最优解的开销。设 $c[i，w]$ 表示背包容量为 w 时，i 个物品导致的最优解的总价值。显然，问题的最优价值为 $c[n，W]$。

由（1）中分析可得，$c[i，w]$ 递归定义如下：

$$c[i，w] = \begin{cases} 0 & ，i = 0 \text{ 或 } w = 0 \\ c[i-1，w] & ，w_i > w \\ \max\{c[i-1，w-w_i]+v_i，c[i-1，w]\} & ，i > 0 \text{ 且 } w_i \leqslant w \end{cases} \quad (3.3)$$

（3）计算背包问题最优解的值。基于上述计算 $c[i，w]$ 的递归方程，我们很容易地写出一个递归算法 RECUR-KNAP，计算背包容量为 W 时 n 个物品的最优解值。然而，这个算法为指数时间复杂度 $O(2^n)$，并不比穷举法好。

```
RECUR-KNAP(w)
1   max ← 0
2   for (i ← 1 to n)
3       do if (space ← (w−wᵢ)≥0)
4           then if ((t ← RECUR-KNAP(space)+vᵢ)>max
5               then max ← t
6   return max
```

这个递归过程的初始调用为 RECUR-KNAP(W)。

我们不是直接计算递归方程的解，而是利用一个表格，以自底向上的方式计算最优解值。过程 KNAPSACK-DP 以物品权值 $\langle w_1，w_2，…，w_n \rangle$，物品价值 $\langle v_1，v_2，…，v_n \rangle$，物品个数 n，背包容量 W 作为输入，并将 $c[i，w]$ 的值存储在辅助表 $c[0..n，0..W]$ 中，以行为主序从左到右计算表 c 中的元素。同时维持辅助表 $s[1..n，1..W]$，以简化最优解的构造。为简单起见，我们只将物品个数及背包容量在参数表中列出。

```
KNAPSACK-DP(n, W)
1    for w ← 0 to W
2        do c[0, w] ← 0
3    for i ← 1 to n
4        do c[i, 0] ← 0
5        for w ← 1 to W
6            do if w[i]≤w
7                then if v[i]+c[i−1, w−w[i]]>c[i−1, w]
8                    then c[i, w] ← v[i]+c[i−1, w−w[i]]
9                else c[i, w] ← c[i−1, w]
10           else c[i, w] ← c[i−1, w]
```

第 1、2 行对 c 进行初始化。在第 3～10 行循环的第一次执行中，利用递归方程（3.3）计算 $c[1，w]$，$w = 1，2，…，W$，即分别计算背包容量为 $1，2，…，W$ 时 1 个物品的最大价值。第二次执行中，计算 $c[2, w]$，$w=1, 2, \cdots, W$，即分别计算背包容量为 $1, 2, \cdots, W$ 时 2 个物品的最大价值。直至计算 $c[n, w]$，$w=1, 2, \cdots, W$，即分别计算背包容量为 $1, 2, \cdots, W$ 时 n 个物品的最大价值，其中 $c[n, W]$ 为问题的最优解值，即 n 个物品最优装包所产生的最大价值。

由算法 KNAPSACK-DP 的嵌套循环结构可得，算法的运行时间为 $O(nW)$。对于 $(w_1, w_2, w_3, w_4, w_5)=(3, 4, 7, 8, 9)$，$(v_1, v_2, v_3, v_4, v_5)=(4, 5, 10, 11, 13)$，$W=17$。图 3-6 给出了由算法 KNAPSACK-DP 计算表 $c[i, w]$ 的过程。

c	0	1	2	3	4	5	6	7	8	9	10	11	12	13	14	15	16	17
1	0	0	0	4	4	4	4	4	4	4	4	4	4	4	4	4	4	4
2	0	0	0	4	5	5	5	9	9	9	9	9	9	9	9	9	9	9
3	0	0	0	4	5	5	5	10	10	10	14	15	15	15	19	19	19	19
4	0	0	0	4	5	5	5	10	11	11	14	15	16	16	19	21	21	21
5	0	0	0	4	5	5	5	10	11	13	14	15	17	18	19	21	23	24

图 3-6　算法 KNAPSACK-DP 示例

（4）根据计算的结果，构造问题最优解。KNAPSACK-DP 返回的 c 可用于快速构造背包问题的一个最优解。如果 $c[i, w]=c[i-1, w]$，表明 $x_i=0$，然后考察 $c[i-1, w]$；否则 $x_i=1$，接着考察 $c[i-1, w-w_i]$。这个过程的初始调用为 OUTPUT-SACK(c, W)。

```
OUTPUT-SACK(c, w)
1    for i ← n downto 2
2        do if c[i, w]=c[i-1, w]
3            then x_i ← 0
4            else x_i ← 1
5                w ← w-w_i
6    x_1 ← c[1, w] ? 1:0
7    return x
```

对于图 3-6 中的例子，初始调用是 OUTPUT-SACK$(c, 17)$。$c[5, 17] \neq c[4, 17]$，因而 $x_5=1$；下一个要考察的是 $c[4, 17-w_5]=c[4, 8]$，由于 $c[4, 8] \neq c[3, 8]$，因而 $x_4=1$；下一个要考察的是 $c[3, 8-w_4]=c[3, 0]$，由于 $c[3, 0]=c[2, 0]$，因而 $x_3=0$；由于 $c[2, 0]=c[1, 0]$，因而 $x_2=0$；由于 $c[1, 0]=0$，因而 $x_1=0$。过程见图 3-6 中的阴影部分。因此问题的解为 $(x_1, x_2, x_3, x_4, x_5)=(0, 0, 0, 1, 1)$。因为 OUTPUT-SACK$(c, w)$ 只有一层循环 for，所以该算法复杂度为 $O(n)$。

3.3　矩阵链乘问题

上述的两个实例表明，动态规划算法的研制可由 4 步组成：

（1）刻画最优解的结构。

（2）递归定义最优解的值。

（3）以自底向上（或自顶向下）的方式计算最优解的值。

（4）根据计算的结果，构造问题最优解。

第（1）～（3）步构成了用动态规划求问题解的基础。如果只要求求出最优解的值，第（4）步可以省略。为了易于构造最优解，我们在第（3）步的计算中，有时保持另外一些信息。

下面我们研究矩阵链乘问题（matrix-chain multiplication problem）的动态规划方法。给定 n 个矩阵的序列 $\langle A_1, A_2, \cdots, A_n \rangle$，矩阵链乘问题是找出计算 $A_1 A_2 \cdots A_n$ 的计算量最小的乘积顺序。如果矩阵是单个矩阵，或是两个完全加上括号矩阵的乘积，那么称矩阵乘积是完全加上括号的（fully parenthesized）。矩阵相乘是可结合的，因此所有加上括号后的结果产生相同的乘积。例如，已知矩阵序列为 $\langle A_1, A_2, A_3, A_4 \rangle$，乘积 $A_1 A_2 A_3 A_4$ 加上括号后可产生 5 种不同的方式，即 $(A_1 (A_2 (A_3 A_4)))$、$(A_1 ((A_2 A_3) A_4))$、$((A_1 A_2)(A_3 A_4))$、$((A_1 (A_2 A_3)) A_4)$ 和 $(((A_1 A_2) A_3) A_4)$。

我们给矩阵加上括号的方式会对矩阵的计算开销产生巨大影响。首先考虑两个矩阵的乘积。标准计算两个矩阵乘积的算法 MATRIX-MULTIPLY 描述如下，其中 rows 和 columns 分别表示矩阵的行数和列数。

```
MATRIX-MULTIPLY(A, B)
1    if columns[A]≠rows[B]
2        then error "incompatible domensions"
3        else for i ← 1 to rows[A]
4             do for j ← 1 to columns[B]
5                 do C[i, j]← 0
6                    for k ← 1 to columns[A]
7                        do C[i, j] ← C[i, j]+A[i, k]·B[k, j]
8    return C
```

如果矩阵 A 的列数等于矩阵 B 的行数，则两个矩阵 A 和 B 是可相乘的，即如果矩阵 A 是 $p \times q$ 的矩阵，B 是 $q \times r$ 的矩阵，那么，它们乘积的结果矩阵 C 是 $p \times r$ 的。我们首先给出一个例子，来说明括号加在矩阵不同位置对计算量所产生的影响。考虑三个矩阵 $\langle A_1, A_2, A_3 \rangle$ 链乘的情况。这三个矩阵的维数分别为 10×100，100×5 和 5×50。如果我们按照 $((A_1 A_2) A_3)$ 方式计算，则计算 $A_1 A_2$ 需要 $10 \times 100 \times 5 = 5000$ 次乘法，计算其结果与 A_3 的乘积需要 $10 \times 5 \times 50 = 2500$ 次乘法，共需 7500 次数乘。如果我们按照 $(A_1 (A_2 A_3))$ 方式计算，则计算 $A_2 A_3$ 需要 $100 \times 5 \times 50 = 25\,000$ 次乘法，计算 A_1 与其结果的乘积需要 $10 \times 100 \times 50 = 50\,000$ 次乘法，共需 75\,000 次数乘。

矩阵链乘问题阐述如下：给定 n 个矩阵 $\langle A_1, A_2, \cdots, A_n \rangle$，矩阵 A_i 的维数为 $p_{i-1} \times p_i$，$i = 1, 2, \cdots, n$，如何给矩阵链乘 $A_1 \times A_2 \times \cdots \times A_n$ 完全加上括号，使得矩阵链乘中数乘次数最少。

值得注意的是，在矩阵链乘问题中，我们实际上并不做矩阵相乘。我们的目标是决定具有最少乘法次数的矩阵相乘的次序。一般而言，决定这个最优次序的开销可以由以后计算节省的开销补偿。

在用动态规划求解矩阵链乘问题之前，我们先讨论穷举法求解该问题的算法。假设 $P(n)$ 表示 n 个矩阵序列的加括号的数目。当 $n = 1$ 时，只有一个矩阵，完全加括号的方式只有一种。当 $n \geqslant 2$ 时，完全加括号矩阵乘积等于两个完全加括号的子矩阵的乘积。而两个子矩阵间分割的位置可在第 k 个矩阵以及第 $k+1$ 个矩阵之间,其中 $k=1,2,\cdots,n-1$。因此,可得递归方程

$$P(n)=\begin{cases}1 & ,n=1 \\ \sum_{k=1}^{n-1}P(k)P(n-k) & ,n\geqslant 2\end{cases}$$

这个递归方程的解为 Catalan 数

$$P(n)=\frac{1}{n+1}\binom{2n}{n}=\Omega(4^n/n^{3/2})$$

由此可见,矩阵链乘完全加上括号的个数为 n 的指数次幂,因此,穷举法不是一个有效的方法。以下研究如何用动态规划解该问题。

研制一个动态规划算法的步骤如下:

(1) 刻画矩阵链乘问题的最优结构。动态规划范型的第一步是刻画问题的最优结构,通过子问题的最优解构造原问题的最优解。为简便起见,我们用 $A_{i..j}$ 表示矩阵乘积 $A_iA_{i+1}\cdots A_j$ 的结果,其中 $i\leqslant j$。如果问题是非平凡的,即 $i<j$,那么乘积 $A_iA_{i+1}\cdots A_j$ 一定在 A_k 与 A_{k+1} 之间被分裂,$i\leqslant k<j$,即对于某些 k 值,首先要计算 $A_{i..k}$ 与 $A_{k+1..j}$,然后计算它们的乘积,得到最终结果 $A_{i..j}$。问题 $A_iA_{i+1}\cdots A_j$ 被完全加上括号的开销等于计算矩阵 $A_{i..k}$ 与计算矩阵 $A_{k+1..j}$ 的开销,再加上它们结果相乘的开销。

问题的最优子结构刻画如下:假定问题 $A_iA_{i+1}\cdots A_j$ 被完全加上括号的最优方式是在 A_k 与 A_{k+1} 处分裂,那么分裂之后,最优解 $A_iA_{i+1}\cdots A_j$ 中的子链 $A_iA_{i+1}\cdots A_k$ 一定是问题 $A_iA_{i+1}\cdots A_k$ 的最优加括号方式。我们用反证法证明这一点。如果问题 $A_iA_{i+1}\cdots A_k$ 存在更小开销的加括号方式,我们可以用这个更小开销的加括号方式代替问题 $A_iA_{i+1}\cdots A_j$ 中的子问题 $A_iA_{i+1}\cdots A_k$ 的加括号方式,这样就产生问题 $A_iA_{i+1}\cdots A_j$ 的另一种具有更小开销的加括号方式,这与问题 $A_iA_{i+1}\cdots A_j$ 具有最优解(具有最小开销)矛盾。可用类似方法证明,最优解 $A_iA_{i+1}\cdots A_j$ 中的子链 $A_{k+1}A_{k+2}\cdots A_j$ 一定也是问题 $A_{k+1}A_{k+2}\cdots A_j$ 的最优加括号方式。

现在,我们利用最优子结构构造问题的最优解。正如已经表明的那样,非平凡矩阵链乘问题都会对矩阵进行分割,而分割的位置是未定的,需要我们确定,使得问题的最优解一定包含子问题的最优解,我们称这个性质为问题的最优子结构(optimal substructure)。由此,我们可以建立矩阵链乘问题的递归解。

(2) 递归定义矩阵链乘问题最优解的值。根据子问题的最优解递归地定义问题最优解的开销。设 $m[i,j]$ 表示计算 $A_{i..j}$ 所需的最少乘法次数,对于原问题,计算 $A_{1..n}$ 的最少开销则为 $m[1,n]$。$m[i,j]$ 递归定义如下:

如果 $i=j$,则为平凡问题。子问题中只有一个矩阵,即 $A_{i..i}=A_i$,不需数乘。因此,对于 $i=1,2,\cdots,n,m[i,i]=0$。

如果 $i<j$,可以利用第一步中得出的最优解结构,构造问题的最优解。假设最优加括号方式将乘积 $A_iA_{i+1}\cdots A_j$ 分裂为 $A_iA_{i+1}\cdots A_k$ 和 $A_{k+1}A_{k+2}\cdots A_j$,其中 $i\leqslant k<j$,则 $m[i,j]$ 等于计算子乘积 $A_{i..k}$ 和 $A_{k+1..j}$ 的最小开销,再加上将这两个结果矩阵相乘的开销。由前定义,矩阵 A_i 的维数为 $p_{i-1}\times p_i$,因此计算矩阵乘积 $A_{i..k}\times A_{k+1..j}$ 需要 $p_{i-1}p_kp_j$ 次数乘。所以,

$$m[i,j]=m[i,k]+m[k+1,j]+p_{i-1}p_kp_j$$

这是因为 k 有 $j-i$ 种选择，即 $k=i$, $i+1$, $\cdots$, $j-1$。最优加括号方式一定利用某个 k 值，我们只需逐个检查，找出最优的。因此，矩阵乘积 $\boldsymbol{A}_i\boldsymbol{A}_{i+1}\cdots\boldsymbol{A}_j$ 加括号的最小开销的递归定义变为

$$m[i, j] = \begin{cases} 0 & , i = j \\ \min_{i \leqslant k < j}\{m[i, k] + m[k+1, j] + p_{i-1}p_kp_j\} & , i < j \end{cases} \quad (3.4)$$

$m[i, j]$ 给出了子问题最优解的值。为了记录构造最优解的过程，设 $s[i, j]$ 表示将 $\boldsymbol{A}_i\boldsymbol{A}_{i+1}\cdots\boldsymbol{A}_j$ 分裂产生最优解时 k 的位置，即 $s[i, j]$ 等于值 k，满足 $m[i, j]=m[i, k]+m[k+1, j]+p_{i-1}p_kp_j$。

（3）计算矩阵链乘最优解的值。基于上述计算 $m[i, j]$ 的递归方程，我们很容易写出一个递归算法计算矩阵乘积 $\boldsymbol{A}_1\boldsymbol{A}_2\cdots\boldsymbol{A}_n$ 的最小开销 $m[1, n]$。然而，这个算法为指数时间复杂度，它并不比穷举法好。重要的一点是，我们可以计算出子问题的个数，对于每次选取的满足条件 $1 \leqslant i \leqslant j \leqslant n$ 的 i 和 j，子问题的个数共有 $n(n-1)/2+n=\Theta(n^2)$ 种。在递归树的各个分支结构中，可能有许多重叠子问题。重叠子问题是动态规划应用的第二个特点（第一个特点是最优子结构）。

我们不是直接计算递归方程的解，而是利用一个表格，以自底向上的方式计算最优开销。假设输入为 $p=\langle p_0, p_1, \cdots, p_n\rangle$，过程 MATRIX-CHAIN-ORDER 利用辅助表 $m[1..n, 1..n]$ 存储 $m[i, j]$，利用辅助表 $s[1..n, 1..n]$ 存储哪一个 k 使得计算 $m[i, j]$ 时达到最优。最终利用 s 表构造问题的一个最优解。

为了正确实现自底向上方法，我们必须决定 m 表中的哪个元素用于计算 $m[i, j]$。式（3.4）表明，计算 $j-i+1$ 个矩阵乘积的开销 $m[i, j]$ 只取决于计算矩阵 $\boldsymbol{A}_{i..k}$ 与 $\boldsymbol{A}_{k+1..j}$ 的开销，其中 $k=i$, $k+1$, $\cdots$, $j-1$。因此，我们可以按照矩阵链长度增加的方式填充表格。

```
MATRIX-CHAIN-ORDER(p)

1    n ← length[p]-1
2    for i ← 1 to n
3        do m[i, i] ← 0
4    for l ← 2 to n
5        do for i ← 1 to n-l+1
6            do j ← i+l-1
7               m[i, j]←∞
8               for k ← i to j-1
9                   do q ← m[i, k]+m[k+1, j]+p_{i-1}p_kp_j
10                      if q<m[i, j]
11                         then m[i, j] ← q
12                              s[i, j] ← k
13   return m and s
```

首先，对于 $i=1, 2, \cdots, n$，算法 MATRIX-CHAIN-ORDER 计算出 $m[i, i]=0$，即链长度为 1 的最小开销。然后，在第 4～12 行循环的第一次执行中，利用递归方程（3.3）计算 $m[i, i+1]$，$i=1, 2, \cdots, n-1$，即链长度为 2 的最小开销。第二次执行中，计算

$m[i, i+2]$，$i=1, 2, \cdots, n-2$，即链长度为 3 的最小开销，依次类推。在每一步计算 $m[i, j]$ 时，只需要表 $m[i, k]$ 和 $m[k+1, j]$ 中已计算出的值。计算 $m[i, j]$ 的次序如图 3-7 所示。

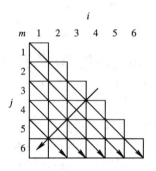

图 3-7　$m[i, j]$ 的计算次序

注意，矩阵 A_i 的维数为 $p_{i-1} \times p_i$。给定 $n=6$，$p=\langle p_0, p_1, \cdots, p_n \rangle = \langle 30, 35, 15, 5, 10, 20, 25 \rangle$。首先设 $m[i, i]=0$，然后依次计算 $j-i=1$，$j-i=2$，$\cdots$，$j-i=n-1$ 时 $m[i, j]$ 的值。

我们按照如下步骤计算问题的最优解的值：

① $m[i, i]=0$，$i=1, 2, \cdots, 6$，如图 3-8(a)所示。

② 当 $j-i=1$ 时，$m[1, 2]$，$m[2, 3]$，$m[3, 4]$，$m[4, 5]$ 和 $m[5, 6]$ 的计算结果及其对应的 s 表如图 3-8(b)所示。

③ 当 $j-i=2$ 时，$m[1, 3]$，$m[2, 4]$，$m[3, 5]$ 和 $m[4, 6]$ 的计算结果及其对应的 s 表如图 3-8(c)所示。

④ 当 $j-i=3$ 时，$m[1, 4]$，$m[2, 5]$ 和 $m[3, 6]$ 的计算结果及其对应的 s 表如图 3-8(d)所示。

⑤ 当 $j-i=4$ 时，$m[1, 5]$ 和 $m[2, 6]$ 的计算结果及其对应的 s 表如图 3-8(e)所示。

⑥ 当 $j-i=5$ 时，$m[1, 6]$ 的计算结果及其对应的 s 表如图 3-8(f)所示。

在 m 表中，利用表的主对角线和下三角部分。而在 s 表中，只利用表的下三角部分。6 个矩阵相乘的最少数乘次数为 $m[1, 6]=15\,125$。在计算 $m[2, 4]$ 时，要用到已计算出的 $m[2, 2]$，$m[2, 3]$，$m[3, 4]$ 和 $m[4, 4]$。

$$m[2, 4] = \min \begin{cases} m[2, 2]+m[3, 4]+p_1 p_2 p_4 = 0+750+35 \times 15 \times 10 = 6000 \\ m[2, 3]+m[4, 4]+p_1 p_3 p_4 = 0+2625+35 \times 5 \times 10 = 4375 \end{cases}$$
$$= 4375$$

且

$$s[2, 4] = k = 3$$

由算法 MATRIX-CHAIN-ORDER 的嵌套循环结构可得，算法的复杂度为 $O(n^3)$。算法第 2～3 行需要 $O(n)$ 时间单位，第 4～12 行的三层嵌套循环需要 $O(n^3)$ 时间单位，因为每个循环下标 l，i 和 k 至多取 $n-1$ 个值。算法存储 m 表和 s 表需要的空间为 $\Theta(n^2)$。因此，自底向上的动态规划要比穷举法的动态规划算法有效得多。

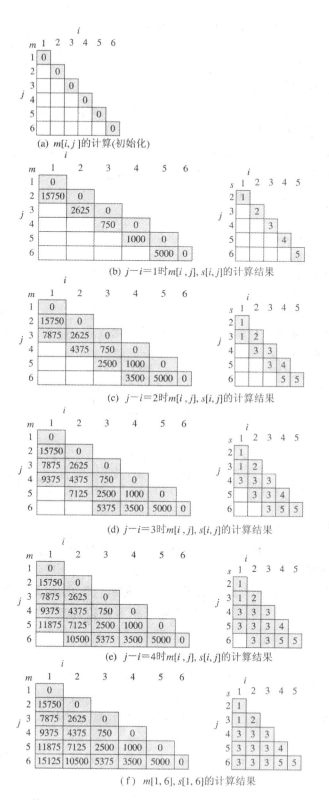

(a) $m[i,j]$的计算(初始化)

(b) $j-i=1$时$m[i,j], s[i,j]$的计算结果

(c) $j-i=2$时$m[i,j], s[i,j]$的计算结果

(d) $j-i=3$时$m[i,j], s[i,j]$的计算结果

(e) $j-i=4$时$m[i,j], s[i,j]$的计算结果

(f) $m[1,6], s[1,6]$的计算结果

图 3-8　算法 MATRIX-CHAIN-ORDER 计算 $m[i,j]$ 和 $s[i,j]$ 的值

(4) 构造矩阵链乘问题的最优解。尽管算法给出了计算矩阵乘积的最优数乘次数（最优解的值），但我们仍然不知道这些矩阵相乘的次序。从存储在 s 表中的信息不难构造问题的一个最优解。$s[i,j]$ 中的每个元素记录着 $A_i A_{i+1} \cdots A_j$ 最优分裂的位置，即 k 值。由于 $s[1,n]$ 是 $A_{1..n}$ 的最优分裂位置，通过这个位置 $s[1,n]$，我们考虑这两个子问题 $A_{1..s[1,n]}$ 和 $A_{s[1,n]+1..n}$，而 $s[1,s[1,n]]$ 记录问题 $A_{1..s[1,n]}$ 最优分裂的位置，$s[s[1,n]+1,n]$ 记录问题 $A_{s[1,n]+1..n}$ 最优分裂的位置，因此，以下过程 OUTPUT-OPTIMAL-PARENS 输出 $\langle A_i, A_{i+1}, \cdots, A_j \rangle$ 的最优加括号方法，其中 s 表作为已知条件输入，并给定下标 i 和 j。初始时，调用 OUTPUT-OPTIMAL-PARENS$(s, 1, n)$。

```
OUTPUT-OPTIMAL-PARENS(s, i, j)
1   if i = j
2       then output "A"ᵢ
3       else output "("
4           OUTPUT-OPTIMAL-PARENS(s, i, s[i, j])
5           OUTPUT-OPTIMAL-PARENS(s, s[i, j]+1, j)
6           OUTPUT ")"
```

上述例子调用 OUTPUT-OPTIMAL-PARENS$(s, 1, 6)$ 之后，产生输出结果 $((A_1(A_2 A_3))((A_4 A_5)A_6))$。

3.4 动态规划的基本元素

前面我们已经讨论了 4 个动态规划例子，但也许我们仍然对于何时利用动态规划感到茫然。本节将讨论动态规划应用于组合优化问题时，问题自身应有的两个特点。这就是问题具有最优子结构和重叠子问题。

1. 最优子结构

动态规划应用于组合优化问题的第一个特征是问题自身具有最优子结构。在前面所讨论的问题中，如果问题的最优解包含子问题的最优解，则问题展示了最优子结构。只要问题展示最优子结构，就为应用动态规划提供了可能性。在动态规划中，我们通过子问题的最优解建立问题的最优解。因此，我们必须仔细考虑以保证子问题的范围包括在最优解中。

我们详细讨论 0-1 背包问题、矩阵链乘问题的最优子结构。在 3.2 节中，i 个物品在背包容量为 w 时的最优解，一定包括前 $i-1$ 个物品的最优解。在 3.3 节中，$A_i A_{i+1} \cdots A_j$ 在 A_k 与 A_{k+1} 处最优分裂，所产生的子问题 $A_i A_{i+1} \cdots A_k$ 和 $A_{k+1} A_{k+2} \cdots A_j$ 一定分别是这两个子问题的最优加括号方式。因此，在寻找问题的最优子结构时，问题具有以下公共结构：

(1) 问题的解由一系列决策组成。在背包问题中，是选择一个物品是否放在背包中；在矩阵链乘问题中，是选择分裂矩阵的一个下标。

(2) 对于给定的问题，假定已知一个选择导致最优解。你不需关心如何做出这个选择，只需假定它是已知的。

（3）给定这个决策，你来决定哪些子问题最好地刻画子问题的其余空间。

（4）证明在问题最优解中所用到的子问题的解，通过使用"切割—粘贴"技术，一定是最优的。这可以通过假定子问题的解不是最优的，然后导出与问题最优解相矛盾的结论。在证明过程中，把不是子问题最优解的解切割出去，粘贴上子问题的最优解，就可以得到比原问题更好的一个解，这与初始时假定原问题具有最优解相矛盾。如果有多个子问题，证明的过程十分相似，只需做少量修改。

为了刻画子问题的空间，一个好的原则是尽可能保持这个空间简单，然后在需要的时候扩展它。例如，0-1 背包问题的子空间就是空间为 w 时前 i 个物品的最优装包方式。相反，假定我们试图将矩阵链乘问题的子空间限制到形如 $A_1A_2\cdots A_j$ 的形式，如前所述，最优的加括号方式一定将这个乘积在 A_k 与 A_{k+1} 处分裂，$i \leqslant k < j$。除非我们能够保证 k 总是等于 $j-1$，否则我们就会得到形如 $A_1A_2\cdots A_k$ 和 $A_{k+1}A_{k+2}\cdots A_j$ 的子问题，而后者不是形如 $A_1A_2\cdots A_j$ 的子问题。因此，对于矩阵链乘问题，子问题需要在两端都可变化，即在子问题 $A_iA_{i+1}\cdots A_j$ 的两端 i 和 j 处都可改变。

最优子结构随问题域的不同都会存在以下两个问题：

(1) 原问题的最优解中，利用了多少个子问题？

(2) 决定最优解中使用哪些子问题需做多少次决策？

在 0-1 背包问题中，子问题为 i 个物品在背包容量为 w 时的最优解，它一定包括前 $i-1$ 个物品的最优解。最优解利用了两个子问题，每个子问题需要做 $w(1 \leqslant w \leqslant W)$ 次决策，以便决定一个最优解。为了找到子问题 $c[i, w]$ 的最优装包方式，我们或者利用子问题 $c[i-1, w]$ 的最优装包方式，或者利用子问题 $c[i-1, w-w_i]$ 的最优装包方式。不论使用哪一个子问题，都表示要最优解决那个子问题。

在矩阵链乘子问题 $A_iA_{i+1}\cdots A_j$ 中，需做 $j-i$ 次决策($i \leqslant k < j$)，并且最优解利用了两个子问题。这是因为，对于在矩阵某处分裂的 A_k，产生两个子问题：$A_iA_{i+1}\cdots A_k$ 的加括号方式和 $A_{k+1}A_{k+2}\cdots A_j$ 的加括号方式，我们必须最优解决这两个子问题。一旦决定了子问题的最优解，就从 $j-i$ 个候选者中选择了某个 k 值。

动态规划算法的运行时间取决于两个因素的乘积，这两个因素是：所有子问题的数目以及对于每个子问题需要做出多少次决策。在 0-1 背包问题中，共有 $\Theta(n)$ 个子问题，每个子问题至多需要做出 W 次决策，即需要检查 W 次才能确定子问题的最优解，因此，运行时间为 $O(nW)$。对于矩阵链乘问题，共有 $\Theta(n^2)$ 个子问题，每个子问题至多需要做出 $n-1$ 次决策，因此运行时间为 $O(n^3)$。

当我们应用动态规划技术时，需要关注遇见的如下问题。当问题的最优子结构不存在时，就不能假设应用最优子结构。考虑如下两个问题，在这两个问题中，给定有向图 $G=(V, E)$ 和顶点 $u, v \in V$。一个问题是最短路径问题：找一条从 u 到 v 包含最少边的简单路径。另一个问题是最长简单路径问题：找一条从 u 到 v 包含最多边的简单路径。我们要求路径是简单的，原因是一旦路径中包含回路，则可以多次遍历这个回路，使得这条路径上具有无限多条边。

下面来分析这两个问题最优子结构的存在性。最短路径问题展示了最优子结构。假定

$u \neq v$, 问题是非平凡的。从 u 到 v 的任何路径 p 一定包含中间结点, 这个中间结点称为 w, 这里 w 可能为 u 或 v。因此我们可将这条路径 $u \overset{p}{\leadsto} v$ 分为两条子路径 $u \overset{p_1}{\leadsto} w \overset{p_2}{\leadsto} v$。显然, p 中边数等于子路径 p_1 与 p_2 中的边数之和。因此, 我们可以声称, 如果 p 是一条从 u 到 v 的最优路径, 即最短路径, 那么, p_1 一定是一条从 u 到 w 的最优路径。这是因为, 我们可以利用"切割—粘贴"方法证明: 如果存在一条从 u 到 w 的具有更少边的路径 p_1', 我们可以将路径 p_1 切除, 并将这条更短路径 p_1' 粘贴进来, 则得一条具有更少条边的路径 $u \overset{p_1'}{\leadsto} w \overset{p_2}{\leadsto} v$。这与路径 p 是最优路径相矛盾。类似地, 可证明 p_2 一定是一条从 w 到 v 的最优路径。因此, 求从 u 到 v 的最优路径可以通过考察所有中间结点 w 来完成, 即求从 u 到 w 的最优路径和从 w 到 v 的最优路径, 并选择导致最短路径的中间结点 w。

有人可能会认为, 求最长简单路径问题也会展示最优子结构。

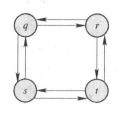

图 3-9 有向图示例

如果我们把从 u 到 v 的最长简单路径分解成子路径 $u \overset{p_1}{\leadsto} w \overset{p_2}{\leadsto} v$, 那么 p_1 未必是从 u 到 w 的最长简单路径, p_2 也未必是从 w 到 v 的最长简单路径。图 3-9 给出了一个例子。考虑路径 $q{\rightarrow}r{\rightarrow}t$, 这是一条从 q 到 t 的最长简单路径。然而路径 $q{\rightarrow}r$ 不是从 q 到 r 的最长简单路径, 因为路径 $q{\rightarrow}s{\rightarrow}t{\rightarrow}r$ 是一条更长的简单路径。路径 $r{\rightarrow}t$ 也不是从 r 到 t 的最长简单路径, 因为路径 $r{\rightarrow}q{\rightarrow}s{\rightarrow}t$ 是一条更长的简单路径。这个例子说明, 对于最长简单路径问题, 不仅不存在最优子结构, 而且不能由子问题的解组合成原问题的合法解。如果我们将最长简单路径 $q{\rightarrow}s{\rightarrow}t{\rightarrow}r$ 和最长简单路径 $r{\rightarrow}q{\rightarrow}s{\rightarrow}t$ 组合, 得到路径 $q{\rightarrow}s{\rightarrow}t{\rightarrow}r{\rightarrow}q{\rightarrow}s{\rightarrow}t$, 则它不是一条简单路径。因此, 求最长简单路径问题不具有最优子结构, 而且人们至今仍未找到这个问题的有效动态规划算法。事实上, 这个问题是 NP 完全问题。

为什么最长简单路径问题的最优子结构如此不同于最短路径问题的子结构? 尽管两个问题中都利用了两个子问题, 但是在最长简单路径问题中, 子问题不是独立的, 而在最短路径问题中, 子问题是独立的。这表明如果子问题不独立, 那么一个子问题的解会影响另一个子问题的解。在图 3-9 中给出了求最长简单路径问题不存在最优子结构的例子。对于从 q 到 t 的最长简单路径, 要找从 q 到 r 和从 r 到 t 的最长简单路径。对于前一个子问题, 它的最长简单路径为 $q{\rightarrow}s{\rightarrow}t{\rightarrow}r$, 其中的顶点 s 和 t 已经使用过, 它们不能在后一个子问题中再使用, 否则, 组合子问题解后所产生的路径不是简单路径。如果不能在后一个子问题中利用 t, 则根本不能解决问题, 因为 t 就在我们要找的那条路径上, 并且 t 也不是两个子问题拼接处的顶点, 因为拼接处的顶点是 r。顶点 s 和 t 出现在一个子问题中, 限制了它们在另一个子问题中的应用。然而, 我们又必须利用它们, 才能找到子问题的最优解。因此, 我们说这些子问题不是独立的, 它们共享相同的资源。

那么, 求最短路径问题的子问题为什么是独立的? 回答是这些子问题不共享资源。如果顶点 w 位于从 u 到 v 上的一条最短路径 p 上, 那么, 可以拼接任何最短路径 $u \overset{p_1}{\leadsto} w$ 和 $w \overset{p_2}{\leadsto} v$, 来产生从 u 到 v 的最短路径。我们确信, 除 w 以外, p_1 和 p_2 不可能共享其他顶点。这是因为, 假定存在某些顶点 $x \neq w$ 出现在 p_1 和 p_2 中, 我们可以将 p_1 分解成

$u \overset{p_{ux}}{\leadsto} x \leadsto w$，将 p_2 分解成 $w \leadsto x \overset{p_{xv}}{\leadsto} v$。由问题的最优子结构，路径 p 上的边与 p_1 和 p_2 上的边的总和相等。记 p 有 e 条边，现在构造一条从 u 到 v 的一条路径 $u \overset{p_{ux}}{\leadsto} x \overset{p_{xv}}{\leadsto} v$。这条路径至多有 $e-2$ 条边，这与 p 是最短路径矛盾。因此，最短路径问题的子问题是独立的。

3.1 节、3.2 节和 3.3 节中讨论的问题都具有独立的子问题。在斐波那契序列计算中，要计算 F_i 的值，我们需要计算子问题 F_{i-1} 和子问题 F_{i-2} 的值，这两个子问题是独立的。在 0-1 背包问题中，为了找到 KNAP$(1,j,X)$ 的最优装包方式，我们考察子问题 KNAP$(1,j-1,X)$ 和子问题 KNAP$(1,j-1,X-w_j)$ 的最优装包方式。因为 KNAP$(1,j,X)$ 的最优装包方式中，将只包括其中一个子问题，而那个子问题自动独立于在最优解中使用的其他子问题。在矩阵链乘问题中，子问题为 $A_iA_{i+1}\cdots A_k$ 和 $A_{k+1}A_{k+2}\cdots A_j$。这些子问题是不相交的，没有一个矩阵会在这两个子问题中同时出现。

2. 重叠子问题

动态规划应用于组合优化问题的第二个特征是问题自身具有重叠子问题。这些子问题的空间可以足够小，以至于问题的递归算法可以多次解相同子问题，并且不同子问题的个数是问题规模的多项式函数。当递归算法反复重新访问相同问题时，我们说优化问题具有重叠子问题。而用分治方法所解的问题，通常在递归的每一步产生新的子问题。动态规划算法只计算一次子问题，并将它们存储在一张表中，当需要时直接查找这张表。查表时间为常量时间。

我们以矩阵链乘问题为例，详细说明重叠子问题的性质。参照图 3-10，在解更大一层子问题时，算法 MATRIX-CHAIN-ORDER 不断检查更小一层子问题的解。例如，在计算 $m[2,4]$、$m[1,4]$ 时，元素 $m[3,4]$ 共被调用 2 次。如果每次 $m[3,4]$ 都被重新计算，而不是查找，那么运行时间将会是急剧上升的。为了更清楚地了解这一点，考虑以下效率不太高的计算 $m[i,j]$ 的递归过程 RECURSIVE-MATRIX-CHAIN，$m[i,j]$ 表示计算矩阵乘积 $A_{i..j}=A_iA_{i+1}\cdots A_j$ 所需的最少数乘次数。

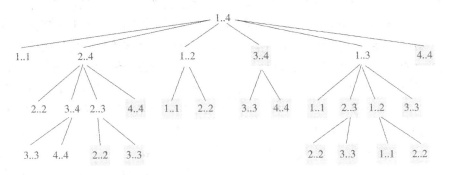

图 3-10 RECURSIVE-MATRIX-CHAIN$(p,1,4)$ 的递归树

RECURSIVE-MATRIX-CHAIN(p,i,j)

1   **if** $i=j$

2   **then return** 0

3       $m[i,j] \leftarrow \infty$

4   **for** $k \leftarrow i$ **to** $j-1$

$$5 \qquad \textbf{do } q \leftarrow \text{RECURSIVE-MATRIX-CHAIN}(p, i, k)$$
$$+ \text{RECURSIVE-MATRIX-CHAIN}(p, k+1, j)$$
$$+ p_{i-1} p_k p_j$$
$$6 \qquad \textbf{if } q < m[i, j]$$
$$7 \qquad \textbf{then } m[i, j] \leftarrow q$$
$$8 \qquad \textbf{return } m[i, j]$$

图 3-10 显示调用 RECURSIVE-MATRIX-CHAIN$(p, 1, 4)$所产生的递归树。树中的每个结点标以参数 i 和 j 的值。由图可见，许多参数对在图中出现多次。事实上，我们可以证明，这个递归过程计算 $m[1, n]$ 的时间至少为 n 的指数时间。设 $T(n)$ 表示 RECURSIVE-MATRIX-CHAIN 计算 n 个矩阵链乘的最优加括号方式的时间。如果假设 1、2 行和 6、7 行每个至少执行一个单位时间，那么，

$$\begin{cases} T(1) \geqslant 1 & , n = 1 \\ T(n) \geqslant 1 + \sum_{k=1}^{n-1} (T(k) + T(n-k) + 1) & , n > 1 \end{cases}$$

$T(i)(i = 1, 2, \cdots, n-1)$ 在 $T(k)$ 和 $T(n-k)$ 中各出现一次。重写递归方程，可得

$$T(n) \geqslant 2 \sum_{i=1}^{n-1} T(i) + n$$

利用替换方法，可以证明 $T(n) = \Omega(2^n)$。尤其是证明 $n \geqslant 1$ 时，$T(n) \geqslant 2^{n-1}$。基础为 $T(1) \geqslant 1 = 2^0$，对于 $n \geqslant 2$，可得

$$T(n) \geqslant 2 \sum_{i=1}^{n-1} T(i) + n \geqslant 2 \sum_{i=1}^{n-1} 2^{i-1} + n = 2 \sum_{i=0}^{n-2} 2^i + n$$
$$= 2(2^{n-1} - 1) + n = (2^n - 2) + n \geqslant 2^{n-1}$$

证毕。

由此可得，RECURSIVE-MATRIX-CHAIN 算法的时间复杂度至少为 n 的指数函数。

比较这个自顶向下的递归算法与自底向上的动态规划算法，可见后者更有效，因为它充分利用了重叠子问题的性质，只有 $\Theta(n^2)$ 个不同子问题，并且动态规划算法只解这些子问题一次。只要是在递归树中遇见的子问题，递归算法都进行求解。当问题的自然递归树中包含相同子问题且不同子问题数目少时，可以考虑用动态规划方法求解。

我们常常将对子问题做出的选择存储在一张表中，以便可以利用这个信息得到问题的最优解。在矩阵链乘问题中，当重构最优解时，表 $s[i, j]$ 存储了重要信息。假定我们没有维持 $s[i, j]$ 表，而只填充了包含子问题最优开销的表 $m[i, j]$。在求 $A_i A_{i+1} \cdots A_j$ 的最优加括号方式时，我们有 $j - i$ 种选择，来决定哪些子问题使 $A_i A_{i+1} \cdots A_j$ 的乘积达到最优。($j - i$ 不是常量。) 因此，如果我们将 $A_i A_{i+1} \cdots A_j$ 分裂处的下标存储在表 $s[i, j]$ 中，那么我们只需 O(1) 时间就可重构每次选择。

3.5 备忘录方法

在 3.1 节中，我们提到过动态规划的另一种表达形式，称之为备忘录方法。这种方法

虽同样具有动态规划的效率，但却保持了一种自顶向下的技术。其基本思想是将自然递归算法中子问题的计算结果存放在一张表中，即像自底向上的动态规划一样，将子问题的计算结果存储在一张表中，但是填表的控制结构更像是递归算法。

备忘录递归算法将每个子问题的计算结果存放在表中。表中的每个输入用一个特殊值进行初始化，这个特殊值表明这个输入需要被计算并填充。当递归算法在执行中首次遇见该位置处的子问题时，就计算该子问题，并将计算结果存储在表中该位置处。当在以后遇见这个子问题时，通过查表返回该值。这种方法预示着已知了所有子问题的参量集合，并且表位置和子问题之间的关系已经确立。另一种记录的方法是利用子问题参数作为哈希函数关键字的方法。

以下是矩阵链乘问题的备忘录算法。

MEMOIZED-MATRIX-CHAIN(p)
1    $n \leftarrow \text{length}[p] - 1$
2   **for** $i \leftarrow 1$ **to** n
3   **do for** $j \leftarrow i$ **to** n
4   **do** $m[i, j] \leftarrow \infty$
5   **return** LOOKUP-CHAIN($p, 1, n$)

LOOKUP-CHAIN(p, i, j)
1   **if** $m[i, j] < \infty$
2   **then return** $m[i, j]$
3   **if** $i = j$
4   **then** $m[i, j] \leftarrow 0$
5   **else for** $k \leftarrow i$ **to** $j - 1$
6   **do** $q \leftarrow$ LOOKUP-CHAIN(p, i, k) + LOOKUP-CHAIN($p, k+1, j$) + $p_{i-1} p_k p_j$
7   **if** $q < m[i, j]$
8   **then** $m[i, j] \leftarrow q$
9   **return** $m[i, j]$

MEMOIZED-MATRIX-CHAIN 就像 MATRIX-CHAIN-ORDER 一样保存计算 $m[i, j]$ 的二维表 $m[1..n, 1..n]$，$m[i, j]$ 表示计算矩阵 $A_{i..j}$ 所需的最小数乘次数。表中每个输入初始时设为 ∞，表示该位置处需要被填充。当执行 LOOKUP-CHAIN(p, i, j) 时，如果 $m[i, j] < \infty$（第 1 行），过程直接返回以前计算过的开销 $m[i, j]$（第 2 行）；否则，仅当 LOOKUP-CHAIN 首次以参数 i 和 j 被调用时，才进行计算，并将计算结果存储在 $m[i, j]$ 中。图 3 – 10 对 MEMOIZED-MATRIX-CHAIN 和 RECURSIVE-MATRIX-CHAIN 进行了比较，阴影部分表示只进行查表而不需计算的部分。

我们仍以 $p = \langle p_0, p_1, \cdots, p_n \rangle = \langle 30, 35, 15, 5, 10, 20, 25 \rangle$ 为例来说明备忘录算法的计算过程。

在初始化 $m[i, j]$ 后（执行算法 MEMOIZED-MATRIX-CHAIN 后），$m[i, j]$ 中的所有元素初始化为 ∞，算法返回 LOOKUP-CHAIN($p, 1, 6$)。为简便起见，我们省略过程中的参数 p。

图 3-11 说明了 LOOKUP-CHAIN(p, 1, 6)的计算过程。其中，每张表中浅色阴影部分表示更新，深色阴影部分表示查表直接返回该处的结果。

在图 3-11(a)中，初始化 $m[i, j] \leftarrow \infty$，其中 $i, j = 1, 2, \cdots, 6$。

(a) 初始化

m	1	2	3	4	5	6
1	∞	∞	∞	∞	∞	∞
2	∞	∞	∞	∞	∞	∞
3	∞	∞	∞	∞	∞	∞
4	∞	∞	∞	∞	∞	∞
5	∞	∞	∞	∞	∞	∞
6	∞	∞	∞	∞	∞	∞

(b) $i=1$, $j=6$, $k=1$

m	1	2	3	4	5	6
1	0	∞	∞	∞	∞	36750
2	∞	0	∞	∞	∞	10500
3	∞	∞	0	∞	∞	5375
4	∞	∞	∞	0	∞	3500
5	∞	∞	∞	∞	0	5000
6	∞	∞	∞	∞	∞	0

(c) $i=1$, $j=6$, $k=2$

m	1	2	3	4	5	6
1	0	15750	∞	∞	∞	32375
2	∞	0	∞	∞	∞	10500
3	∞	∞	0	∞	∞	5375
4	∞	∞	∞	0	∞	3500
5	∞	∞	∞	∞	0	5000
6	∞	∞	∞	∞	∞	0

(d) $i=1$, $j=6$, $k=3$

m	1	2	3	4	5	6
1	0	15750	7875	∞	∞	15125
2	∞	0	2625	∞	∞	10500
3	∞	∞	0	∞	∞	5375
4	∞	∞	∞	0	∞	3500
5	∞	∞	∞	∞	0	5000
6	∞	∞	∞	∞	∞	0

(e) $i=1$, $j=6$, $k=4$

m	1	2	3	4	5	6
1	0	15750	7875	9375	∞	15125
2	∞	0	2625	4375	∞	10500
3	∞	∞	0	750	∞	5375
4	∞	∞	∞	0	∞	3500
5	∞	∞	∞	∞	0	5000
6	∞	∞	∞	∞	∞	0

(f) $i=1$, $j=6$, $k=5$

m	1	2	3	4	5	6
1	0	15750	7875	9375	11875	15125
2	∞	0	2625	4375	7125	10500
3	∞	∞	0	750	2500	5375
4	∞	∞	∞	0	1000	3500
5	∞	∞	∞	∞	0	5000
6	∞	∞	∞	∞	∞	0

图 3-11　LOOKUP-CHAIN(p, 1, 6)的计算过程

在图 3-11(b)中，计算 $m[5, 6]$，$m[4, 6]$，$m[3, 6]$，$m[2, 6]$，$m[1, 6]$，$m[4, 6]$，并更新。

在图 3-11(c)中，有

$$q = \text{LOOKUP-CHAIN}(1, 2) + \text{LOOKUP-CHAIN}(3, 6) + p_0 p_2 p_6$$
$$= 15\,750 + 5375 + 30 \times 15 \times 25$$
$$= 32\,375$$

且 $q < m[1, 6]$，执行更新操作 $m[1, 6] \leftarrow q$。其中需要计算 $m[1, 2]$，如浅色阴影部分所示。而 $m[3, 6]$ 可查表直接返回结果，如深色阴影部分所示。

在图 3-11(d)中，有

$$q = \text{LOOKUP-CHAIN}(1, 3) + \text{LOOKUP-CHAIN}(4, 6) + p_0 p_3 p_6$$
$$= 7875 + 3500 + 30 \times 5 \times 25 = 15\,125$$

$$\text{LOOKUP-CHAIN}(1, 3) = \min\{\text{LOOKUP-CHAIN}(1, 1) + \text{LOOKUP-CHAIN}(2, 3) + p_0 p_1 p_3,$$
$$\text{LOOKUP-CHAIN}(1, 2) + \text{LOOKUP-CHAIN}(3, 3) + p_0 p_2 p_3\}$$
$$= \min\{7875, 18000\} = 7875$$

且 $q < m[1, 6]$，执行更新操作 $m[1, 6] \leftarrow q$。其中需要计算 $m[1, 3]$，$m[2, 3]$，如浅色阴影部分所示。而 $m[1, 2]$，$m[4, 6]$ 可查表直接返回结果，如深色阴影部分所示。

在图 $3-11(e)$ 中，有

$$q = \text{LOOKUP-CHAIN}(1, 4) + \text{LOOKUP-CHAIN}(5, 6) + p_0 p_4 p_6$$
$$= 9375 + 5000 + 30 \times 10 \times 25 = 21\,875$$

$$\text{LOOKUP-CHAIN}(1, 4) = \min\{\text{LOOKUP-CHAIN}(1, 1) + \text{LOOKUP-CHAIN}(2, 4) + p_0 p_1 p_4,$$
$$\text{LOOKUP-CHAIN}(1, 2) + \text{LOOKUP-CHAIN}(3, 4) + p_0 p_2 p_4,$$
$$\text{LOOKUP-CHAIN}(1, 3) + \text{LOOKUP-CHAIN}(4, 4) + p_0 p_3 p_4\}$$
$$= \min\{14\,875, 21\,000, 9375\} = 9375$$

且 $q > m[1, 6]$，不执行更新操作 $m[1, 6] \leftarrow q$。其中需要计算 $m[1, 4]$，$m[2, 4]$，$m[3, 4]$，如浅色阴影部分所示。而 $m[1, 2]$，$m[1, 3]$，$m[2, 3]$，$m[5, 6]$ 可查表直接返回结果，如深色阴影部分所示。

在图 $3-11(f)$ 中，有

$$q = \text{LOOKUP-CHAIN}(1, 5) + \text{LOOKUP-CHAIN}(6, 6) + p_0 p_5 p_6$$
$$= 11\,875 + 30 \times 20 \times 25 = 26\,875$$

$$\text{LOOKUP-CHAIN}(1, 5) = \min\{\text{LOOKUP-CHAIN}(1, 1) + \text{LOOKUP-CHAIN}(2, 5) + p_0 p_1 p_5,$$
$$\text{LOOKUP-CHAIN}(1, 2) + \text{LOOKUP-CHAIN}(3, 5) + p_0 p_2 p_5,$$
$$\text{LOOKUP-CHAIN}(1, 3) + \text{LOOKUP-CHAIN}(4, 5) + p_0 p_3 p_5,$$
$$\text{LOOKUP-CHAIN}(1, 4) + \text{LOOKUP-CHAIN}(5, 5) + p_0 p_4 p_5\}$$
$$= \min\{28125, 24750, 11875, 15375\} = 11875$$

且 $q > m[1, 6]$，不执行更新操作 $m[1, 6] \leftarrow q$。其中需要计算 $m[2, 5]$，$m[3, 5]$，$m[4, 5]$，如浅色阴影部分所示。而 $m[1, 2]$，$m[1, 3]$，$m[1, 4]$，$m[2, 3]$，$m[2, 4]$，$m[3, 4]$ 可查表直接返回结果，如深色阴影部分所示。

下面分析算法的时间复杂度。表中的每个输入被初始化一次（第 4 行），这导致 $\Theta(n^2)$ 的运行时间。将对 LOOKUP-CHAIN 的调用分成两种情形：第一种情形是在 $m[i, j] = \infty$ 时的调用，执行第 3~9 行；第二种情形是 $m[i, j] < \infty$ 时的调用，执行第 2 行，LOOKUP-CHAIN 简单返回。对于第一种情形，表中每个输入调用一次，因此第一种情形有 $\Theta(n^2)$ 次调用。第二种情形下所有调用次数同第一种情形的调用次数。每次当一个给定的 LOOKUP-CHAIN 进行递归调用时，就需 $O(n)$ 次递归调用自己。因此，第二种情形总共有 $O(n^3)$ 次递归调用。第二种情形的每次调用需要 $O(1)$ 时间。第一种情形的每次调用需要 $O(n)$ 时间加上花费在递归结构上的时间。因此，矩阵链乘备忘录算法的总运行时间为 $O(n^3)$。

下面讨论 $0-1$ 背包问题的备忘录算法。

在背包问题的解法中，每当选择一个物品时，我们都假设能够找到对背包容余量进行最优装包的方式。这种方法使用了这样一个原理，就是一旦做了最优决策，就不需改变。一旦我们知道较小背包容量的最优物品装包方式，不管下一个物品是什么，都不需要重新检查这些子问题。

在上述讨论的基础上，C 语言程序 RECUR-KNAP 表示了这一思想。这是一个递归程序，由于大量重复计算，导致其时间复杂度为指数级。图 3-12 表示背包容余量为 14 时的背包算法的递归结构。

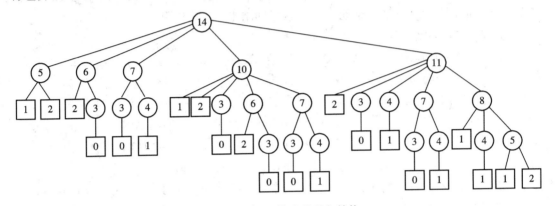

图 3-12　背包算法的递归结构

```
typedef struct 〈int weight; int val; 〉 Item;
int RECUR-KNAP(int X)
〈 int i, space, max, t;
    for(i=0, max=0; i<n; i++)
        if((space=X-items[i].weight)>=0))
            if((t=RECUR-KNAP(space)+items[i].val)>max)
                max=t;

    return max;

〉
```

这棵树表示了背包算法 RECUR-KNAP 简单的递归调用结构。每一个结点中的数代表了背包中剩下的容量。从图 3-12 中可见，有大量相同问题的重复计算，这与我们在斐波那契数中讨论的情形相似。

我们可以利用备忘录方法（自顶向下的动态规划技术）解决这个问题。改进后的程序为 TopDown-KNAP。如前所述，这项技术消除了所有的重复计算，如图 3-13 所示。通过设计，动态规划算法消除了任意递归程序中的重复计算，所需付出的代价是要存储不同背包容量时，可能导致的最优解的值。

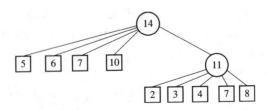

图 3-13　背包问题的动态规划算法结构

```
int TopDown-KNAP(int W)
  { int i, space, max, maxi, t;
    if(maxKnown[W] ! = unknown) return maxKnown[W];
//可用一个观察哨表示 unknown 的值
    for(i=0, max=0; i<N; i++)
      if(( space=W−items[i]. weight)>=0)
        if(( t=TopDown-KNAP(space)+items[i]. val)>max)
          {max=t; maxi=i;}
    maxKnown[W]=max; itemKnown[W]=items[maxi];
    return max;
  }
```

改进后的算法 TopDown-KNAP 将复杂度从指数级降到线性级(当 W 不为 n 的指数级函数时),即运行时间与 nW 成正比。在程序中,简单地存储已计算过的函数值。当进行递归调用时,查找存储函数值的表,若表中存在该值,则返回该值,否则继续进行递归调用。在表中将所有值初始化为观察哨,然后存储物品的下标,当计算完成后,可以重构背包内的物品。如果物品 itemKnown[W] 在背包中,其余的物品在背包容量为 W - itemKnown[W]. weight 的背包中产生最优解,那么 itemKnown[W - item[W]. weight] 在背包中,依次类推。

在利用自顶向下方法的任何时候,我们都可以利用自底向上的方法。但是需要注意的是,应该按照一个恰当的顺序计算函数值,以便在计算新的函数值时,需要的某个值已经计算出。对于单变量的函数,我们可以简单地按照变量递增的顺序进行。对于更多复杂的递归函数,决定一个恰当的顺序是一个具有挑战性的问题。

例如,我们不需限制递归函数具有单个整型参数。当一个函数具有多个整型参数时,可以把较小子问题的解存储在多维数组中,每一维代表一个参数。另外一种情形是函数根本没有任何参数,此时可以利用抽象的离散问题公式,将问题分解成更小的子问题。

在自顶向下的动态规划技术中,我们存储已知的值。在自底向上的动态规划技术中,我们预先进行计算。自顶向下的动态规划方法具有如下特点:

• 它是一种对自然问题求解的机械转换。
• 方法自身可以确定计算子问题的顺序。
• 可能不需要计算出所有子问题的解。

动态规划技术的应用取决于子问题的本质,以及需要存储的子问题的信息量。不能忽视的一点是,当计算需要太多函数值时,无论是采用自顶向下方法还是自底向上的计算,我们均不能负担其所需的存储空间。这时动态规划技术变得低效。例如,在背包问题中,如果 W 和物品大小为 64 位整数或者浮点数,我们就不能够通过数组下标存储值。这种差异引起了不小的麻烦,也引出了一个基本性的难题。对于这类问题,目前尚未找到好的方法。

动态规划是一种算法设计技术,主要适合于后面几小节将要研究的高级专题。在第 2 章中研究的大部分算法都使用分治法,其子问题不重叠。我们主要关注亚二次或者亚线性的性能问题,而不是亚指数的性能问题。然而,自顶向下的动态规划是研制递归算法有效实现的基本技术。

3.6 装配线调度问题

如图 3-14 所示，某公司在生产汽车过程中使用两条装配线。当汽车底盘进入每条装配线时，在许多站点装配零件。在每条线结束时，自动完成下线工作。每条装配线有 n 个站点，标号为 $j=1, 2, \cdots, n$。我们用 $S_{i,j}$ 表示第 i 条装配线上第 j 个站点，其中 $i=1, 2$。第 1 条装配线上的第 j 个站点 $S_{1,j}$ 与第 2 条装配线上的第 j 个站点 $S_{2,j}$ 的作用相同。由于站点建立的时间及技术不同，因此每个站点所需的时间不同，即使在两条不同装配线对应的同一站点，也会不同。用 $b_{i,j}$ 表示在 $S_{i,j}$ 处所需的装配时间，e_i 表示进入装配线 i 的进入时间，o_i 表示退出装配线 i 的退出时间。

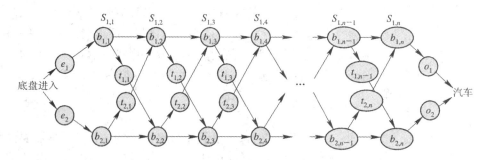

图 3-14　寻找以最快方式通过工厂的制造问题

在一般情况下，当一个底盘进入某条装配线时，它只通过那条装配线，在同一条装配线上从一个站点到下一个站点的时间可忽略不计；有时候，当特殊订购情况出现时，顾客希望汽车尽可能快地制造出来。此时，底盘仍然按照次序通过每一站点，但是工厂主可能将部分完成的汽车从一条装配线切换到另一条装配线。假设通过站点 $S_{i,j}$ 后，底盘离开装配线 i 的转移时间为 $t_{i,j}$，其中 $i=1, 2$ 和 $j=1, 2, \cdots, n-1$。问题是要决定通过哪些站点完成一辆汽车的装配，使得装配时间达到最小。

如果采用穷举法解决这个问题，那么最小化装配时间是不可行的。这是因为在每个站点上我们都有两种选择，所以有 2^n 种选择站点的方式。因此，通过枚举所有可能的路线，计算所需时间为 $\Omega(2^n)$。当 n 较大时，这是不可行的。

我们仍然用动态规划解决这个问题。

1. 分析装配线调度问题最优解的结构

动态规划的第一步是分析问题最优解的结构。对于装配线调度问题，考虑一个底盘从开始点到通过站点 $S_{1,j}$ 的最快方式，如果 $j=1$，只有惟一一种方式通过 $S_{1,j}$。对于 $j=2$, $3, \cdots, n$，则有两种选择：一种方式是底盘从 $S_{1,j-1}$ 直接到 $S_{1,j}$，同一条线上从站点 $j-1$ 到站点 j 的时间可忽略不计，另一种方式是底盘从 $S_{2,j-1}$ 经转移到 $S_{1,j}$，转移时间为 $t_{2,j-1}$。我们分别考虑这两种情形。

首先，假定通过 $S_{1,j-1}$ 以最快方式到达 $S_{1,j}$，那么，底盘一定以最快的方式从开始点到达 $S_{1,j-1}$。这是因为，如果存在通过 $S_{1,j-1}$ 的更快方式，我们可以用这条更快方式得到一条通过 $S_{1,j}$ 的更快方式，这与 $S_{1,j}$ 是最快方式相矛盾。同样，假定通过 $S_{2,j-1}$ 以最快方式到

达 $S_{1,j}$，那么，底盘一定以最快的方式从开始点到达 $S_{2,j-1}$。原因是相同的，因为如果存在通过 $S_{2,j-1}$ 的更快方式，则可以用这条更快方式得到一条通过 $S_{1,j}$ 的更快方式，这与 $S_{1,j}$ 是最快通过方式相矛盾。

更一般地说，对于装配线调度问题(assembly-line scheduling problem)，它的一个最优解(找出通过 $S_{1,j}$ 的最优解)包含子问题的最优解(找出通过 $S_{1,j-1}$ 的最优解或找出通过 $S_{2,j-1}$ 的最优解)，因此装配线调度问题具有最优子结构。

问题的最优子结构表明，我们可以通过子问题的最优解构造问题的最优解。对于装配线调度问题，推理如下：考虑最快通过站点 $S_{1,j}$ 的方式，它一定通过装配线 1 的站点 $S_{1,j-1}$ 或者装配线 2 的站点 $S_{2,j-1}$。因此，最快通过站点 $S_{1,j}$ 的方式或者通过站点 $S_{1,j-1}$ 并直接通过站点 $S_{1,j}$，或者通过站点 $S_{2,j-1}$ 并从装配线 2 转移到装配线 1，然后通过站点 $S_{1,j}$。

由对称性可得，通过站点 $S_{2,j}$ 的方式或者通过站点 $S_{2,j-1}$ 并直接通过站点 $S_{2,j}$，或者通过站点 $S_{1,j-1}$ 并从装配线 1 转移到装配线 2，然后通过站点 $S_{1,j}$。

要找通过站点 $S_{i,j}$ 的最快方式，就要找子问题通过站点 $S_{i,j-1}$ 的最快方式。因此，可通过子问题的最优解建立问题的最优解。

2. 递归定义装配线调度问题最优解的值

设 $f_i[j]$ 表示从开始点到通过站点 $S_{i,j}$ 的最快时间，f^* 表示底盘从开始点经过工厂所有最优站点到输出的最快时间，则有

$$f^* = \min\{f_1[n] + o_1, f_2[n] + o_2\} \tag{3.5}$$

显然

$$f_1[1] = e_1 + b_{1,1} \tag{3.6}$$

$$f_2[1] = e_2 + b_{2,1} \tag{3.7}$$

以下推导 $f_i[j]$ 的计算过程，其中 $j=2, 3, \cdots, n$；$i=1, 2$。先看 $f_1[j]$ 的计算。经过上述讨论，得知最快通过 $S_{1,j}$ 的方式或者通过站点 $S_{1,j-1}$ 并直接通过站点 $S_{1,j}$，或者通过站点 $S_{2,j-1}$ 并从装配线 2 转移到装配线 1，然后通过站点 $S_{1,j}$。在前一种情形下有

$$f_1[j] = f_1[j-1] + b_{1,j}$$

在后一种情形下有

$$f_1[j] = f_2[j-1] + t_{2,j-1} + b_{1,j}$$

因此

$$f_1[j] = \min\{f_1[j-1] + b_{1,j}, f_2[j-1] + t_{2,j-1} + b_{1,j}\}, \quad j=2, 3, \cdots, n$$

由对称性可得

$$f_2[j] = \min\{f_2[j-1] + b_{2,j}, f_1[j-1] + t_{1,j-1} + b_{2,j}\}, \quad j=2, 3, \cdots, n$$

因此

$$f_1[j] = \begin{cases} e_1 + b_{1,1} & , j=1 \\ \min\{f_1[j-1] + b_{1,j}, f_2[j-1] + t_{2,j-1} + b_{1,j}\} & , j \geqslant 2 \end{cases} \tag{3.8}$$

$$f_2[j] = \begin{cases} e_2 + b_{2,1} & , j=1 \\ \min\{f_2[j-1] + b_{2,j}, f_1[j-1] + t_{1,j-1} + b_{2,j}\} & , j \geqslant 2 \end{cases} \tag{3.9}$$

给定 $b_{i,j}$、$t_{i,j}$ 及 e、o 值如图 3-15(a)所示。利用式(3.5)、式(3.6)、式(3.7)、式(3.8)和式(3.9)计算 $f_i[j]$、$l_i[j]$、f^* 及 l^* 值如图 3-15(b)所示。

j	1	2	3	4	5	6
$b_{1,j}$	7	9	3	4	8	4
$b_{2,j}$	8	5	6	4	5	7

j	1	2	3	4	5
$t_{1,j}$	2	3	1	3	4
$t_{2,j}$	2	1	2	2	1

i	1	2
e_i	2	4
o_i	3	2

(a) 输入 $b_{i,j}$、$t_{i,j}$、e_i 和 o_i

j	1	2	3	4	5	6	
$f_1[j]$	9	18	20	24	32	35	$f^*=38$
$f_2[j]$	12	16	22	25	30	37	

j	2	3	4	5	6	
$l_1[j]$	1	2	1	1	2	$l^*=1$
$l_2[j]$	1	2	1	2	2	

(b) $f_i[j]$、$l_i[j]$、f^* 及 l^* 值

图 3-15 装配线调度问题示例

$f_i[j]$ 的值给出了子问题最优解的值。为了记录如何构造一个最优解，我们用 $l_i[j]$ 表示装配线号，其值为 1 或 2，表示最快通过 $S_{i,j}$ 的站点 $j-1$ 所在的装配线。这里，$j=2,3,\cdots,n$；$i=1,2$。这里不定义 $l_i[1]$ 的原因是，无论是哪一条线，在它之前都没有站点。用 l^* 表示最快通过站点 n 所在的装配线。

$f^*=38$ 表示最快通过工厂所有最优站点所用的时间。$f_1[3]=\min\{f_1[2]+b_{1,3}, f_2[2]+t_{2,2}+b_{1,3}\}=\min\{18+3,16+1+3\}=20$，对应的 $l_1[3]=2$，表示通过装配线 1 的第 3 个站点时，是从装配线 2 转移到装配线 1 得到的。借助 $l_i[j]$ 的值可以求得最快通过工厂的方式，即经过哪条装配线、哪些站点。由 $l^*=1$ 可得，表示从第一条装配线站点 $S_{1,n}$ 下线。然后看 $l_1[6]=2$，表示通过站点 $S_{2,5}$（装配线 2）转移到站点 $S_{1,6}$（装配线 1）。下一个考察 $l_2[5]$，其值为 2，表示通过站点 $S_{2,4}$（装配线 2）直接到站点 $S_{2,5}$。$l_2[4]=1$，表示通过站点 $S_{1,3}$（装配线 1）转移到站点 $S_{2,4}$（装配线 2）。$l_1[3]=2$，表示通过站点 $S_{2,2}$（装配线 2）转移到站点 $S_{1,3}$（装配线 1）。$l_2[2]=1$，表示通过站点 $S_{1,1}$（装配线 1）转移到站点 $S_{2,2}$（装配线 2）。

3. 计算装配线调度问题的最快时间

根据式(3.5)、式(3.6)和式(3.7)，很容易写一个递归算法，但是该递归算法的运行时间为 n 的指数级。以下做出分析。设 $r_i(j)$ 表示递归算法中调用 $f_i[j]$ 的数目，由式(3.5)可得

$$r_1(n)=r_2(n)=1 \tag{3.10}$$

由式(3.8)和式(3.9)可得

$$r_1(j)=r_2(j)=r_1(j+1)+r_2(j+1), \quad j=1,2,\cdots,n-1 \tag{3.11}$$

本章后面的练习要求证明 $r_i(j)=2^{n-j}$。因此，仅 $f_1[1]$ 就被调用 2^{n-1} 次。练习中还要求证明调用 $f_i[j]$ 的总数为 $\Theta(2^n)$。

如果我们按照不同于递归调用的次序计算 $f_i[j]$，则可以做得更好。通过观察可见，对于 $j \geq 2$，每个 $f_i[j]$ 的值只依赖于 $f_1[j-1]$ 和 $f_2[j-1]$。按照站点号 j 递增的次序计算 $f_i[j]$ 的值，即按从左到右的次序计算，此时运行时间为 $\Theta(n)$。过程以 $b_{i,j}$、$t_{i,j}$、e_i、o_i 和 n 作为输入。

FASTEST-WAY(b, t, e, o, n)

1 $f_1[1] \leftarrow e_1+b_{1,1}$

2　　$f_2[1] \leftarrow e_2 + b_{2,1}$

3　　**for** $j \leftarrow 2$ **to** n

4　　　　**do if** $f_1[j-1] + b_{1,j} \leqslant f_2[j-1] + t_{2,j-1} + b_{1,j}$

5　　　　　　**then** $f_1[j] \leftarrow f_1[j-1] + b_{1,j}$

6　　　　　　　　$l_1[j] \leftarrow 1$

7　　　　　　**else** $f_1[j] \leftarrow f_2[j-1] + t_{2,j-1} + b_{1,j}$

8　　　　　　　　$l_1[j] \leftarrow 2$

9　　　　**if** $f_2[j-1] + b_{2,j} \leqslant f_1[j-1] + t_{1,j-1} + b_{2,j}$

10　　　　　**then** $f_2[j] \leftarrow f_2[j-1] + b_{2,j}$

11　　　　　　　$l_2[j] \leftarrow 2$

12　　　　　**else** $f_2[j] \leftarrow f_1[j-1] + t_{1,j-1} + b_{2,j}$

13　　　　　　　$l_2[j] \leftarrow 1$

14　　　**if** $f_1[n] + o_1 \leqslant f_2[n] + o_2$

15　　　　**then** $f^* = f_1[n] + o_1$

16　　　　　$l^* = 1$

17　　　　**else** $f^* = f_2[n] + o_2$

18　　　　　$l^* = 2$

第 3～13 行的 for 循环计算 $f_i[j]$ 和 $l_i[j]$，其中 $j=2,3,\cdots,n$；$i=1,2$。第 14～18 行利用式(3.5)计算 f^* 和 l^*。整个过程的运行时间为 $\Theta(n)$。

4. 构造装配线调度的最优解

计算出 $f_i[j]$、$l_i[j]$、f^* 和 l^* 之后，我们可以构造出最快方式通过哪些站点。过程 OUTPUT-STATION 按照站点号递增的次序输出。

OUTPUT-STATION(l, i, j)

1　**if** $j=0$ **then return**

2　OUTPUT-STATION(l, $l_i[j]$, $j-1$)

3　print "line" i ", station" j

如要输出所有站点，需调用 OUTPUT-STATION(l, l^*, n)。在图 3-14 的示例中，OUTPUT-STATION 将产生如下输出：

line 1, station 1

line 2, station 2

line 1, station 3

line 2, station 4

line 2, station 5

line 1, station 6

3.7　最长公共子序列

在生物信息学的应用中，常常需要比较两个或多个 DNA 序列。DNA 是由称为碱基的分子组成的串。这些碱基是腺嘌呤(adenine)、鸟嘌呤(guanine)、胞嘧啶(cytosine)和胸腺嘧啶(thymine)，在字符串中分别用与它们对应的英文单词的第一个字母表示，分别为 A、G、C 和 T。

例如，一种组织的 DNA 序列为 $S_1 =$ ACCGGTCGAGTGCGCGGAAGCCGGCCGAA，而另一种组织的 DNA 序列为 $S_2 =$ GTCGTTCGGAATGCCGTTGCTCTGTAAA。确定两个 DNA 链相似的程度是比较的目标之一。而度量相似性有不同的尺度，常用的有三种：一是将判定一个 DNA 串是否是另一个的子串作为度量标准；二是将一个串变成另一个串时，所需改变的碱基数目，如果该数目小，则称两个串是相似的；三是存在串 S_3，且 S_3 中的碱基以相同顺序出现在 S_1 和 S_2 中，但不必是连续的，S_3 越长，则串 S_1 与 S_2 的相似性越大。在我们所给出的例子中，$S_3 =$ GTCGTCGGAAGCCGGCCGAA。本章所讨论的相似性指的是第三种情况。

我们可以将这种相似性形式化为最长公共子序列（Longest Common Subsequence，LCS）问题。给定序列 $X = \langle x_1, x_2, \cdots, x_m \rangle$，序列 $Z = \langle z_1, z_2, \cdots, z_k \rangle$ 是 X 的一条子序列，如果存在 X 下标的严格递增序列 $\langle i_1, i_2, \cdots, i_k \rangle$，满足对于所有 $j = 1, 2, \cdots, k$，$x_{i_j} = z_j$。例如，$Z = \langle B, C, D, B \rangle$ 是 $X = \langle A, B, C, B, D, A, B \rangle$ 的子序列，其下标序列为 $\langle 2, 3, 5, 7 \rangle$。给定两个子序列 X 和 Y，如果序列 Z 既是 X 的子序列，又是 Y 的子序列，则称 Z 是 X 和 Y 的公共子序列。在最长公共子序列问题中，给定两条序列 $X = \langle x_1, x_2, \cdots, x_m \rangle$，$Y = \langle y_1, y_2, \cdots, y_n \rangle$，目标是求这两条序列的最长公共子序列。由以下分析可见，动态规划可以有效地解决 LCS 问题。

1. 刻画 LCS 问题的最优子结构

如果利用穷举法解 LCS 问题，列举出 X 的所有子序列，检查每个子序列是否是 Y 的一个子序列，记录所找到的最长子序列，X 的每个子序列与 X 的下标集 $\{1, 2, \cdots, m\}$ 的一个子集对应，X 共有 2^m 个子序列，因而，这种方法具有指数级的复杂度。因此，对于长序列，这种方法不可行。

借助图 3-16，定理 3.1 证明了 LCS 问题具有最优子结构性质。给定序列 $X = \langle x_1, x_2, \cdots, x_m \rangle$，定义 $X_i = \langle x_1, x_2, \cdots, x_i \rangle$ 为 X 的第 i 个前缀，其中 $i = 0, 1, \cdots, m$。例如，如果 $X = \langle B, A, C, A, D, A, B \rangle$，则 $X_3 = \langle B, A, C \rangle$，$X_0$ 为空序列。

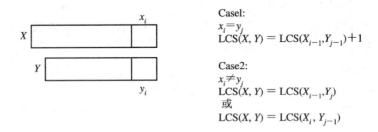

图 3-16 LCS 问题的最优子结构

定理 3.1 LCS 的最优子结构。设 $X = \langle x_1, x_2, \cdots, x_m \rangle$ 和 $Y = \langle y_1, y_2, \cdots, y_n \rangle$ 是两条序列，$Z = \langle z_1, z_2, \cdots, z_k \rangle$ 是 X 和 Y 的任一 LCS。

(i) 如果 $x_m = y_n$，那么 $z_k = x_m = y_n$，且 Z_{k-1} 是 X_{m-1} 和 Y_{n-1} 的一条最长公共子序列。

(ii) 如果 $x_m \neq y_n$，那么 $z_k \neq x_m$，蕴含着 Z 是 X_{m-1} 和 Y 的一条最长公共子序列。

(iii) 如果 $x_m \neq y_n$，那么 $z_k \neq y_n$，蕴含着 Z 是 X 和 Y_{n-1} 的一条最长公共子序列。

证明：

（i）用反证法。如果 $z_k \neq x_m$，那么，我们可以将 $x_m = y_n$ 添加到序列 Z 后，得到 X 和 Y 的一条长度为 $k+1$ 的公共子序列，这与 Z 是 X 和 Y 的最长公共子序列矛盾。因此，一定会有 $z_k = x_m = y_n$。现在，前缀 Z_{k-1} 是 X_{m-1} 和 Y_{n-1} 的长度为 $k-1$ 的公共子序列。我们要证明，这条子序列是最长公共子序列。假定存在 X_{m-1} 和 Y_{n-1} 的长度大于 $k-1$ 的公共子序列 W，则将 $x_m = y_n$ 添加到序列 W 后，产生 X 和 Y 的长度大于 k 的公共子序列，这与 k 是最长公共子序列的长度相矛盾。

（ii）如果 $z_k \neq x_m$，则 Z 是 X_{m-1} 和 Y 的一条公共子序列。如果存在 X_{m-1} 和 Y 的长度大于 k 的公共子序列 W，那么 W 也会是 X_m 和 Y 的公共子序列，这与 Z 是 X 和 Y 的 LCS 的假设相矛盾。

（iii）如果 $z_k \neq y_n$，则 Z 是 X 和 Y_{n-1} 的一条公共子序列。如果存在 X 和 Y_{n-1} 的长度大于 k 的公共子序列 W，那么 W 也会是 X 和 Y_n 的公共子序列，这与 Z 是 X 和 Y 的 LCS 的假设相矛盾。证毕。

定理 3.1 表明，两条序列的 LCS 包含两条序列前缀的 LCS。因此，LCS 问题具有最优子结构性质，其递归解具有重叠子问题性质。

2. 递归定义 LCS 问题最优解的值

定理 3.1 表明，当求 $X = \langle x_1, x_2, \cdots, x_m \rangle$ 和 $Y = \langle y_1, y_2, \cdots, y_n \rangle$ 的一条最长公共子序列时，需要考察一个或两个子问题。如果 $x_m = y_n$，我们一定要找 X_{m-1} 和 Y_{n-1} 的 LCS。将 $x_m = y_n$ 添加到这条 LCS 之后，就得到 X 和 Y 的 LCS。如果 $x_m \neq y_n$，则必须解两个子问题，这就是求 X_{m-1} 和 Y 以及 X 和 Y_{n-1} 这两个子问题的解。这两个子问题中较长的 LCS 就是 X 和 Y 的 LCS。因为这些情形已经穷举了所有可能性，所以我们知道其中的最优子问题一定是 X 和 Y 的一条 LCS。

我们可以容易地表明，LCS 问题具有重叠子问题性质。要求出 X 和 Y 的 LCS，必须求出 X_{m-1} 和 Y 以及 X 和 Y_{n-1} 这两个子问题的 LCS。但这两个子问题都以 X_{m-1} 和 Y_{n-1} 的 LCS 作为子问题。许多其他子问题共享子问题。

设 $l[i, j]$ 表示序列 X_i 和 Y_j 的 LCS 的长度，如果 $i = 0$ 或 $j = 0$，则其中有一个序列长度为 0，因此，LCS 长度为 0。由 LCS 问题的最优子结构可导出以下递归公式：

$$l[i, j] = \begin{cases} 0 & , i = 0 \text{ 或 } j = 0 \\ l[i-1, j-1] + 1 & , i, j > 0 \text{ 且 } x_i = y_j \\ \max(l[i, j-1], l[i-1, j]) & , i, j > 0 \text{ 且 } x_i \neq y_j \end{cases} \quad (3.12)$$

在这个递归公式中，问题中的条件对我们所考虑的子问题作了限制。当 $x_i = y_j$ 时，我们要考虑找 X_{m-1} 和 Y_{n-1} 的 LCS；否则，我们要考虑找 X_i 和 Y_{j-1} 及 X_{i-1} 和 Y_j 的 LCS。在前述的动态规划算法中，没有一个子问题会由于条件限制被排除。求 LCS 不是惟一由于条件所限排除子问题的问题，"编辑距离"问题也具有这种特性。

3. 计算 LCS 最优解的值

基于方程(3.12)，我们可以容易地写一个计算两个序列长度 LCS 值的指数级算法。因为只有 $\Theta(mn)$ 个不同的子问题，所以我们可以利用自底向上的动态规划求解这一问题。过程 LCS-LENGTH(X, Y) 以 $X = \langle x_1, x_2, \cdots, x_m \rangle$ 和 $Y = \langle y_1, y_2, \cdots, y_n \rangle$ 作为输入，并将

$l[i, j]$ 的值存储在表 $l[0..m, 0..n]$ 中，以行为主序，从左到右计算表 l 中的元素，同时维持表 $b[1..m, 1..n]$，以简化最优解的构造。当计算 $l[i, j]$ 时，用 $b[i, j]$ 记录使得 $l[i, j]$ 取最优值的最优子问题。

```
LCS-LENGTH(X, Y)
1    m ← length[X]
2    n ← length[Y]
3    for i ← 1 to m
4        do l[i, 0] ← 0
5    for j ← 1 to n
6        do l[0, j] ← 0
7    for i ← 1 to m
8        do for j ← 1 to n
9            do if x_i = y_j
10               then l[i, j] ← l[i-1, j-1]+1
11                    b[i, j]←"↖"
12               else if l[i-1, j] ≥ l[i, j-1]
13                    then l[i, j] ← l[i-1, j]
14                         b[i, j]←"↑"
15                    else l[i, j] ← l[i, j-1]
16                         b[i, j]←"←"
17    return l and b
```

图 3-17(a)表示输入 $X=\langle A, B, C, B, D, A, B\rangle$，$Y=\langle B, D, C, A, B, A\rangle$ 后，算法执行第 3～6 行后 l 中的结果。图 3-17(b)表示算法执行第 7～17 行后 $l[i, j]$ 中的结果。按照以行为主序的顺序计算 l 值，即当 $i=1$ 时，计算 $l[1, 1]$，$l[1, 2]$，…，$l[1, n]$ 的值；当 $i=2$ 时，计算 $l[2, 1]$，$l[2, 2]$，…，$l[2, n]$ 的值……当 $i=m$ 时，计算 $l[m, 1]$，$l[m, 2]$，…，$l[m, n]$ 的值。

j	0	1	2	3	4	5	6
i l	Y_j	B	D	C	A	B	A
0 X_i	0	0	0	0	0	0	0
1 A	0						
2 B	0						
3 C	0						
4 B	0						
5 D	0						
6 A	0						
7 B	0						

(a) 初始化

j	0	1	2	3	4	5	6
i l	Y_j	B	D	C	A	B	A
0 X_i	0	0	0	0	0	0	0
1 A	0	↑0	↑0	↑0	↖1	←1	↖1
2 B	0	↖1	←1	←1	↑1	↖2	←2
3 C	0	↑1	↑1	↖2	←2	↑2	↑2
4 B	0	↖1	↑1	↑2	↑2	↖3	←3
5 D	0	↑1	↖2	↑2	↑2	↑3	↑3
6 A	0	↑1	↑2	↑2	↖3	↑3	↖4
7 B	0	↖1	↑2	↑2	↑3	↖4	↑4

(b) X和Y的最优LCS值

图 3-17　算法 LCS-LENGTH 示例

图 3-17 中第 i 行、第 j 列的值表示 $l[i,j]$ 的值，对应的箭头表示 $b[i,j]$ 的值，用以记录使得 $l[i,j]$ 取得最优值的子问题。由于计算表中每个元素需要 O(1) 时间，因此，LCS-LENGTH 算法的运行时间为 O(mn)。

4. 构造 X 和 Y 的一条 LCS

LCS-LENGTH 返回的 b 可用于快速构造 $X=\langle x_1, x_2, \cdots, x_m \rangle$ 和 $Y=\langle y_1, y_2, \cdots, y_n \rangle$ 的一条 LCS。从 $b[m,n]$ 开始，在表中沿着箭头的方向跟踪。当 $b[i,j]=$ "↖" 时，表示 $x_i=y_j$ 为 LCS 中的元素。因此，这个方法按照逆序得到 LCS 中的元素。以下递归过程按照这种次序输出 X 和 Y 的一条 LCS。初始时，调用 OUTPUT-LCS(b, X, length[X], length[Y])。

OUTPUT-LCS(b, X, i, j)

1   **if** $i=0$ **or** $j=0$
2   **then return**
3   **if** $b[i,j]=$ "↖"
4   **then** OUTPUT-LCS($b, X, i-1, j-1$)
5   output x_i
6   **else if** $b[i,j]=$ "↑"
7   **then** OUTPUT-LCS($b, X, i-1, j$)
8   **else** OUTPUT-LCS($b, X, i, j-1$)

在图 3-17 所示的示例中，OUTPUT-LCS 将产生如下输出：BCBA。因为在每次递归中，变量 i 和 j 中有一个至少增加 1，所以该算法的复杂度为 O($m+n$)。

3.8　最优二分检索树

假定我们要设计一个将英语翻译成汉语的软件，对于文档中出现的每个英语单词，需要查找等价的汉语单词。进行这些查找操作的一种方式就是建立一棵以 n 个英语单词作为关键字的二分检索树，而对应的汉语单词作为附属数据。对于文档中的每个英语单词，我们都要查找这棵树，因此，希望花费在查找上的总时间尽可能少。如果利用红黑树或者其他平衡二叉树，则每次检索可以在 O(lb n) 内完成。然而，由于单词出现的频率不同，可能会出现这样一种情形，就是经常出现的单词，如"a"，出现在树中距根较远处，而不常出现的单词，如"mycophagist"，出现在树中距根较近处。这样组织数据的结构将减缓翻译过程，因为当在二分检索树中检索某个关键字时，所访问的结点数为 1 加上包含关键字的结点在树中的深度。我们希望文档中出现频率高的单词在树中距根较近。还有一种情形，就是文档中可能有些词汇不存在汉语的翻译。这样的关键词可能根本不会在二分检索树中出现。我们如何组织二分检索树的结构，使得在所有查找中所访问的结点总数达到最小呢？

这个问题就是最优二分检索树（optimal Binary Search Tree，BST）。给定 n 个关键字组成的有序序列 $S=\langle s_1, s_2, \cdots, s_n \rangle$，我们想要用这些关键字建立一棵二分检索树。对于每个关键字 s_i，存在相应的检索概率 p_i。在 S 中可能不存在对于某些值的检索，因而我们在二分检索树中虚设 $n+1$ 个外部结点 $e_0, e_1, \cdots, e_n$，表示不在 S 中的那些值。其中，e_0 表示小于 s_1 的所有值；e_n 表示大于 s_n 的所有值；对于 $i=1, 2, \cdots, n-1$，e_i 表示所有位于 s_i 与

s_{i+1} 之间的所有值。每个外部结点 e_i 对应一个检索概率 q_i。对于 $n=5$，$p=\langle 0.15, 0.10,$ $0.05, 0.10, 0.20 \rangle$，$q=\langle 0.05, 0.10, 0.05, 0.05, 0.05, 0.10 \rangle$，图 3-18(a)、(b)分别表示两棵二分检索树，它们的期望检索开销分别为 2.8 和 2.75，其中 s_i 表示内部结点，e_i 表示外部结点(叶子结点)。每次检索要么成功，检索到内部结点 s_i；要么不成功，检索到外部结点 e_i。因此

$$\sum_{i=1}^{n} p_i + \sum_{i=0}^{n} q_i = 1$$

已知检索每个关键字和虚设结点(外部结点)的概率，给定二分检索树，我们可以确定它的期望检索开销。假设检索的实际开销为所检查结点的个数，即在树 T 中所找到的结点深度加 1，那么，在树 T 中检索的开销为

$$\begin{aligned}
E[\text{在 } T \text{ 中的检索开销}] &= \sum_{i=1}^{n} (\mathrm{depth}_T(s_i)+1) \cdot p_i + \sum_{i=0}^{n} (\mathrm{depth}_T(e_i)+1) \cdot q_i \\
&= \sum_{i=1}^{n} p_i + \sum_{i=0}^{n} q_i + \sum_{i=1}^{n} \mathrm{depth}_T(s_i) \cdot p_i + \sum_{i=0}^{n} \mathrm{depth}_T(e_i) \cdot q_i \\
&= 1 + \sum_{i=1}^{n} \mathrm{depth}_T(s_i) \cdot p_i + \sum_{i=0}^{n} \mathrm{depth}_T(e_i) \cdot q_i
\end{aligned}$$

(3.13)

其中 depth_T 表示结点在 T 中的深度。

对于给定的概率集合，我们想要构造一棵具有最小期望检索开销的二分检索树，这棵树被称为最优二分检索树。图 3-18 表明最优二分检索树不必是高度最低的树，也未必是概率最大的单词作为根的树。如果以概率最大的单词作为树根，那么在以 s_5 为根的二分检索树中，期望值最小为 2.85，比图 3-18(a)、(b)的两棵树的期望值都大。因此这样所构造的树未必是最优的。以下利用动态规划方法解决这个问题。

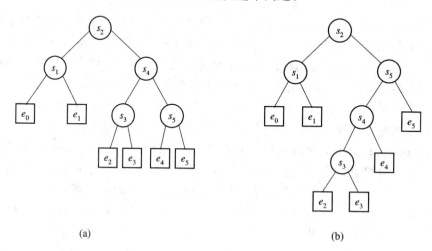

(a)   (b)

图 3-18　两棵二分检索树

1. 刻画最优二分检索树的子结构

为了刻画最优二分检索树的最优子结构，我们从观察子树开始。考虑二分检索树的任一子树，它一定包括连续关键字 $s_i, \cdots, s_j$，$1 \leqslant i \leqslant j \leqslant n$。此外，包含关键字 $s_i, \cdots, s_j$ 的子

树一定以 $e_{i-1}, \cdots, e_j$ 作为外部结点。

现在阐述二分检索树问题的最优子结构。如果一棵最优二分检索树 T 的子树 T' 包括关键字 $s_i, \cdots, s_j$，那么它的子树 T' 一定也是最优的，且以 $s_i, \cdots, s_j$ 作为内部结点，以 $e_{i-1}, \cdots, e_j$ 作为外部结点。用切割—粘贴证明这一点。如果存在一棵子树 T''，它的期望开销小于 T' 的期望开销，那么我们就能将 T' 从 T 中切割出去，将 T'' 粘贴到此处，从而得到一棵期望开销更小的二分检索树，这与 T 具有最小开销矛盾。

利用问题的最优子结构，我们可以通过子问题的最优解构造原问题的最优解。给定关键字 $s_i, \cdots, s_j$，假定其中关键字 $s_k(i \leqslant k \leqslant j)$ 为包含这些关键字的最优子树的根，根 s_k 的左子树一定包含关键字 $s_i, \cdots, s_{k-1}$ 以及外部结点 $e_{i-1}, \cdots, e_{k-1}$，根 s_k 的右子树一定包含关键字 $s_{k+1}, \cdots, s_j$ 以及外部结点 $e_k, \cdots, e_j$。只要我们检查所有候选根结点 s_k，$i \leqslant k \leqslant j$，就能决定包含关键字 $s_i, \cdots, s_{k-1}$ 以及关键字 $s_{k+1}, \cdots, s_j$ 的所有最优二分检索树，就能确定原问题的一棵最优二分检索树，如图 3-19 所示。

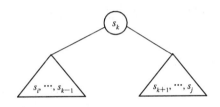

图 3-19　以 s_k 为根的树 T

这里要注意空子树的情形。假定在关键字 $s_i, \cdots, s_j$ 组成的子树中，选择 s_i 作为根。由上面的论述可知，s_i 的左子树包含关键字 $s_i, \cdots, s_{i-1}$。自然地，我们把这样的关键字序列解释为空。但是切记，此时这个左子树中包含虚设(外部)结点 e_{i-1}。由对称性，如果我们选择了 s_j 为根，s_j 的右子树包含关键字 $s_{j+1}, \cdots, s_j$，同样，这个关键字序列为空，但右子树中包含虚设(外部)结点 e_j。

2. 递归定义 BST 最优解的值

根据上述分析，我们可以递归定义最优解的值。假定所解子问题包含的关键字为 s_i，$\cdots, s_j$，其中 $i \geqslant 1$，$i-1 \leqslant j \leqslant n$，当 $j = i-1$ 时，该子树中只有虚设结点 e_{i-1}。定义 $r[i, j]$ 为在关键字为 $s_i, \cdots, s_j$ 的最优二分检索树中查找的期望开销，问题的目标是计算 $r[1, n]$。

当 $j = i-1$ 时，只有虚设结点 e_{i-1}，此时期望开销 $r[i, i-1] = q_{i-1}$。当 $j \geqslant i$ 时，我们需要在关键字 $s_i, \cdots, s_j$ 中选择一个结点 s_k，并构造以关键字 $s_i, \cdots, s_{k-1}$ 为左子树的最优二分检索树和以关键字 $s_{k+1}, \cdots, s_j$ 为右子树的最优二分检索树。当这棵子树成为一个结点的子树时，它的期望开销会是多少？因为子树中每个结点的深度都会增加 1，所以由方程(3.13)可得，这棵子树的期望查找开销也会增加，其增加大小为子树中所有概率之和。对于以 $s_i, \cdots, s_j$ 为关键字的子树，定义这棵子树中的概率之和为

$$w(i, j) = \sum_{l=i}^{j} p_l + \sum_{l=i-1}^{j} q_l$$

因此，如果 s_k 为包含关键字 $s_i, \cdots, s_j$ 的子树的根，可得

$$r[i, j] = p_k + (r[i, k-1] + w(i, k-1)) + (r[k+1, j] + w(k+1, j))$$

由于

$$w(i, k-1) + p_k + w(k+1, j) = \sum_{l=i}^{k-1} p_l + \sum_{l=i-1}^{k-1} q_l + p_k + \sum_{l=k+1}^{j} p_l + \sum_{l=k}^{j} q_l$$
$$= \sum_{l=i}^{j} p_l + \sum_{l=i-1}^{j} q_l = w(i, j)$$

重写 $r[i, j]$ 得

$$r[i, j] = r[i, k-1] + r[k+1, j] + w(i, j) \tag{3.14}$$

递归方程(3.14)中假设我们知道结点 s_k 作为根结点。如果没有这个假设，我们需要选择具有最小开销的那个结点作为根，则可得出以下递归方程：

$$r[i, j] = \begin{cases} q_{i-1} & , j = i-1 \\ \min_{i \leqslant k \leqslant j}\{r[i, k-1] + r[k+1, j] + w(i, j)\} & , i \leqslant j \end{cases} \tag{3.15}$$

$r[i, j]$ 给出了最优二分检索树的期望开销。为了记录最优二分检索树的生成过程，我们定义 root$[i, j]$ 为下标 k，$1 \leqslant i \leqslant j$，这个 k 使得 s_k 成为关键字 s_i, $\cdots$, s_j 构成的最优二分检索树的根。

3. 计算 BST 最优解的值

我们注意到，最优二分检索树的特性与矩阵链乘的特性具有相似之处。对于这两个问题域，子问题都是由下标连续的子区域组成的。我们把 $r[i, j]$ 的值存储在表 $r[1..n+1, 0..n]$ 中，为了能够处理子树只有虚设结点 e_n 的情形，表的第一个下标需要运行 $n+1$ 次，而不是 n 次，需要计算并存储元素 $r[n+1, n]$。第二个下标从 0 开始，为了处理只含结点 e_0 的情形，需要计算并存储元素 $r[1, 0]$。对于 $j \geqslant i-1$，才利用 $r[i, j]$。同时，利用表root$[i, j]$ 记录 $e[i, j]$ 取得最优的下标。为了提高效率，不是每次计算 $r[i, j]$ 时都计算$w(i,j)$的值（因为这会需要额外 $\Theta(j-i)$ 的时间），而是把这些值存储在表 $w[1..n+1, 0..n]$ 中。对于基础情形，计算 $w[i, i-1] = q_{i-1}$，$1 \leqslant i \leqslant n$。对于 $j \geqslant i$，计算

$$w[i, j] = w[i, j-1] + p_j + q_j \tag{3.16}$$

因此，计算了 $\Theta(n^2)$ 个 $w[i, j]$ 值，每个 $w[i, j]$ 的计算时间为 $\Theta(1)$。

过程 OPTIMAL-BST 以概率 p_1, $\cdots$, p_n, q_0, $\cdots$, q_n, 以及 n 为输入参数，输出 r 和 root。

```
OPTIMAL-BST(p, q, n)
1   for i ← 1 to n+1
2       do r[i, i-1] ← q_{i-1}
3          w[i, i-1] ← q_{i-1}
4   for l ← 1 to n
5       do for i ← 1 to n-l+1
6          do j ← i+l-1
7             r[i, j] ← ∞
8             w[i, j] ← w[i, j-1]+p_j+q_j
9             for k ← i to j
```

10		**do** $t \leftarrow r[i, k-1]+r[k+1, j]+w[i, j]$
11		**if** $t < r[i, j]$
12		**then** $r[i, j] \leftarrow t$
13		root$[i, j] \leftarrow k$
14	**return** r and root	

算法第 $1\sim3$ 行的 for 循环，对 $r[i, i-1]=q_{i-1}$ 和 $w[i, i-1]=q_{i-1}$ 进行初始化。利用递归方程(3.15)和方程(3.16)，第 $4\sim13$ 行的 for 循环计算 $r[i, j]$ 和 $w[i, j]$ 的值，其中 $1\leq i\leq j\leq n$。在第一次迭代中，当 $l=1$ 时，对于 $i=1, 2, \cdots, n$，算法 OPTIMAL-BST 计算出 $r[i, i]$ 和 $w[i, i]$ 的值。在第二次迭代中，当 $l=2$ 时，对于 $i=1, 2, \cdots, n-1$，算法计算出 $r[i, i+1]$ 和 $w[i, i+1]$ 的值，依次类推。第 $9\sim13$ 行的内循环 for 中，检查每个候选下标 k，决定哪个 s_k 作为以 $s_i, \cdots, s_j$ 为关键字的最优二分检索树的根。这个内循环 for 把当前所选的更优下标存储在 root$[i, j]$ 中。在每一步计算 $r[i, j]$ 时，只需要表 $r[i, k-1]$ 和 $r[k+1, j]$ 中已计算出的值。计算 $r[i, j]$ 的次序如图 $3-20$ 所示。

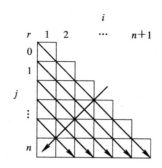

图 $3-20$ $r[i, j]$ 的计算次序

首先进行初始化，$r[i, i-1]=q_{i-1}$，$w[i, i-1]=q_{i-1}$。然后依次计算 $j-i=0$，$j-i=1, \cdots, j-i=n-1$ 时 $r[i, j]$ 和 $w[i, j]$ 的值。给定 $n=5$，$p=\langle p_1, \cdots, p_5 \rangle = \langle 0.15, 0.10, 0.05, 0.10, 0.20 \rangle$，$q=\langle q_0, \cdots, q_5 \rangle = \langle 0.05, 0.10, 0.05, 0.05, 0.05, 0.10 \rangle$，我们按照上述步骤计算这个问题的最优解的值。图 $3-21(a)\sim(f)$ 给出了利用算法 OPTIMAL-BST 计算 $r[i, j]$ 和 $w[i, j]$ 的值。

（1）初始化。$r[i, i-1]=q_{i-1}$，$w[i, i-1]=q_{i-1}$，$i=1, 2, 3, 4, 5, 6$，如图 $3-21(a)$ 所示。

（2）当 $l=1$，$j-i=0$ 时，对于 $i=1, 2, 3, 4, 5$，计算 $r[1, 1]$，$r[2, 2]$，$r[3, 3]$，$r[4, 4]$ 和 $r[5, 5]$ 及其对应的 w，如图 $3-21(b)$ 所示。

（3）当 $l=2$，$j-i=1$ 时，对于 $i=1, 2, 3, 4$，计算 $r[1, 2]$，$r[2, 3]$，$r[3, 4]$ 和 $r[4, 5]$ 及其对应的 w，如图 $3-21(c)$ 所示。

（4）当 $l=3$，$j-i=2$ 时，对于 $i=1, 2, 3$，计算 $r[1, 3]$，$r[2, 4]$ 和 $r[3, 5]$ 及其对应的 w，如图 $3-21(d)$ 所示。

（5）当 $l=4$，$j-i=3$ 时，对于 $i=1, 2$，计算 $r[1, 4]$ 和 $r[2, 5]$ 及其对应的 w，如图 $3-21(e)$ 所示。

（6）当 $l=5$，$j-i=4$ 时，对于 $i=1$，计算 $r[1, 5]$ 及 $w[1, 5]$，如图 $3-21(f)$ 所示。

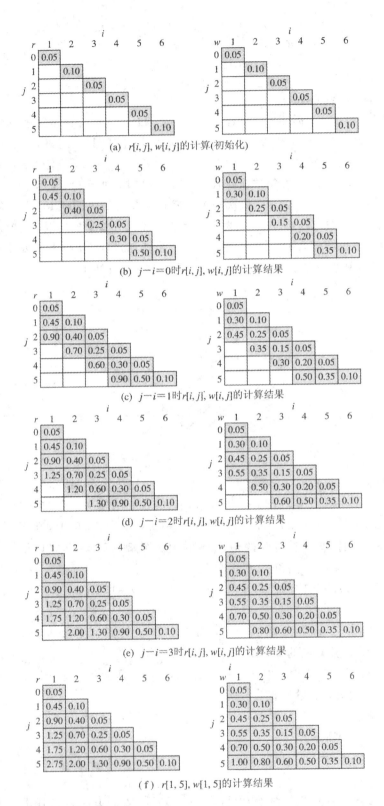

(a) $r[i,j]$, $w[i,j]$ 的计算(初始化)

(b) $j-i=0$ 时 $r[i,j]$, $w[i,j]$ 的计算结果

(c) $j-i=1$ 时 $r[i,j]$, $w[i,j]$ 的计算结果

(d) $j-i=2$ 时 $r[i,j]$, $w[i,j]$ 的计算结果

(e) $j-i=3$ 时 $r[i,j]$, $w[i,j]$ 的计算结果

(f) $r[1,5]$, $w[1,5]$ 的计算结果

图 3-21 利用算法 OPTIMAL-BST 计算 $r[i,j]$ 和 $w[i,j]$ 的值

图 3-22 给出了利用算法 OPTIMAL-BST 计算 root$[i, j]$的值。

OPTIMAL-BST 过程的时间复杂度为 $O(n^3)$。因为算法中包含三层循环，每一层至多运行 n 次，所以，算法的运行时间为 $O(n^3)$。

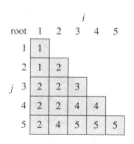

图 3-22　利用算法 OPTIMAL-BST 计算 root$[i, j]$的值

4. 构造 BST 问题的最优解

尽管算法给出了计算最优二分检索树问题的最小开销（最优解的值），但我们仍然不知道这些关键字是如何构成这棵最优二分检索树的。从存储在 root 表中的信息，不难构造问题的一个最优解。root$[i, j]$中的每个元素记录着关键字 $s_i, \cdots, s_j$ 构成的最优二分检索树的根，即下标 k 值，这个 k 使得 s_k 成为关键字 $s_i, \cdots, s_j$ 构成的最优二分检索树的根。由于 root$[1, n]$是使关键字 $s_1, \cdots, s_n$（即问题 $s_{1..n}$）构成最优二分检索树的下标 k 值，计算 root$[1, n]$ 时，我们要计算这样两个子问题 $s_{1..\text{root}[1, n]-1}$ 和 $s_{\text{root}[1, n]+1..n}$。而 root$[1, \text{root}[1, n]-1]$记录问题 $s_{1..\text{root}[1, n]-1}$最优解的下标值，root$[\text{root}[1, n]+1, n]$记录问题 $s_{\text{root}[1, n]+1..n}$最优解的下标值。因此，以下过程 OUTPUT-OPTIMAL-BST 输出关键字 $s_i, s_{i+1}, \cdots, s_j$ 组成的最优二分检索树，其中 root 表作为已知条件输入，并给定下标 i 和 j。初始时，调用 OUTPUT-OPTIMAL-BST（root）。

OUTPUT-OPTIMAL-BST（root）
1　$k \leftarrow$ root$[1, n]$
2　print $''s''_k$ $''$is the root$''$
3　CONSTRUCT-OPT-SUBTREE$(1, k-1, k, ''\text{left}'', \text{root})$
4　CONSTRUCT-OPT-SUBTREE$(k+1, n, k, ''\text{right}'', \text{root})$

CONSTRUCT-OPT-SUBTREE$(i, j, k, dir, \text{root})$
1　**if** $i \leqslant j$
2　　**then** $t \leftarrow$ root$[i, j]$
3　　　print $''s''_t$ $''$is$''$ dir $''$child of s''_k
4　　　CONSTRUCT-OPT-SUBTREE$(i, t-1, t, ''\text{left}'', \text{root})$
5　　　CONSTRUCT-OPT-SUBTREE$(t+1, j, t, ''\text{right}'', \text{root})$

对于图 3-18 所示的例子，调用 OUTPUT-OPTIMAL-BST（root）之后，产生输出结果：

s_2 is the root
s_1 is the left child of s_2
e_0 is the left child of s_1

e_1 is the right child of s_1

s_5 is the right child of s_2

s_4 is the left child of s_5

s_3 is the left child of s_4

e_2 is the left child of s_3

e_3 is the right child of s_3

e_4 is the right child of s_4

e_5 is the right child of s_5

对应的最优二分检索树如图 3-18(b)所示。

3.9　凸多边形最优三角剖分

多边形是平面上的一条分段线性闭合曲线，将这些线段首尾相连就形成一个回路，这些线段称为多边形的边，连接多边形相邻两条边的端点称为多边形的顶点。如果多边形的边除了两条相邻边共享顶点外，其他边互不相交，则称多边形为简单多边形。简单多边形定义了一个由它所包含的点组成的区域。区域内的点在这个区域的内部，区域外的点在这个区域的外部，多边形自身为这个区域的边界。

如果给定简单多边形边界上的任意两个点，这两点的线段完全位于多边形与其内部区域的并集上，则称简单多边形为凸多边形，如图 3-23 所示。

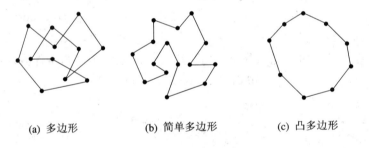

(a) 多边形　　　　(b) 简单多边形　　　　(c) 凸多边形

图 3-23　各种多边形示例

给定一个凸多边形，假设它的顶点按照逆时针方向编号，即 $P=\{v_0, v_1, \cdots, v_{n-1}\}$，并约定顶点下标 mod n，则 $v_0=v_n$。这个多边形有 n 条边(v_{i-1}, v_i)，其中 $i=1, 2, \cdots, n$。给定两个不相邻的顶点 v_i、v_j，$i<j$，则称线段(v_i, v_j)是一条弦。任一条弦都将多边形分割成两个多边形。凸多边形的三角剖分是将多边形分割成互不相交的三角形的弦的最大集合 T，即任一不在 T 中的弦必与 T 中的某一弦相交。这样的弦集合将多边形内分割成三角形的集合。

三角剖分的对偶图也是一个图，它的顶点在三角形中，如果两个三角形有公共边，则这两个顶点有边相连。三角剖分的对偶图是一棵树。图 3-24(a)和(b)是一个凸多边形的两种不同的三角剖分，而图 3-24(c)是(b)的对偶图。一般而言，对于一个凸多边形，存在多种三角剖分。

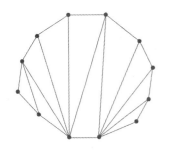
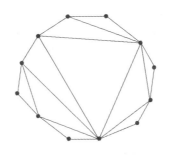

(a) 凸多边形的一种三角剖分　　　　(b) 另一种三角剖分　　　　(c) 对偶树(浅色顶点构成的树)

图 3-24　凸多边形的剖分及对偶图

凸多边形的三角剖分数目可能是边数 n 的指数函数。凸多边形最优三角剖分(convex polygon optimal triangulation)问题：给定一个凸多边形及其剖分三角形所在边上的权函数 w，要求确定该凸多边形的一个三角剖分，使得该三角剖分中各个三角形上的权值之和达到最小。

可如下定义三角形边上的权函数 w：

$$w(v_i, v_j, v_k) = |v_i v_j| + |v_j v_k| + |v_k v_i|$$

其中 $|v_i v_j|$ 表示线段 (v_i, v_j) 的长度。

凸多边形的三角剖分与矩阵链乘问题极为相似。在矩阵链乘问题中，矩阵链乘的最优次序等价于矩阵链的最优加括号方式。对应的二叉树就是评价矩阵相乘次数的树，树中的叶子结点与矩阵对应，树中每个结点对应两个矩阵乘积或多个矩阵乘积。

一个表达式的完全加括号方式相应于一棵完全二叉树，该完全二叉树称为表达式的语法树。例如，完全加括号的矩阵链乘 $(A_1(A_2 A_3))(A_4(A_5 A_6))$ 所对应的语法树如图 3-25(a) 所示。语法树中每一个叶子结点表示表达式中的一个原子。在语法树中，如果某一结点的左子树为 T_L，右子树为 T_R，则以该结点为根的子树为 $(T_L T_R)$。因此，有 n 个原子的完全加括号表达式，将与惟一一棵 n 个叶子结点的语法树对应，反之亦然。

凸多边形的三角剖分也可以用二叉树(语法树)来表示。例如，图 3-25(a) 表示图 3-25(b) 三角剖分的二叉树，该二叉树的根结点边为 (v_0, v_6)，三角剖分中的弦构成树的内部结点。除了边 (v_0, v_6) 之外，多边形中的其余边都是语法树中的内部结点。树根 (v_0, v_6) 为三角形 $v_0 v_3 v_6$ 的一条边。该三角形将原凸多边形分为三个部分：三角形 $v_0 v_3 v_6$，凸多边形 $\{v_0, v_1, \cdots, v_3\}$ 和凸多边形 $\{v_3, v_4, \cdots, v_6\}$。三角形 $v_0 v_3 v_6$ 的另外两条边 (v_0, v_3) 和 (v_3, v_6) 为根的两个孩子。以它们为根的子树表示凸多边形 $\{v_0, v_1, \cdots, v_3\}$ 和凸多边形 $\{v_3, v_4, \cdots, v_6\}$ 的三角剖分。

在一般情况下，凸 n 边形的三角剖分对应一棵有 $n-1$ 个叶子结点的语法树。反之，一个有 $n-1$ 个叶子结点的语法树可以产生一个凸 n 边形的三角剖分，即凸 n 边形的三角剖分与有 $n-1$ 个叶子结点的语法树之间存在一一对应关系。由于 n 个矩阵链乘的完全加括号方式与 n 个叶子结点的语法树之间存在一一对应关系，因此，n 个矩阵链乘的完全加括号方式也与凸 $n+1$ 边形中的三角剖分之间存在一一对应关系。这种对应关系如图 3-25 所示。矩阵链乘 $A_1 A_2 \cdots A_n$ 中的每个矩阵 A_i 对应凸 $n+1$ 边形中的一条边 (v_{i-1}, v_i)。三角剖分中的一条弦(v_i, v_j)，$i<j$，对应矩阵链乘$A_{i+1}\cdots A_j$。因此，矩阵链乘的最优计算次序问题是凸多边形最优三角剖分问题的一个特殊情形。对于给定的矩阵链乘$A_1A_2\cdots A_n$，定义一个与之对应的凸$n+1$边形$P=\{v_0, v_1, \cdots, v_n\}$，使得矩阵$A_i$与凸多边形的边$(v_{i-1}, v_i)$一一对应。若矩阵$A_i$的维数为$p_{i-1}\times p_i$，$i=1, 2, \cdots, n$，则定义三角形$v_iv_jv_k$上的权值为$w(v_i, v_j, v_k)=p_i\times p_j\times p_k$。按照这个定义，凸多边形$P$的最优三角剖分的语法树对应矩阵链乘$A_1A_2\cdots A_n$的最优加括号方式。

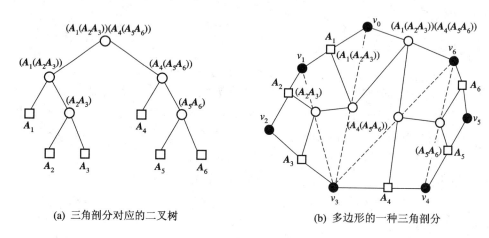

(a) 三角剖分对应的二叉树   (b) 多边形的一种三角剖分

图 3-25　二叉树、三角剖分与矩阵链乘的关系

性质 3.2　在一个有n个顶点的凸多边形的三角剖分中，有$n-2$个三角形和$n-3$条弦。

证明：结合图 3-24，二叉树的每个内部结点对应一个三角形，内部结点之间的每条边对应三角剖分的一条弦。考虑凸多边形有n个顶点，则二叉树有$n-1$个叶子结点，$n-2$个内部结点(三角形)和$n-3$条边(弦)。证毕。

以下讨论三角剖分问题的动态规划解。

(1) 三角剖分的最优子结构。凸多边形的最优三角剖分问题具有最优子结构性质。若凸$n+1$边形$P=\{v_0, v_1, \cdots, v_n\}$的一个最优三角剖分$T$包含三角形$v_0v_kv_n$，$1\leqslant k\leqslant n-1$，则$T$的权为三个部分权的和：三角形$v_0v_kv_n$的权值$w(v_0, v_k, v_n)$，子多边形$\{v_0, v_1, \cdots, v_k\}$和$\{v_k, v_{k+1}, \cdots, v_n\}$的权之和。可以断言，由$T$所确定的这两个子多边形的三角剖分也是最优的。可以用反证法证明这一点。如果存在子多边形$\{v_0, v_1, \cdots, v_k\}$或$\{v_k, v_{k+1}, \cdots, v_n\}$的更小权值的剖分，利用切割—粘贴技术，就会得到多边形$\{v_0, v_1, \cdots, v_n\}$的更小权值的剖分，这与$T$是最优剖分(剖分具有最小权值)相矛盾。

(2) 递归定义三角剖分问题最优解的值。对于$1\leqslant i\leqslant j\leqslant n$，令$t[i, j]$表示子多边形$\{v_{i-1}, v_i, \cdots, v_j\}$三角剖分所对应的最小加权函数值，即最优三角剖分值。定义退化多边形$\{v_{i-1}, v_i\}$的权值为 0。根据这一定义，凸$n+1$边形P的最优三角剖分为$t[1, n]$。如果我们计算出所有$t[i, j]$值，$1\leqslant i\leqslant j\leqslant n$，就可以得到问题最优解的值$t[1, n]$。由于定义两条边的退化多边形$\{v_{i-1}, v_i\}$的权值为 0，这蕴含着$t[i, i]=0$，$i=1, 2, \cdots, n$。要计算$t[i, j]$，考虑子多边形$\{v_{i-1}, v_i, \cdots, v_j\}$，其中$i\leqslant j$，这个子多边形的其中一弦为边$\{v_{i-1}, v_j\}$。我们可以引入一个三角形对这个多边形进行剖分，这个三角形的一边为弦

$\{v_{i-1}, v_j\}$，另一个顶点为 v_k，其中 $i \leqslant k \leqslant j-1$。这个剖分将多边形 $\{v_{i-1}, v_i, \cdots, v_j\}$ 分为两个更小的子多边形 $\{v_{i-1}, \cdots, v_k\}$ 和 $\{v_{k+1}, \cdots, v_j\}$，它们对应的最小权值为 $t[i, k]$ 和 $t[k+1, j]$。多边形 $\{v_{i-1}, v_i, \cdots, v_j\}$ 三角剖分的开销为这两个子问题三角剖分的开销加上三角形 $v_{i-1}v_kv_j$ 的权值。因此，$t[i, j]$ 可递归定义为

$$t[i, j] = \begin{cases} 0 & , i = j \\ \min_{i \leqslant k \leqslant j-1} \{t[i, k] + t[k+1, j] + w(v_{i-1}, v_k, v_j)\} & , i < j \end{cases} \quad (3.17)$$

（3）计算三角剖分问题最优解的值。与矩阵链乘问题中计算 $m[i, j]$ 相比，除了权函数的定义之外，$t[i, j]$ 的定义与 $m[i, j]$ 形式一样。我们可以对矩阵链乘问题的算法稍作修改，就能使之完全适合计算 $t[i, j]$。

POLYGON-TRIANGULATION(w)

```
1    n ← length[V]−1
2    for i ← 1 to n
3        do t[i, i] ← 0
4    for l ← 2 to n
5        do for i ← 1 to n−l+1
6            do j ← i+l−1
7               t[i, j] ← ∞
8               for k ← i to j−1
9                   do q ← t[i, k]+t[k+1, j]+w(v_{i-1}, v_k, v_j)
10                     if q < t[i, j]
11                        then t[i, j] ← q
12                             s[i, j] ← k
13   return t and s
```

首先，对于 $i = 1, 2, \cdots, n$，算法 POLYGON-TRIANGULATION 计算出 $t[i, i] = 0$，即退化多边形 $\{v_{i-1}, v_i\}$ 的开销。然后，在第 $4 \sim 12$ 行循环的第一次执行中，利用递归方程（3.17）计算 $t[i, i+1]$，$i = 1, 2, \cdots, n-1$，即三角形 $\{v_{i-1}, v_i, v_{i+1}\}$ 的开销。第二次执行中，计算 $t[i, i+2]$，$i = 1, 2, \cdots, n-2$，即多边形 $\{v_{i-1}, \cdots, v_{i+2}\}$ 的最小开销。依次类推，在每一步计算 $t[i, j]$ 时，只需要表 $t[i, k]$ 和 $t[k+1, j]$ 中已计算出的值。

（4）构造凸多边形三角剖分的最优解。在算法 POLYGON-TRIANGULATION 中，我们利用辅助表 $s[1..n, 1..n]$ 存储哪一个 k 使得计算 $t[i, j]$ 时达到最优。$s[i, j]$ 记录了子问题 $\{v_{i-1}, v_i, \cdots, v_j\}$ 的最优解的 k 值，其中 $i \leqslant k \leqslant j-1$。从存储在 s 表中的信息，不难构造问题的一个最优解。$s[i, j]$ 记录了与 v_{i-1} 和 v_j 构成三角形的第三个顶点 v_k 的位置 k，这个 k 值使得 $t[i, j]$ 达到最小值（即最优值）。$s[1, n]$ 记录了使 $t[1, n]$ 达到最优的 k 值，通过这个 k 值，我们考虑子问题 $\{v_0, \cdots, v_{s[1, n]}\}$ 和子问题 $\{v_{s[1, n]+1}, \cdots, v_n\}$。我们可以查找 $s[1, s[1, n]]$ 和 $s[s[1, n]+1, n]$ 的值。这两个值分别使 $t[1, s[1, n]]$ 和 $t[s[1, n]+1, n]$ 达到最优解的值。因此，以下过程 OUTPUT-OPTIMAL-POLYGON-TRIANGULATION 输出凸多边形 $\{v_0, v_1, \cdots, v_n\}$ 的最优三角剖分，其中 s 表作为已知条件输入，并给定下标 i 和 j。初始时，调用 OUTPUT-OPTIMAL-POLYGON-TRIANGULATION($s, 1, n$)。

OUTPUT-OPTIMAL-POLYGON-TRIANGULATION(s, i, j)

```
1    if i＝j
2       then output "A"ᵢ
3       else output "("
4           OUTPUT-OPTIMAL-POLYGON-TRIANGULATION(s, i, s[i, j])
5           OUTPUT-OPTIMAL-POLYGON-TRIANGULATION(s, s[i, j]+1, j)
6           OUTPUT ")"
```

而输出的矩阵完全加括号方式，与这个凸多边形的三角剖分一一对应，如图 3-25所示。

习　题

3-1　给定 n 个顶点的带权有向图 $G=(V, E)$，$W=(w_{ij})$ 为 G 的带权邻接矩阵。定义如下：

$$w_{ij} = \begin{cases} 0 & , i = j \\ \text{有向边}(i, j)\text{上的权值} & , i \neq j \text{ 且 } (i, j) \in E \\ \infty & , i \neq j \text{ 且 } (i, j) \notin E \end{cases}$$

对于每一对顶点 $u, v \in V$，试用动态规划方法，求从 u 到 v 的带权最短路径长度，其中路径权值为这条路径所有边上的权值之和。

3-2　用两台处理器 P_1 和 P_2 处理 n 个作业。设处理器 P_1 处理第 i 个作业的时间为 a_i，处理器 P_2 处理第 i 个作业的时间为 b_i。由于各作业的特点及机器性能，很可能对于某些 i，有 $a_i \geqslant b_i$，而对于某些 j，$j \neq i$，有 $a_j < b_j$。既不能将一个作业分开由 2 台机器处理，也没有一台机器能同时处理 2 个作业。设计一个动态规划算法，使得这 2 台机器处理完这 n 个作业的时间最短。

3-3　Bitonic 欧几里得旅行商问题。欧几里得旅行商问题是指：对于给定平面上的 n 个点，确定一条连接各点的、闭合的最短曲线。这个问题是 NP 完全问题，图 3-26(a)给出了 7 个点问题的解。Bitonic 旅行路线问题是欧几里得旅行商问题的简化，这种旅行路线从最左边开始，严格地由左至右到最右边的点，然后再严格地由右至左回到开始点，求最短的路径长度，图 3-26(b)给出了 7 个点问题的解。设计一个确定最优 Bitonic 旅行路线的 $O(n^2)$ 时间算法。假设不存在 x 坐标相同的点。

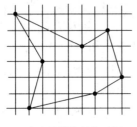

(a) 欧几里得旅行商示例

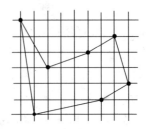

(b) Bitonic旅行路线示例

图 3-26　旅行商问题示例

3-4　优美打印问题。考虑在一台打印机上优美地打印一段文章的问题。输入的正文是长度为 l_1, l_2, …, l_n 的 n 个单词构成的序列。我们希望将这段文章在几行上打印出来，每行的最大长度为 M，且"优美"评判的标准如下：如果某一行包含从 i 到 j 的单词，$i \leqslant j$，且每两个单词之间只留一空，则在行末多余的空格为

$$M - j + i - \sum_{k=i}^{j} l_k$$

有多种将一段文章分成多行的方法。为了产生优美输出，我们想要一种使每行尽可能填充的划分。启发式搜索方法表明，每行末尾多余空格数的立方是一种度量开销的有效方式，假设最后一行的开销为 0。换句话说，在一行上打印从 i 到 j 的单词的开销 $linecost(i, j)$ 为

$$linecost(i, j) = \begin{cases} \infty & ,\text{从 } i \text{ 到 } j \text{ 没有充满一行} \\ 0 & ,j = n(\text{最后一行}) \\ (M - j + i - \sum_{k=i}^{j} l_k)^3 & ,\text{其他} \end{cases}$$

优美打印一段文字的总开销为段中所有行的开销之和。试求使这个开销达到最小值的最优解。

(1) 阐述该问题具有了最优子结构。

(2) 递归定义最优解的值。

(3) 给出一个动态规划算法，计算问题最优解的开销，并分析你所设计的算法的时空复杂度。

(4) 编写程序(语言不限)打印出将句子分行的最优划分。为简便起见，假设句子是不为空格的字符序列。因此，一个句子是严格在两个空格之间或在输入的开始和结束之间的一个子串。

3-5　编辑距离问题。当一个智能终端将一行正文更新，并用新的目标串 $y[1..n]$ 来替换现存的源串 $x[1..m]$ 时，可有几种方式来做这种变换。给定两个串 x 和 y，目标是产生一系列变换，将 x 变成 y。假设有一个可以容纳所有字符的足够大的数组 z，用于存放中间结果。初始时，z 为空。终止时，$z[j] = y[j]$，$j = 1, 2, …, n$。我们保持 x 的当前下标 i 和 z 的当前下标 j，所允许的操作有改变 z 和这些下标。初始时，$i = j = 1$。在变换过程中，检查 x 中的每个字符，这表明在变换操作序列结束后，$i = m + 1$。有以下 6 种变换操作：

COPY　将 x 中的某个字符复制到 z 中。赋值 $z[j] \leftarrow x[i]$，并使 i 和 j 的值增加 1。这个操作检查 $x[i]$。

REPLACE　用字符 c 替换 x 中的某字符。赋值 $z[j] \leftarrow c$，并使 i 和 j 的值增加 1。这个操作检查 $x[i]$。

DELETE　删除 x 中某字符。将 i 增加 1，j 不变。这个操作检查 $x[i]$。

INSERT　向 z 中插入字符 c，赋值 $z[j] \leftarrow c$，将 j 增加 1，i 不变。这个操作不对 x 中的字符进行操作。

EXCHANGE　交换 x 中的两字符。赋值 $z[j] \leftarrow x[i+1]$，$z[j+1] \leftarrow x[i]$，$i \leftarrow i+2$ 和 $j \leftarrow j+2$。这个操作检查 $x[i]$ 和 $x[i+1]$。

KILL　删除 x 中的其余字符。赋值 $i \leftarrow m + 1$。这个操作检查 x 中所有未被检查过的字符。如果执行这个操作，那么它就是结束操作。

例如，将源串"algorithm"转换成目标串"altruistic"的一种方法是采取下面的操作序列：

操作	源串 x	目标串 z
初始化	algorithm	_
COPY	a lgorithm	a_
COPY	al gorithm	al_
REPLACE by t	alg orithm	alt_
DELETE	algo rithm	alt_
COPY	algor ithm	altr_
INSERT u	algor ithm	altru_
INSERT i	algor ithm	altrui_
INSERT s	algor ithm	altruis_
EXCHANGE	algorit hm	altruisti_
INSERT c	algorit hm	altruistic_
KILL	algorithm_	altruistic_

这里需要注意的是，还有其他将源串"algorithm"转换成目标串"altruistic"的序列。

操作 DELETE、REPLACE、COPY、INSERT、EXCHANGE 和 KILL 都有相应的代价 cost。每个操作的开销取决于特定的应用。假设这些开销已知，且复制和替换的单个开销小于删除和插入组合开销；否则，不用复制和替换操作。给定变换序列操作的开销为序列中所有单个开销之和。对于上述序列，转换开销为

$$3 \cdot \text{cost(COPY)} + \text{cost(REPLACE)} + \text{cost(DELETE)} + 4 \cdot \text{cost(INSERT)}$$
$$+ \text{cost(EXCHANGE)} + \text{cost(KILL)}$$

（1）给定两个序列 $x[1..m]$ 和 $y[1..n]$，以及变换操作的开销集合。从 x 到 y 的编辑距离就是将 x 转换成 y 的最小开销操作序列。请用动态规划算法找出 x 到 y 的编辑距离，并输出最优操作序列。分析你所设计的算法的时空复杂度。

编辑距离问题是比对两个 DNA 序列问题的推广。有多种比对两个 DNA 序列相似性的方法。一种比对两个序列 x 和 y 的方法是在这两个序列的任意位置（包括在序列的末端）插入空位，所得结果序列 x' 和 y' 具有相同长度，但不在相同位置具有空位，即不存在位置 j，使得 $x'[j]$ 和 $y'[j]$ 都是空位。我们为每个位置赋给一个分数。位置 j 的分数定义如下：

（i）$+1$，如果 $x'[j] = y'[j]$ 且这两个位置都不为空位。

（ii）-1，如果 $x'[j] \neq y'[j]$ 且这两个位置都不为空位。

（iii）-2，如果 $x'[j]$ 或 $y'[j]$ 中有一个为空位。

比对的分数为所有位置处的分数之和。例如，给定序列 $x = \text{GATCGGCAT}$ 和 $y = \text{CAATGTGAATC}$，一种比对方式为

```
G   A T C G   G C A T
C   A A T   G T G A A T C
-   * + + * + * + - + + *
```

其中，$+$ 代表 $+1$，$-$ 代表 -1，$*$ 代表 -2。因此，比对的总分值为 $6 \times 1 - 2 \times 1 - 4 \times 2 = -4$。

（2）解释如何利用基于变换操作 COPY、REPLACE、DELETE、INSERT、EXCHANGE 和 KILL 的编辑问题，找出比对问题的最优解。

3-6　公司派对计划问题。某公司具有层次结构，领导关系形成一棵根为总经理的树。

职员办公室按照雇员快乐等级进行安排，这个等级为一个实数。为使所有参加派对者感到快乐，总经理不希望雇员和他的（她的）直接上司同时出席。

已知描述该公司结构的树，这棵树利用孩子—兄弟表示法。树中的每个结点除了指针域外，还有雇员名和雇员的快乐等级。假定雇员 x 的快乐等级为 $c[x]$。公司派对问题是找出雇员的一个最大子集 S，$\max \sum\limits_{x \in S} c[x]$，使得如果 $x \in S$，那么 $parent[x] \notin S$。试设计一个算法，构造雇员来宾表，使得来宾的快乐等级之和达到最大。分析你所设计的算法的运行时间。

3-7 Viterbi算法。我们可用一有向图 $G=(V, E)$ 上的动态规划技术建立语音识别模型。每条边 $(u, v) \in E$ 上标以选自有限的声音集 Σ 中的一种声音 $\sigma(u, v)$，这种标号图是一个人说一种限定语言的形式模型。从图中某一特殊顶点 $v_0 \in V$ 开始的每一条路径对应这个模型产生的一种声音序列。有向路径上的标号定义为该条路径的边上标号的连接。

（1）给定边上标号的有向图 G、一特殊顶点 v_0 和 Σ 上的字符序列 $s=\langle \sigma_1, \sigma_2, \cdots, \sigma_k \rangle$。设计一算法返回 G 中以 v_0 为始点，s 为标号序列的一条路径（如果存在这样的路径）；否则，返回不存在该路径的信息。试分析你所设计的算法的时间复杂度。

假定对于每条边 $(u, v) \in E$，关联一非负概率 $p(u, v)$，表示从顶点 u 开始遍历边 (u, v) 并产生相应声音的概率。任何顶点离开边上的概率之和为1。路径概率定义为它的边上所有概率的乘积。我们可以把以 v_0 为始点的路径概率看做是从 v_0 开始沿着特定路径进行"随机漫游"的概率。按照顶点 u 处离开边上的概率大小，选择下一条边。

（2）扩展问题（1）的解答，使得算法返回一条最有可能的路径，它以 v_0 为始点，且路径标号为 s。分析你所设计的算法的运行时间。

3-8 电路布线问题。在一块电路板的上、下两端分别有 n 个接线柱。根据电路设计，要求用导线 $(i, \pi(i))$ 将上端接线柱 i 与下端接线柱 $\pi(i)$ 相连，如图3-27所示，其中 $\pi(i)$，$1 \le i \le n$ 是 $\{1, 2, \cdots, n\}$ 的一个排列，导线 $(i, \pi(i))$ 称为该电路板上的第 i 条连线。对于任何 $1 \le i < j \le n$，i, j 两条连线相交的充分必要条件是 $\pi(i) > \pi(j)$。在制作电路板时，要求将这 n 条连线分布到若干绝缘层上，在同一层上的连线不相交。电路布线问题就是要确定将哪些连线安排在第一层上，使得该层有尽可能多的连线，即确定导线集 $\{(i, \pi(i)), 1 \le i \le n\}$ 的最大不相交子集。

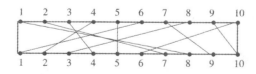

图 3-27 电路布线示例

3-9 棋盘上的移动。给定 $n \times n$ 的棋盘和一个检测器。按照下述规则将检测器从棋盘底边移到顶边。在每一步中，你可能将检测器移到如下三个位置之一：

（1）它的正上方块。

（2）仅当检测器不在最左边时，你可以将检测器移到它的左上方块。

（3）仅当检测器不在最右边时，你可以将检测器移到它的右上方块。

每次从方块 x 的位置移到方块 y 的位置时，得到 $p(x, y)$ 元。对于所有从 x 到 y 的合法移动，点对(x, y)都会得到$p(x, y)$元。不要假设$p(x, y)$为正。

试设计一算法，计算出这个移动集合，使得检测器从棋盘底边移到顶边尽可能多地收集元。算法可从底边上任选一个方块作为开始点，顶边上任选一个方块作为目的地，使得沿着这条路上收集的元最多。试分析你所设计的算法的运行时间。

3-10 图像压缩问题。在计算机中常用像素点灰度值序列$\{p_1, p_2, \cdots, p_n\}$表示图像，其中整数$p_i$表示像素点$i$的灰度值，$1 \leqslant i \leqslant n$。通常灰度值的范围是$0 \sim 255$。因此，需要8位表示一个像素。

图像的变位压缩存储格式将所给的像素点序列$\{p_1, p_2, \cdots, p_n\}$分割成$m$个连续段$S_1, S_2, \cdots, S_m$。第$i$个像素段$S_i(1 \leqslant i \leqslant m)$中有$l[i]$中个像素，且该段中每个像素都只用$b[i]$位来表示。设$t[i] = \sum_{k=1}^{i-1} l(k)$，$1 \leqslant i \leqslant m$，则第$i$个像素段$S_i$为

$$S_i = \{p_{t[i]+1}, \cdots, p_{t[i]+l[i]}\}, \quad 1 \leqslant i \leqslant m$$

设$h_i = \lceil \text{lb}(\max_{t[i]+1 \leqslant k \leqslant t[i]+l[i]} p_k + 1) \rceil$，则$h_i \leqslant b[i] \leqslant 8$，因此需要3位来表示$b[i]$，$1 \leqslant i \leqslant m$。如果限制$1 \leqslant l[i] \leqslant 255$，则需用8位来表示$l[i]$，$1 \leqslant i \leqslant m$。这样一来，第$i$个像素段所需的存储空间为$l[i] \times b[i] + 11$位。因此，按照此格式存储像素序列$\{p_1, p_2, \cdots, p_n\}$，需要$\sum_{i=1}^{m} l[i] \times b[i] + 11m$位的存储空间。

图像压缩问题要求确定像素序列$\{p_1, p_2, \cdots, p_n\}$的一个最优分段，使得依此分段所需的存储空间最少，其中$0 \leqslant p_i \leqslant 256$，$1 \leqslant i \leqslant n$，每个分段的长度不超过256位。

3-11 最大利润作业调度问题。假定只能在一台机器上处理n个作业$a_1, a_2, \cdots, a_n$，每个作业a_j有一个处理时间t_j，利润p_j和截止期d_j。机器一次只能处理一个作业，作业a_j必须不间断地运行t_j个连续时间单位。如果作业a_j在它的截止期d_j之前完成，则得利润p_j，但如果作业在截止期之后完成，则利润为0。假设所有处理时间为$1..n$之间的整数。最大利润作业调度问题要求确定n个作业的一个子集，使得该子集中作业调度所获得的利润最大。试分析你所设计的算法的运行时间。

3-12 方砖问题。用边长小于N的正方形方砖（注意，不要求所有的方砖大小相同）不重叠地铺满$N \times N$的正方形房间，最少要几块方砖。

输入文件格式(square.in)：

　　仅一行，为$N(2 \leqslant N \leqslant 100)$

输出文件格式(square.out)：

　　仅一行，最少需要的块数

样例输入：

　　4

样例输出：

　　4

样例说明：

　　最优的铺砖方法

　　AABB

　　AABB

      CCDD

      CCDD

A，B，C，D 为四块方砖的代号。

其他的铺法，例如：

      AAAB

      AAAC

      AAAD

      EFGH

后一种铺法需要 8 块砖，不是最少的。

3-13 高性能计算机问题（2001年国家集训队冬令营试题）。现在有一项时间紧迫的工程计算任务要交给你——国家高性能并行计算机的主管工程师——来完成。为了尽可能充分发挥并行计算机的优势，应将计算任务划分成若干个小的子任务。

这项大型计算任务包括 A 和 B 两个互不相关的较小的计算任务。为了充分发挥并行计算机的运算能力，这些任务需要进行分解。研究发现，A 和 B 都可以各自划分成很多较小的子任务，所有的 A 类子任务的工作量都是一样的，所有的 B 类子任务也是如此（A 和 B 类的子任务的工作量不一定相同）。A 和 B 两个计算任务之间，以及各子任务之间都没有执行顺序上的要求。

这台超级计算机拥有 p 个计算结点，每个结点都包括一个串行处理器、本地主存和高速 cache。然而由于常年使用和不连贯的升级，各个计算结点的计算能力并不对称。一个结点的计算能力包括如下几个方面：

（1）就本任务来说，每个结点都有三种工作状态：待机、A 类和 B 类。其中，A 类状态下执行 A 类任务；B 类状态下执行 B 类任务；待机状态下不执行计算。所有的处理器在开始工作之前都处于待机状态，而从其他的状态转入 A 或 B 的工作状态（包括 A 和 B 之间相互转换）都要花费一定的启动时间。对于不同的处理结点，这个时间不一定相同。用两个正整数 t_i^A 和 t_i^B（$i=1,2,\cdots,p$）分别表示结点 i 转入工作状态 A 和工作状态 B 的启动时间（单位：ns）。

（2）一个结点在连续处理同一类任务的时候，执行时间——不含状态转换的时间——随任务量（这一类子任务的数目）的平方增长，即若结点 i 连续处理 x 个 A 类子任务，则对应的执行时间为：$t=k_i^A x^2$；类似地，若结点 i 连续处理 x 个 B 类子任务，对应的执行时间为：$t=k_i^B x^2$，其中，k_i^A 和 k_i^B 是系数，单位是 ns，$i=1,2,\cdots,p$。

任务分配必须在所有计算开始之前完成，所谓任务分配，即给每个计算结点设置一个任务队列，队列由一串 A 类和 B 类子任务组成。两类子任务可以交错排列。

计算开始后，各计算结点分别从各自的子任务队列中顺序读取计算任务并执行，队列中连续的同类子任务将由该计算结点一次性读出，队列中一串连续的同类子任务不能被分成两部分执行。

问题要求给这 p 个结点安排计算任务，使得这个工程计算任务能够尽早完成。假定任务安排好后不再变动，而且所有的结点都同时开始运行，任务安排的目标是使最后结束计算的结点的完成时间尽可能早。

输入输出：

输入文件名是 hpc.in。

文件的第一行是对计算任务的描述，包括两个正整数 n_A 和 n_B，分别是 A 类和 B 类子任务的数目，两个整数之间由一个空格隔开。

文件的后面部分是对此计算机的描述：

文件第二行是一个整数 p，即计算结点的数目。

随后连续的 p 行按顺序分别描述各个结点的信息，第 i 个结点由第 $i+2$ 行描述，该行包括下述四个正整数（相邻两个整数之间有一个空格）：t_i^A t_i^B k_i^A k_i^B。

输出文件名是 hpc.out。其中只有一行，包含有一个正整数，即从各结点开始计算到任务完成所用的时间。

样例：

设输入文件 hpc.in 为

```
5    5
3
15   10   6    4
70   100  7    2
30   70   1    6
```

对应的输出文件 hpc.out 为

```
93
```

数据说明：

$1 \leqslant n_A \leqslant 60$，$1 \leqslant n_B \leqslant 60$，

$1 \leqslant p \leqslant 20$，

$1 \leqslant t_A \leqslant 1000$，$1 \leqslant t_B \leqslant 1000$，$1 \leqslant k_A \leqslant 50$，$1 \leqslant k_B \leqslant 50$

3-14 生产计划问题。工厂生产某种产品，每单位（千件）的成本为 1（千元），每次开工的固定成本为 3（千元），工厂每季度的最大生产能力为 6（千件）。经调查，市场对该产品的需求量第一、二、三、四季度分别为 2、3、2、4（千件）。如果工厂在第一、二季度将全年的需求都生产出来，自然可以降低成本（少付固定成本费），但是对于第三、四季度才能上市的产品需付存储费，每季每千件的存储费为 0.5（千元）。还规定年初和年末这种产品均无库存。试制定一个生产计划，即安排每个季度的产量，使一年的总费用（生产成本和存储费）最少。

3-15 字符识别问题（本题为 1997 年国际信息学奥林匹克竞赛试题）。每一个假设的字符图像（字符点阵）有 20 行，每行有 20 个"0"或"1"的数字。

FONT.DAT 文件中有 27 个按照下列顺序排列的字符图像：

　　　　□abcdefghijklmnopqrstuvwxyz

□在这里表示空格符。

文件 IMAGE.DAT 包含有一个或者多个破损的字符图像。一个字符图像可能因为以下几种原因而破损：

（1）至多有一行被复制（复制的行紧接其后）。

（2）至多有一行丢失。

（3）有些"0"可能变成"1"。

（4）有些"1"可能变成"0"。

字符图像不会同时有一行被复制而同时又丢失一行；在测试数据中，任何一个字符图像弄反"0"和"1"的比例不超过 30%。

在行被复制的情况中，复制行和被复制行都可能破损，但破损的情形可能是不同的。

任务：

用 FONT.DAT 提供的字体对 IMAGE.DAT 文件中的一个或者多个字符序列进行识别。

在一种自己最满意的有关"行"被复制或丢失的假设下，根据实际字符图像和标准字符图像的比较，以"0"和"1"发生错误的总数越少越好为条件来识别给定的字符图像，题中所给的样例字符图像都会被一个好的程序所识别，对于一个被测数据组，有一个惟一的最优解。

正确解应该准确使用由输入文件 IMAGE.DAT 所提供的所有行数。

输入：

两个输入文件都由整数 $N(19 \leqslant N \leqslant 1200)$ 开始，该整数指出下面的行数。

N

(digit1)(digit2)(digit3)…(digit20)

(digit1)(digit2)(digit3)…(digit20)

…

每一行的数据都有 20 个码，码和码之间没有空格。

文件 FONT.DAT 描述字体。FONT.DAT 总是包含 541 行。每次 FONT.DAT 都可能是不同的。

输出：

程序必须生成一个 IMAGE.OUT 文件。它应该包含一串识别出的字符，格式是一行 ASCII 码。输出结果不应含有任何分隔符。如果程序识别不出一个字符，则在相应的位置显示"?"。

注意：上述输出格式不遵守规则中在输出的结果中留出空格的规定。

3-16　增长子序列问题。给定 n 个整数 $a[1]$，…，$a[n]$ 组成的数组 A，称 $a[j_1]$，…，$a[j_t]$ 是 A 的一个长为 t 的增长子序列，假设这个子序列满足下述条件：

（1）$j_1 < j_2 < \cdots < j_t$；

（2）$a[j_1] \leqslant a[j_2] \leqslant \cdots \leqslant a[j_t]$。

例如，给定数组 $[1, 4, 7, 3, 11, 2, 5, 13, 6]$，序列 $[3, 5]$ 是 A 的长为 2 的一个子序列，而 $[1, 4, 7, 11, 13]$ 是 A 的长为 5 的一个子序列。试设计一多项式时间算法找出 A 的最长增长子序列。

3-17　瓷砖问题。瓷砖问题要求如何铺设瓷砖形成给定图案 p。瓷砖和图案由紧邻在一起的方块组成，每个方块有颜色，共有四种可能的颜色：$C = \{Red, Blue, Green, Yellow\}$。大小为 n 的图案 p 为颜色的一个序列 $p = (p_1, \cdots, p_n)$，其中 $p_i \in C$。一块瓷砖也是颜色的一个序列 $t = (t_1, \cdots, t_k)$，其中 $t_i \in C$。设 T 是瓷砖集，p 的瓷砖铺设为瓷砖的一个序列 $(t^1, \cdots, t^l)$，用这个瓷砖序列进行铺设，形成 p 的图案，其中 $t^i \in T$。换句话说，我们要求 $(t_1^1, \cdots t_{k_1}^1, t_1^2, \cdots, t_{k_2}^2, t_1^l, \cdots, t_{k_l}^l) = (p_1, \cdots, p_n)$。

例如，我们想要的图案为 $p=$(R，R，G，Y，B，R，G，Y，B)，且有如下瓷砖：

$t_1=$(R)　　　　　　　　$t_2=$(G)　　　　　　　　$t_3=$(B)

$t_4=$(Y)　　　　　　　　$t_5=$(R，R)　　　　　　$t_6=$(B，R)

$t_7=$(Y，B，R)　　　　　$t_8=$(B，R，G)　　　　$t_9=$(G，Y，B)

则 p 的一种铺设为$(t_1，t_1，t_2，t_4，t_3，t_1，t_2，t_4，t_3)$。这种铺设利用了 9 块瓷砖。而更好的一种铺设为$(t_5，t_9，t_1，t_9)$，因为它只用了 4 块瓷砖铺设。

试设计一动态规划算法，以 p 和 T 为输入，输出 p 的一种瓷砖铺设序列，使得所用瓷砖数最少，并根据 n 和 $|T|$ 分析你所设计的算法的运行时间。假设至少存在 p 的一种铺设序列。

3-18　加油问题。假定你要在 I-80 公路上驱车从旧金山到纽约市。你的汽车装有 C 加仑汽油，可以行使 m 英里。给定 I-80 公路上 n 个加油站及其所售汽油价格的一览表。设 d_i 为第 i 个加油站距离旧金山的距离，c_i 是在第 i 个加油站加油的开销。假设对于任意两个加油站 i 和 j，它们之间的距离 d_i-d_j 为 m 的倍数。你从加油站 1 出发时，油箱为空。你的最终目的地为加油站 n。在你到达目的地 n 时，油箱油料至少为 0。试设计一多项式时间动态规划算法，输出穿过这段公路所需的最小汽油量。并根据 n 和 C，分析你所设计的算法的运行时间。

需要注意的是，当油箱中的汽油量小于 0 时，汽车不能行驶；当你决定在某站加油时，也不必加满油箱。

3-19　T$_E$X 分行算法。一段文章由 n 个单词 w_1，…，w_n 组成，单词 j 的大小为 $s(w_j)$。我们想要找到单词之间所引入的最优行分割位置，使得产生该段文章的优美输出。页面宽度为 W。定义第 k 行的开销 $c(l_k)$ 如下：

$$c(l_k) \equiv \left(W - \sum_{w_i \in l_k} s(w_i)\right)^2$$

一段文章的开销为段中所有行的开销之和 $\sum_l c(l)$。

试设计一动态规划算法找出最优单词间的分割，使得该段开销达到最小，并分析你所设计的算法的运行时间。

(注：T$_E$X 文档预备系统利用动态规划算法将一段文章分成若干行，但它的开销函数比这里给出的稍微复杂一些。它还利用类似的算法将若干行分成页。)

3-20　剪裁问题。给定长、宽各为 X、Y 的矩形布，其中 X、Y 为正整数，以及可用这块布制造的 n 个产品。对于每个产品 $i\in\{1,2,…,n\}$，已知制造这个产品所需的布量，即 $a_i\times b_i$ 的一块矩形布和它的售价 c_i。假定 a_i，b_i 和 c_i 是正整数。你有一台机器可以将一块矩形布水平或者垂直分成两块矩形布。对于给定的一块布，试设计一算法找出每个产品制造的数量(0、1 或更多)，使得总销售价格最大。

3-21　纸牌游戏问题。考虑以下纸牌游戏：一个经销商按照面朝上的方式生产一列纸牌 s_1，s_2，…，s_n，每张纸牌 s_i 上有一正整数值 v_i。两个玩牌者轮流从这个序列中取一张纸牌，但每个人只能从剩余纸牌的最上面或者最下面取，使得收集纸牌的总值最大。假定 n 为偶数。

(1) 找出一种纸牌序列，满足对于从第一个玩牌者选择一个合适纸牌可用最大值开始的游戏，不是最优的。

（2）给出计算第一个玩牌者获得最优的 $O(n^2)$ 算法。

3-22　礼物分配问题。两兄弟 Alan 和 Bob 共同分配 n 个礼物。每个礼物只能分给其中的一人，且不能分成两个。每个礼物 $i \in \{1, \cdots, n\}$ 的价值为 v_i，v_i 为一正整数。设 a 和 b 分别表示 Alan 和 Bob 所收到礼物的总价值，$V = \sum_{i=1}^{n} v_i = a + b$ 为所有礼物总价值。为使两兄弟高兴，我们希望尽可能地均分这些礼物，即使得 $|a-b|$ 达到最小。

（1）试设计一 $O(n \cdot V)$ 时间的动态规划算法，使得 $|a-b|$ 达到最小，并求出礼物集合 $\{1, \cdots, n\}$ 的相应分割。

（2）算法的输入为 n 个数的列表 $v_1, v_2, \cdots, v_n$。假设所有数占用 k 位，试根据输入规模 $k \cdot n$，分析你所设计的算法的运行时间。

第4章 贪 心 法

动态规划像分治法一样，将子问题的解组合成原问题的解。分治法将原问题分解成独立的子问题，然后递归求解子问题，并组合成原问题的解。而动态规划应用于子问题不独立时，它的实质是分治思想和解决冗余，为避免重复计算，它将已经计算过的子问题存储起来，达到最优解决问题的目的。

贪心法(greedy algorithm)与动态规划法和分治法类似，都是将问题分解为更小的、相似的子问题，并通过求解子问题产生一个最优解。贪心法的当前选择可能要依赖已经做出的所有选择，但不依赖有待于做出的选择和子问题。因此贪心法自顶向下，一步一步地做出"贪心"选择。对于许多优化问题的求解过程，都要经历一个一步一步的过程，在每一步中，都要做出选择。有时利用动态规划来做出最优决策，未免太复杂。简单、更有效的方法也可以做到这一点。贪心法就是这样一种更有效的方法。贪心法总是做出在当前时刻看起来最优的决策，即希望通过局部最优决策导致问题的全局最优解。

贪心法并不总是产生问题的全局最优解，但许多问题利用贪心法求解可得到全局最优解。我们从考察背包问题、活动选择问题的贪心算法开始，讨论贪心算法的解题思想。首先考虑问题的动态规划解，其次证明我们总是可以通过贪心选择达到问题的最优解。4.3节揭示了贪心算法的基本元素，给出了证明贪心算法正确性的一般方法。贪心法是一种功能强大的方法，在一大类问题中应用得相当成功。4.4~4.6节讨论了贪心算法的成功应用范例，包括哈夫曼编码、Dijkstra单源点最短路径算法、最小生成树问题。4.7节讨论了贪心算法的理论基础。4.8节讨论了作业调度问题。

4.1 背 包 问 题

考虑背包问题(knapsack problem)。某商店有 n 个物品，第 i 个物品价值为 v_i，重量（或称权值）为 w_i，其中 v_i 和 w_i 为非负数。背包的容量为 W，W 也为一非负数。目标是如何选择装入背包的物品，使装入背包的物品总价值最大。背包问题与0-1背包问题的不同点在于，在选择物品装入背包时，可以只选择物品的一部分，而不一定要选择物品的全部。可将这个问题形式描述如下：

$$\max \sum_{1 \leqslant i \leqslant n} v_i x_i \tag{4.1}$$

约束条件为

$$\sum_{1 \leqslant i \leqslant n} w_i x_i \leqslant W, \quad x_i \in [0, 1] \tag{4.2}$$

式(4.1)是目标函数，式(4.2)是约束条件。满足约束条件的任一集合 $(x_1, x_2, \cdots, x_n)$ 是问题的一个可行解(可行解即满足约束条件的解)。考虑表 4-1 中 5 个物品的一个例子,其中 $W=100$。

4 个可行解如表 4-2 所示。这 4 个可行解中第 4 个解的总价值最大。下面将看到,这个解是背包问题实例的最优解。

表 4-1 背包问题实例

i	1	2	3	4	5
w_i	30	10	20	50	40
v_i	65	20	30	60	40
v_i/w_i	2.1	2	1.5	1.2	1

表 4-2 背包问题实例的可行解

可行解	$(x_1, x_2, x_3, x_4, x_5)$	$\sum_{1 \leqslant i \leqslant n} w_i x_i$	$\sum_{1 \leqslant i \leqslant n} v_i x_i$
(i)	(1, 1, 1/2, 3/5, 1/4)	90	146
(ii)	(1, 1, 1/2, 1, 0)	100	160
(iii)	(1, 1, 1, 0, 1)	100	155
(iv)	(1, 1, 1, 4/5, 0)	100	163

为了获得背包问题的最优解,必须把物品放满背包。由于可以只放物品的一部分到背包中,因此这一要求可以达到。

用贪心策略求解背包问题时,首先要选出度量的标准。不妨先取目标函数作为度量标准,即放入的每一件物品使背包获得最大可能的效益值增量。在这种度量标准下,贪心策略就是按照效益值的非增次序将物品一个个放到背包中的。如果正在考虑的物品放不进去,则可只取其一部分装填背包。但这最后一次的方法可能不符合使背包每次获得最大效益增量的度量标准。还可以换一种能获得最大增量的物品,将它(或它的一部分)放入背包,从而使最后一次装包也符合度量标准的要求。

物品 1 有最大的价值 65,因此首先将物品 1 放入背包。$x_1=1$,且获得的价值为 65。背包容量中剩下 70 个单位可用。物品 4 有次大的价值 60,可将物品 4 放入背包。$x_4=1$,且获得价值 60。背包容量剩余 20 可用。物品 5 是剩余物品中价值最大的,但 $w_5=40$,不能放入背包。而一般将物品 2 和物品 3 的一半放背包产生的价值要比放入物品 5 的一半产生的价值大。因此,放入物品 2,$x_2=1$,获得价值 20。放入物品 3 的一半,$x_3=1/2$,获得价值 15。这种选择策略得到解(ii),总价值为 160。它是一个次优解。由此可知,按物品价值的非递增次序装填不能得到最优解。

为什么每一步使目标函数值获得最大增量的贪心策略不能获得最优解?其原因在于,虽然每一步获得了效益值最大的增加,但背包可用容量消耗过快。由此,很自然地启发我们用容量作为度量,让背包容量尽可能慢地被消耗。这就要求按物品权重的非降次序把物品放入背包。上例的解(iii)就是使用这种贪心策略得到的,它仍然是一个次优解。这种策略也只能得到次优解,其原因在于容量虽然慢慢地被消耗,但价值没能迅速增加。这就启发我们应采用在价值的增长速率和容量的消耗速度之间取得平衡的度量标准,即每一次装入的物品应使它占用的每一单位容量获得最大的单位价值。这就是按照 v_i/w_i 的比值的非递增次序考虑物品。在这种策略下的度量是已经装入物品的累计价值与所用容量之比。将此贪心策略用于上述实例,则得到解(iv)。定理 4.1 中证明,如果事先将物品按 v_i/w_i 的非增次序排列,用这种策略得到的背包解,是该问题的最优解,即过程 GREEDY-KNAPSACK 得到背包问题的最优解。

GREEDY-KNAPSACK(v, w, W, x, n)

```
1    x ← 0                              //初始化解
2    c ← W                              // c：背包剩余可用容量
3    for i ← 1 to n do
4        if w(i) ≤ c                    //当前考虑的物品权值小于背包现有容量
5        then x(i) ← 1                  //物品放入
6            c ← c− w(i)                //更新现有背包容量
7    if i ≤ n
8        then x(i) ← c/w(i)             //将物品一部分放入背包
9    return x                           //返回背包问题解
```

下面证明用每单位容量所带来价值之比作为贪心的策略，可以得到问题的最优解。

定理 4.1 如果 $v_1/w_1 \geqslant v_2/w_2 \geqslant \cdots \geqslant v_n/w_n$，则算法 GREEDY-KNAPSACK 产生背包问题的一个最优解。

证明： 设 $x=(x_1, x_2, \cdots, x_n)$ 是 GREEDY-KNAPSACK 产生的解。如果所有的 x_i 等于 1，显然这个解为最优解。

考虑一般情况，设 j 是使得 $x_j \neq 1$ 的最小下标。由算法可知，对于 $1 \leqslant i < j$，$x_i=1$；对于 $j < i \leqslant n$，$x_i=0$；对于 j，$0 \leqslant x_j < 1$。如果 x 不是问题的一个最优解，则必定存在一个可行解 $y=(y_1, y_2, \cdots, y_n)$，使得 $\sum_{i=1}^{n} v_i y_i > \sum_{i=1}^{n} v_i x_i$。不失一般性，可以假定 $\sum_{i=1}^{n} w_i y_i = W$。设 k 是使得 $y_k \neq x_k$ 的最小下标。显然，这样的 k 必定存在。由上述假设，可以推得 $y_k < x_k$。以下首先证明这一点，分三种情况讨论：

(1) 若 $k < j$，则 $x_k=1$。又 $y_k \neq x_k$，从而 $y_k < x_k$。

(2) 若 $k = j$，对于 $1 \leqslant i < j$，有 $x_i=y_i=1$；而对于 $j < i \leqslant n$，有 $x_i=0$。若 $y_k > x_k$，显然有 $\sum_{i=1}^{n} w_i y_i > W$，因为 $\sum_{i=1}^{n} w_i y_i = W$ 与 y 是可行解矛盾。若 $y_k = x_k$，与假设 $y_k \neq x_k$ 矛盾，因此，$y_k < x_k$。

(3) 若 $k > j$，则 $\sum_{i=1}^{n} w_i y > W$，这是不可能的。

现在将 y_k 增加到 x_k，那么必须从 $(y_{k+1}, \cdots, y_n)$ 中减去同样多的量，使得所用的总容量仍然是 W。这导致一个新的解 $z=(z_1, z_2, \cdots, z_n)$，其中，$z_i=x_i$，$1 \leqslant i \leqslant k$，并且

$$\sum_{i=k+1}^{n} w_i(y_i - z_i) = w_k(z_k - y_k)$$

因此，对于 z，有

$$\sum_{i=1}^{n} v_i z_i = \sum_{i=1}^{n} v_i y_i + (z_k - y_k) w_k \left(\frac{v_k}{w_k}\right) - \sum_{i=k+1}^{n} (y_i - z_i) w_i \left(\frac{v_i}{w_i}\right)$$

$$\geqslant \sum_{i=1}^{n} v_i y_i + \left[(z_k - y_k) w_k - \sum_{k=i+1}^{n} (y_i - z_i) w_i\right] \frac{p_k}{w_k}$$

$$= \sum_{i=1}^{n} v_i y_i$$

如果 $\sum_{i=1}^{n} v_i z_i > \sum_{i=1}^{n} v_i y_i$，则 y 不可能是最优解。如果这两个和相等，则或者 $z=x$，x 就是最优解，或者 $z \neq x$。在后一种情况下重复上述过程，或者证明 y 不是最优解，或者把

y 变成 x，从而证明了 x 也是最优解。证毕。

4.2　活动选择问题

活动选择问题(activity-selection problem)即若干个具有竞争性的活动要求互斥使用某一公共资源，目标是选择最大的相容活动集合。假定集合 $S=\{a_1, a_2, \cdots, a_n\}$ 中含有 n 个希望使用某一资源的活动，这样的资源有教室、某一设备等，它们一次只能由一个活动使用。每个活动 a_i 有开始时间(start time) s_i 和完成时间(finish time) f_i，其中，$0 \leqslant s_i < f_i < \infty$。如果某个活动 a_i 被选中使用资源，则该活动在半开区间 $(s_i, f_i]$ 这段时间占据资源。如果活动 a_i 和 a_j 在时间区间 $(s_i, f_i]$ 和 $(s_j, f_j]$ 上不重叠，则称它们是相容的(compatible)，即如果 $s_i \geqslant f_j$ 或者 $s_j \geqslant f_i$，活动 a_i 和 a_j 是相容的。活动选择问题是选择最大的相容活动集合。

考虑表 4-3 所示的活动选择问题实例。从这个例子可见，其中一个相容活动集合为 $\{a_3, a_9, a_{11}\}$，但这不是最大的相容活动集。而 $\{a_1, a_4, a_8, a_{11}\}$ 是最大的相容活动集，另一个相容活动集为 $\{a_2, a_4, a_9, a_{11}\}$。我们将在稍后解释为什么需预先对完成时间进行排序($f_1 \leqslant f_2 \leqslant \cdots \leqslant f_n$)，才能更好地解决这个问题。这个排序的运行时间为 $O(n \operatorname{lb} n)$。

表 4-3　活动选择问题实例

i	1	2	3	4	5	6	7	8	9	10	11
s_i	1	3	0	5	3	5	6	8	8	2	12
f_i	4	5	6	7	8	9	10	11	12	13	14

我们分几步求解这个问题。首先找出该问题的动态规划解，然后组合两个子问题的解成原问题的解。在决定最优解中选择哪个子问题时，需考虑几种选择。通过贪心选择策略，我们只需要选择一个子问题。当进行贪心选择时，要保证其中一个子问题为空，只剩下一个非空子问题。基于这些观察思考，我们可以研制一个解决活动选择问题的递归贪心算法。最后将这个递归算法变成迭代算法，完成这个问题的求解。从活动选择问题的求解过程，我们可以了解贪心算法与动态规划算法的关系。

1. 刻画活动选择问题的最优子结构

首先定义问题的子空间 $S_{ij} = \{a_k \in S: f_i \leqslant s_k < f_k \leqslant s_j\}$，$S_{ij}$ 表示活动集合 S 的一个子集，它定义了那些在活动 a_i 完成之后开始，在活动 a_j 开始之前完成的所有活动集。事实上，S_{ij} 中所定义的活动与 a_i 和 a_j 相容，同时这些活动相互相容。为了表达整个问题，我们虚构两个活动 a_0 和 a_{n+1}，并设 $f_0=0$ 和 $s_{n+1}=\infty$。因此，$S=S_{0,n+1}$，且 $0 \leqslant i, j \leqslant n+1$。

我们进一步限定 i 和 j 的范围。假设活动按照完成时间递增的次序排序：$f_0 \leqslant f_1 \leqslant f_2 \leqslant \cdots \leqslant f_n \leqslant f_{n+1}$。

性质 4.2　如果 $i \geqslant j$，那么 $S_{ij} = \varnothing$。

证明：用反证法。假定对于某些 $i \geqslant j$，存在活动 $a_k \in S_{ij}$。按照排序位置，a_i 在 a_j 之后。又因为 $f_i \leqslant s_k < f_k \leqslant s_j < f_j$，这与排序中 a_i 在 a_j 之后的假设相矛盾，故 $S_{ij} = \varnothing$。证毕。

由此可得，如果我们将活动的完成时间排成升序，那么子问题空间就是从 S_{ij} 中选择最大相互相容活动子集，$0 \leq i, j \leq n+1$，其他的 S_{ij} 为空。为了搞清楚活动选择问题的子结构，考虑某些非空子集 S_{ij}（有时称做子集，有时称做子问题，读者可从上下文看出）。假定 S_{ij} 的一个解包括活动 a_k，则有 $f_i \leq s_k < f_k \leq s_j$。活动 a_k 产生两个子问题 S_{ik} 和 S_{kj}。S_{ik} 表示活动 a_i 完成之后，活动 a_k 开始之前的那些活动集。S_{kj} 表示活动 a_k 完成之后，活动 a_j 开始之前的那些活动集。这两个集合中的每一个都是 S_{ij} 中活动的一个子集。问题 S_{ij} 的解为 S_{ik} 和 S_{kj} 的解并加上活动 a_k。因此，问题 S_{ij} 的解的活动数为子集 S_{ik} 的大小，加上子集 S_{kj} 的大小，再加 1（活动 a_k）。

问题的最优子结构如下：假定 S_{ij} 的最优解 A_{ij} 包括 a_k，那么 S_{ik} 的解 A_{ik} 和 S_{kj} 的解 A_{kj} 也是最优的。我们可以用切割—粘贴方法证明这一点。如果 S_{ik} 的解 A'_{ik} 包含的活动数大于 A_{ik}，我们可以从解 A_{ij} 中删除 A_{ik}，并将 A'_{ik} 粘贴进去，这样就产生了 S_{ij} 的另一个解 A'_{ij}，这个解比 A_{ij} 的活动数要多。这与假设 A_{ij} 是 S_{ij} 的最优解矛盾。类似地证明，如果 S_{kj} 的解 A'_{kj} 包含的活动数大于 A_{kj}，我们可以从解 A_{ij} 中删除 A_{kj}，并将 A'_{kj} 粘贴进去，这样就产生了 S_{ij} 的另一个解，这个解比 A_{ij} 的活动数要多。这与假设 A_{ij} 是 S_{ij} 的最优解矛盾。

问题的最优子结构表明，利用子问题的最优解可以构造问题的最优解。由上述论证可知，任何非空子问题 S_{ij} 的解包括某些活动 a_k，且任何最优解包括子问题的最优解。因此，

$$A_{ij} = A_{ik} \bigcup \{a_k\} \bigcup A_{kj}$$

问题的最优解为 $S_{0, n+1}$。

2. 递归地求最优解的值

对于活动选择问题，设 $c[i, j]$ 表示 S_{ij} 中最大相容子集中的活动数。当 $S_{ij} = \varnothing$ 时，$c[i, j] = 0$；尤其对于 $i \geq j$，$c[i, j] = 0$。

考虑非空子集 S_{ij}，由于活动 a_k 出现在 S_{ij} 的某些最大相容活动的子集中，根据上面的讨论，则有

$$c[i, j] = c[i, k] + c[k, j] + 1$$

在递归方程中，k 值有 $j-i-1$ 种选择，即 $k = i+1, \cdots, j-1$。S_{ij} 的最大相容子集必为这些 k 值之一。我们可以逐一进行检查，来得到问题的最优解。因此，$c[i, j]$ 的递归定义变为

$$c[i, j] = \begin{cases} 0 & , S_{ij} = \varnothing \\ \max_{i < k < j} \{c[i, k] + c[k, j] + 1\} & , S_{ij} \neq \varnothing \end{cases} \tag{4.3}$$

3. 将动态规划解转换成贪心算法

基于递归方程(4.3)，我们可以写一个自底向上的动态规划算法。但是，基于两点观察，我们可以简化求解过程。

定理 4.3 考虑非空子问题 S_{ij}，设 a_m 为 S_{ij} 中完成时间最早的活动，且

$$f_m = \min\{f_k : a_k \in S_{ij}\}$$

那么

(1) 活动 a_m 出现在 S_{ij} 的某些最大相容活动的子集中。

(2) 子问题 S_{im} 为空，因此选择 a_m 后，使得子问题 S_{mj} 是惟一可能非空的子问题。

证明：(2)的证明比较简单，我们先证明它。假定 S_{im} 非空，则存在活动 a_k，满足

$f_i \leqslant s_k < f_k \leqslant s_m < f_m$，那么 a_k 也在 S_{ij} 中，且活动 a_k 的完成时间早于 a_m。这与我们选择 a_m 为 S_{ij} 中完成时间最早的活动相矛盾。因此，S_{im} 为空。

现在证明(1)。假定 A_{ij} 是 S_{ij} 中最大相容活动子集，并将 A_{ij} 中的活动按照完成时间递增的次序排列。设 a_k 是 A_{ij} 中的第一个活动。如果 $a_k = a_m$，则(1)得证，因为我们已经证明 a_m 在最大相容活动子集中。如果 $a_k \neq a_m$，我们构造活动集合 $A'_{ij} = A_{ij} - \{a_k\} \bigcup \{a_m\}$。$A'_{ij}$ 中的活动互不相交，因为 A_{ij} 中的活动 a_k 是第一个要完成的活动，且 $f_m \leqslant f_k$。注意，A'_{ij} 中的活动数与 A_{ij} 中的活动数相同。因此，A'_{ij} 是包括 a_m 在内的 S_{ij} 的一个最大相容活动子集。证毕。

定理 4.3 的价值是巨大的。我们从以下的分析中可以看出。在 3.4 节讨论了问题的最优子结构，它与原问题的最优解中所用的子问题个数有关，还与决定使用哪个子问题所做的决策数有关。因此它与两个因素有着直接关系。在活动选择问题中，最优解中利用了两个子问题，解子问题 S_{ij} 需要做出 $j-i-1$ 种选择。定理 4.3 大大减少了子问题的个数和所做的决策数，就是最优解中只用到一个子问题(另一个子问题保证为空)；在解子问题 S_{ij} 中，只需考虑一种选择，就是考虑 S_{ij} 中具有最早完成时间的那个活动。并且，我们可以容易地决定哪个活动具有最早完成时间。

除了减少子问题的数目和减少选择数外，定理 4.3 还带来了另一种好处：我们可以以自顶向下的方式解决每个子问题，而不必采用动态规划中典型的自底向上的方式。为解决子问题 S_{ij}，我们可以选择 S_{ij} 中最早完成时间的活动 a_m，并将这个解加入到子问题 S_{mj} 的最优解中。我们知道，一经选择 a_m，我们可以肯定 S_{ij} 的最优解中一定会用到 S_{mj} 的解。在解 S_{ij} 之前，我们不需解子问题 S_{mj}。我们只需首先选择最早完成时间的 a_m 作为 S_{ij} 中的活动，然后解子问题 S_{mj}。

我们要解的子问题存在结构上的相似性。原始问题为 $S_{0,n+1}$。假定选择 $S_{0,n+1}$ 中最早完成时间的活动 a_{m_1}，因为我们已按活动的完成时间排序，且 $f_0 = 0$，因此，这个被选的活动一定是 $m_1 = 1$。下一个子问题是 $S_{m_1,n+1}$。假定选择 $S_{m_1,n+1}$ 中最早完成时间的活动 a_{m_2}，此时，这个被选的活动未必是 $m_2 = 2$，则我们下一个子问题是 $S_{m_2,n+1}$。继续这一过程，可以看到，对于某些活动号 m_i，每个子问题都是形如 $S_{m_i,n+1}$ 的子问题。换句话说，每个子问题由那些所要完成的最后活动组成。这些活动的数目随着子问题的不同而不同。

在我们所选的活动之间同样存在着结构。因为我们总是选择 $S_{m_i,n+1}$ 中最早完成时间的活动，所以在所有子问题中所选活动的完成时间随着时间严格递增。我们只需按照完成时间递增的次序，全面考虑每个活动一次即可。在解子问题的过程中，我们总是选择可以合理安排且具有最早完成时间的活动 a_m。这样所做的选择，从某种意义上说就是贪心选择。它为其余要被调度的活动提供了尽可能多的机会，即贪心选择就是使未经调度的时间余量达到最大的选择。

4. 活动选择问题的递归贪心算法

我们按照自顶向下的方式，将动态规划算法线性化，可得到自顶向下的贪心算法。根据上述分析，我们给出该问题直接的递归过程 RECUR-ACTIVITY-SELECT。输入参数为活动的起始时间 s 和完成时间 f，以及子问题 S_{ij} 的下标 i 和 j。这个过程返回 S_{ij} 中相互相容活动的最大子集。假设 n 个活动已按照完成时间排序。初始调用为 RECUR-ACTIVITY-SELECT($s, f, 0, n+1$)。

RECUR-ACTIVITY-SELECT(s, f, i, j)

```
1    m ← i+1
2    while m<j and s_m<f_i          //找 S_ij 中第一个活动
3        do m ← m+1
4        if m<j                      //找到满足条件的活动 m
5        then return {a_m}∪RECUR-ACTIVITY-SELECT(s, f, m, j)   //将 m 加入集合
6        else return ∅
```

图 4-1 显示了算法的运行过程。

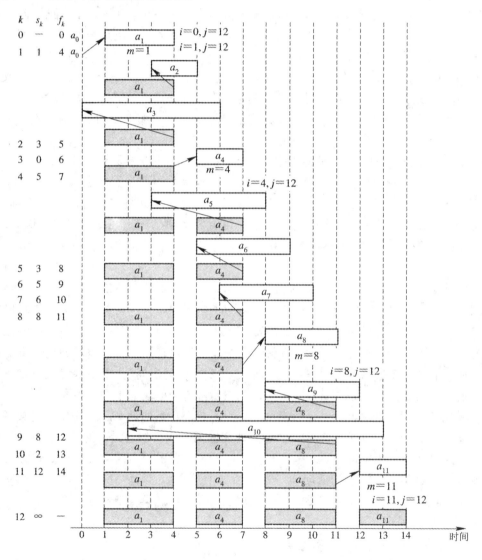

图 4-1   算法 RECUR-ACTIVITY-SELECT 的运行过程

假定活动已按完成时间排序。调用过程 RECUR-ACTIVITY-SELECT(s, f, 0, $n+1$)
的运行时间为 $O(n)$。因为，在所有递归调用中，对于第 2 行的 while 循环测试，每个活动
只被检查一次，尤其是在 $i<k$ 的最后调用中，将检查活动 a_k。

5. 活动选择问题的迭代贪心算法

过程 RECUR-ACTIVITY-SELECT 几乎是一个"尾递归"：它以递归调用自己，并接着进行并的操作来结束。通常直接将尾递归转变成迭代形式。尽管 RECUR-ACTIVITY-SELECT 调用子问题 S_{ij}，实际上，只需考虑 $j=n+1$ 的子问题，即由最后完成的活动组成的那些子问题。过程 ITERATIVE-ACTIVITY-SELECT 是 RECUR-ACTIVITY-SELECT 的迭代形式，它也假设输入活动按照完成时间递增的次序排列。它将所选的活动放入集合 A 中，当执行完成后，返回这个集合。

ITERATIVE-ACTIVITY-SELECT(s, f, i, j)

```
1   n ← length[s]
2   A ← {a₁}                           //活动 a₁ 加入集合
3   i ← 1
4   for m ← 2 to n
5       do if sₘ ≥ fᵢ                   //找到满足条件的活动 m
6           then A ← A∪{aₘ}            //将活动 m 加入集合
7               i ← m                   //更新当前加入的活动
8   return A
```

变量 i 表示最新加到 A 中的下标，相应于递归过程中的 a_i，由于按照完成时间递增的次序考虑活动，f_i 总是 A 中活动最大的完成时间，即 $f_i = \max\{f_k : a_k \in A\}$。如同该问题的递归算法，这个迭代算法的运行时间为 $\Theta(n)$，其中 n 为输入活动数。

4.3 贪心算法的基本元素

贪心算法总是做出在当前时刻看起来最优的决策，即希望通过局部最优决策导致问题的全局最优解。对于算法中的每个决策点，所做出的选择似乎是当前最好的选择。这种启发式策略并不总是产生问题的最优解，但在背包问题、活动选择问题的贪心算法中，却都得到了问题的最优解。

对于每一个贪心算法，几乎都存在一个更难的动态规划算法。但我们怎样才能知道到底用哪一种算法更好？因为并不是每一个贪心算法都能获得问题的最优解。贪心算法是否能够用来解决此问题？一般而言，没有可遵循的一般方法。但在 4.1 节与 4.2 节举的两个例子中，共同的一点是，这两个问题都具有贪心选择的性质以及最优子结构。由此，如果我们证明一个问题具有这些性质，就能为该问题研制一个更好的贪心算法。

1. 贪心选择的性质

更好地利用贪心算法的第一步是，问题具有贪心选择(greedy-choice)的性质，通过局部最优选择(贪心)，可以得到问题的全局最优解。换句话说，当考虑要做出哪一个选择时，我们会选择当前看起来最优的，而不考虑子问题的结果。这就是贪心算法和动态规划算法的不同之处。在动态规划算法中，当我们在每一步做出选择时，这个选择通常会依赖于子问题的解。因而，我们一般会按照自底向上的方式，先从较小的问题开始求解，然后逐步求解较大的问题，最后解决原问题。而在贪心算法中，我们首先会做出当前看起来最优的选择，然后解决选择之后出现的子问题。贪心算法的选择可能取决于到目前为止所做的选择，但不会依赖于未来的选择，也不会依赖于子问题的解。因此，不像动态规划算法那样，采用贪心策略解问题的过程通常按照自顶向下的方式逐次进行贪心选择，将每一给定问题实例减少到更小的问题实例。

我们必须证明，在贪心选择的每一步，都会产生问题的最优解。正如定理 4.1 和定理 4.3 中问题所表明的那样。首先考察全局最优解，然后证明可以利用贪心策略，对这个全局最优解进行修改，从而导致相似却具有更小规模的子问题。贪心选择的性质常常可以使得对子问题进行决策时获得更高的效率。在背包问题中，假定我们已经按照每单位价值将物品排成非升次序，那么每个物品只需检查一次。在活动选择问题中，假定我们已经按照活动的完成时间把活动排成升序，那么每个活动只需检查一次。因此，通常我们会对输入数据进行预处理，或者利用一种合适的数据结构，如优先队列，然后就能快速地进行贪心选择，从而产生问题的有效算法。

2. 最优子结构

如果问题的最优解中包含子问题的最优解，则我们说这个问题展示了最优子结构（optimal substructure）。这个性质是评价应用动态规划以及贪心算法的基本性质。作为最优子结构的例子，我们看到背包问题和活动选择问题都具有最优子结构性质。

在背包问题中，如果问题的一个最优解包含物品 j，我们从最优装包中去掉物品 j 的一个权值 w，那么，余下至多为 $W-w$ 的容量，一定包括 $n-1$ 个物品以及物品 j 的权值为 w_j-w 的最优装包方式。

在活动选择问题中，如果子问题 S_{ij} 的最优解包含活动 a_k，那么它也一定包含子问题 S_{ik} 和子问题 S_{kj} 的最优解。给定这个最优结构，我们论证如果知道选择哪一个活动作为 a_k，则可以通过选择活动 a_k、子问题 S_{ik} 和 S_{kj} 的最优解中的所有活动构造 S_{ij} 的最优解。基于最优子结构这点观察，我们可以设计描述问题最优解值的递归方程(4.3)。

3. 贪心法与动态规划

3.2 节的 0-1 背包问题与 4.1 节的背包问题，都展示了最优子结构性质。3.2 节通过动态规划解 0-1 背包问题，4.1 节通过贪心法解背包问题。这两个问题是如此相似，但在解法上却有很大差异。以下详细地表明了这种差异。

0-1 背包问题：给定 n 个物品，第 i 个物品价值为 v_i，重量（或称权值）为 w_i，其中 v_i 和 w_i 为非负数，背包的容量为 W，W 为一非负数。目标是如何选择装入背包的物品，使装入背包的物品总价值最大。可将这个问题形式描述为：$\max \sum_{1 \leqslant i \leqslant n} v_i x_i$，约束条件为 $\sum_{1 \leqslant i \leqslant n} w_i x_i \leqslant W$，$0 \leqslant x_i < 1$。

背包问题：背包问题与 0-1 背包问题的不同点在于，在选择物品装入背包时，可以只选择物品的一部分，而不一定要选择物品的全部。可将这个问题形式描述为：$\max \sum_{1 \leqslant i \leqslant n} v_i x_i$，约束条件为 $\sum_{1 \leqslant i \leqslant n} w_i x_i \leqslant W$，$x_i \in [0, 1]$。

尽管这两个问题很相似，但是背包问题可用贪心法求解，而 0-1 背包问题却不能。在解背包问题时，我们首先计算每个物品的每单位权重的价值 v_i/w_i，按照贪心策略，将每单位权重价值最大的物品尽可能放入背包。因此，预先按照每单位权重价值将物品排成降序，算法的运行时间为 $O(n \lg n)$，包括排序时间和 GREEDY-KNAPSACK 运行时间。背包问题的贪心选择性质见定理 4.1。

4.4 哈夫曼编码

数据压缩的通用方法是哈夫曼编码(Huffman code)。它的压缩率通常在 20％～90％ 之间。自 1952 年 D. Huffman 提出该方法之后，它就成了数据压缩中广泛研究的问题。哈夫曼方法有些类似于香农—费诺(Shannon-Fano)方法，通常可生成更好的码字，且与香农—费诺方法一样，当各符号出现概率是 2 的负次幂时将产生最佳编码。两种方法之间的主要区别在于香农—费诺方法是从上到下生成码字，而哈夫曼方法则自下而上构造编码树。

假定待压缩的数据为字符序列。已知字符在序列中出现的频率，哈夫曼贪心算法利用每个字符出现的频率建立一棵表示各字符的最优二叉树。假定有 100 000 个字符组成的数据文件需要压缩，该文件中字符出现的频率如表 4-4 所示。文件只有 6 种不同字符，其中字符 c 出现 12 000 次。

表 4-4　字符频率与编码

字符	a	b	c	d	e	f
出现频率	45 000	13 000	12 000	16 000	9000	5000
定长编码	000	001	010	011	100	101
变长编码	0	101	100	111	1101	1100

表示这样一种信息的文件有多种方法。考虑 0/1 编码问题，其中每个字符可表示为惟一的二进制串。如果利用定长编码(fixed-length code)，参见表 4-4，则这 6 种字符的文件可用 3 位表示每个字符，用这种表示方法编码整个文件共需要 100 000×3＝300 000 位。但是，如果我们利用变长编码(variable-length code)，则整个文件需要 45 000 ×1+12 000×3+12 000×3+16 000×3+9000×4+5000×4＝224 000 位。

1. 前缀码

如果我们只用 0/1 对字符进行编码，并限定任一字符的编码都不是另一个字符编码的前缀，则称这样的编码为前缀码(prefix code)。如果用一棵二叉树表示字符的前缀编码，则编码就变得简单了。例如，对于表 4-4 中的变长编码，我们可以对一个 8 个字符的文件 abcdefab 进行编码 0 101 100 111 1101 1100 0 101。由于任一编码都不是另一编码的前缀，这就使得编码文件的每个编码起始处是明确的。我们可以简单地识别出初始编码，然后将它变成原始字符，并对编码文件的其余部分重复这个译码过程。在上述的例子中，串 0101100111110111000101 可以惟一地被解析为 0 101 100 111 1101 1100 0 101，并译码成字符串 abcdefab。

如前所述，我们用二叉树表示字符的前缀编码，二叉树的叶子结点表示给定字符，这样从根结点到叶结点的路径就定义了字符的二进制编码，其中 0 表示指向左孩子，1 表示指向右孩子。图 4-2(a)和(b)表示表 4-4 中的两种前缀编码。

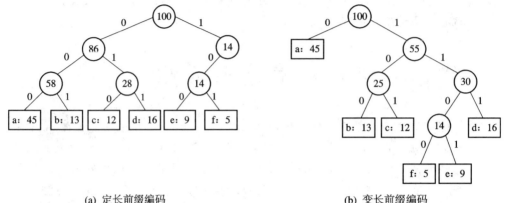

(a) 定长前缀编码   (b) 变长前缀编码

图 4-2 两种前缀编码的二叉树表示

注意，这些二叉树并不是二叉查找树，因为叶结点并不按照排序的次序出现，且内部结点不含字符关键字。文件的最优编码总是可以表示为一棵完全二叉树（每个非叶结点都有两个孩子结点），在这棵二叉树中，每个非叶结点有两个孩子结点。我们这里显示的定长编码不是最优的，因为它对应的二叉树（见图 4-2(a)）不是完全二叉树，其中存在编码为 $10\cdots$ 的字符，却不存在 $11\cdots$ 编码的字符。

如果我们将所建立的二叉树限定到完全二叉树上，C 为字母表，所有字符取自该字母表，那么最优前缀编码树恰好有 $|C|$ 个叶子结点，$|C|-1$ 个内部结点。给定前缀编码对应的二叉树 T，计算编码文件所要求的位数就是一件不难的事情。对于字母表 C 中的每个字符 c，设 $f(c)$ 表示 c 在文件中出现的频率，$d_T(c)$ 表示 c 的叶子结点在树中的深度，因而，$d_T(c)$ 也是字符 c 的编码长度。因此，对一个文件编码所需要的位数是

$$B(T) = \sum_{c \in C} f(c) d_T(c) \qquad (4.4)$$

这个位数定义为树 T 的代价。

2. 哈夫曼编码的构造及 HUFFMAN 算法

哈夫曼提出的贪心算法可以构造最优前缀编码，这样产生的编码称为哈夫曼编码。算法正确性的证明基于两点观察，就是贪心选择性质和最优子结构。我们首先给出算法，然后证明这些性质。假设 C 为 n 个字符集，对于每个字符 $c \in C$，定义一个出现频率 $f(c)$。算法按照自底向上的方式建立最优前缀编码树 T。首先从 $|C|$ 个叶子结点开始，然后进行 $|C|-1$ 次归并操作后，建立最终编码树 T。在归并时，利用基于频率 f 的最小优先队列（minimal priority queue）Q，选出两个当前频率最小的树。这两个对象归并的结果是一棵新树，它的频率是这两个被归并树的频率之和。归并后产生的树被插入优先队列 Q 中。在过程 HUFFMAN 中，第 2 行用字符集 C 中的字符初始化最小优先队列 Q。第 3~8 行的 for 循环摘取队列 Q 中频率最小的两个结点 x 和 y（分别代表两棵子树的根），并将这两棵树合并成为一棵根为 z 的新树，z 以 x 为左孩子，y 为右孩子。插入 z 到队列 Q 中。z 的频率 $f[z]$ 为 x 和 y 的频率之和，即 $f[x]+f[y]$。经过 $n-1$ 次合并之后，队列中只剩下一个结点。在第 9 行返回前缀编码树的根。注意，我们用最小堆（minimal heap）表示最小优先队列的数据结构，该最小堆用一维数组实现。

HUFFMAN(C)

1   $n \leftarrow |C|$

2   BUILD-MIN-HEAP(Q, C)

3   **for** $i \leftarrow 1$ **to** $n-1$

4   **do** allocate a new node z //分配新结点 z

5   left[z] $\leftarrow x \leftarrow$ EXTRACT-MIN(Q)   //为 z 设置左孩子

6   right[z] $\leftarrow y \leftarrow$ EXTRACT-MIN(Q)   //为 z 设置右孩子

7           $f[z] \leftarrow f[x] + f[y]$ //计算新结点 z 的频率

8   INSERT(Q, z)   //将新结点插入到优先队列 Q 中

9   **return** EXTRACT-MIN(Q)   //返回生成哈夫曼树的根

BUILD-MIN-HEAP(Q, C)

1   heap-size(Q) $\leftarrow$ length[Q]

2   **for** $i \leftarrow \lfloor n/2 \rfloor$ **downto** 1   //从最后一个非叶结点$\lfloor n/2 \rfloor$处开始调整，直到结点 1

3   **do** MIN-HEAPIFY(Q, i)   //调整以 i 为根的子树为堆

EXTRACT-MIN(Q)   //返回堆 Q 中最小频率结点的子树

1   **if** heap-size[Q]<1

2   **then error** "heap underflow"

3   $min \leftarrow Q[1]$ //摘取堆中当前最小元素

4   $Q[1] \leftarrow Q[$heap-size[Q]$]$ //将堆中第 heap-size[Q] 个元素暂时放在 $Q[1]$ 中

5   heap-size[Q] $\leftarrow$ heap-size[Q]-1 //堆中元素个数减 1

6   MIN-HEAPIFY(Q, 1)   //调整以 1 为根的子树为堆

7   **return** min //返回当前频率最小子树的根

MIN-HEAPIFY(Q, i)   //调整以 i 为根的子树为堆

1   $l \leftarrow 2i$ //求堆 Q 中第 i 个结点的左孩子

2   $r \leftarrow 2i+1$ //求堆 Q 中第 i 个结点的右孩子

3   **if** $l \leqslant$ heap-size[Q] and $Q[l]<Q[i]$ //左孩子存在，且左孩子比父结点小

4   **then** $smallest \leftarrow l$ //产生较小者

5   **else** $smallest \leftarrow i$ //产生较小者

6   **if** $r \leqslant$ heap-size[Q] and $Q[r]<Q[smallest]$ //右孩子存在，且右孩子比较小者小

7   **then** $smallest \leftarrow r$ //更新较小者

8   **if** $smallest \neq i$ //如果较小者与父结点不相等

9   **then** exchange $Q[i] \leftrightarrow Q[smallest]$ //交换较小者 $smallest$ 与父结点 i

10   MIN-HEAPIFY(Q, $smallest$)   //调整以 $smallest$ 为根的子树为堆

DECREASE-KEY(Q, i, key)   //插入 key，并调整 Q 为堆

1   **if** $key>Q[i]$ //如果待插入结点频率比 $Q[i]$ 大

2   **then error** "new key is greater than current key"   //不执行后续行

3   $Q[i] \leftarrow key$ //将待插入结点 key 暂时放在 $Q[i]$ 中

4   **while** $i>1$ and $Q[$PARENT$(i)]>Q[i]$ //若未到根，且 $Q[i]$ 比父结点小

5	**do** exchange $Q[i] \leftrightarrow Q[\text{PARENT}(i)]$	//交换 $Q[i]$ 与父结点 i
6	$i \leftarrow \text{PARENT}(i)$	//从结点 i(即$\lfloor i/2 \rfloor$)继续循环

$\text{INSERT}(Q, z)$ //将结点 z 插入堆 Q 中

1   heap-size$[Q] \leftarrow$ heap-size$[Q]+1$ //堆中元素增加 1

2      $Q[$heap-size$[Q]] \leftarrow +\infty$ //初始化堆 Q 中第 heap-size$[Q]$ 个元素为 $+\infty$

3   DECREASE-KEY$(Q,$ heap-size$[Q], key)$ //插入 key,并调整 Q 为堆

       对于上述给定的 6 个字符的频率,HUFFMAN 算法运行过程如图 4-3 所示。因为字符表中只有 6 个字符,初始队列大小为 6。经过 5 步之后,得到所求的树。这棵树表示最优前缀编码树,其中字符的前缀编码是从根到该字符所经过路径的边上标号的序列。

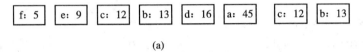

(a)

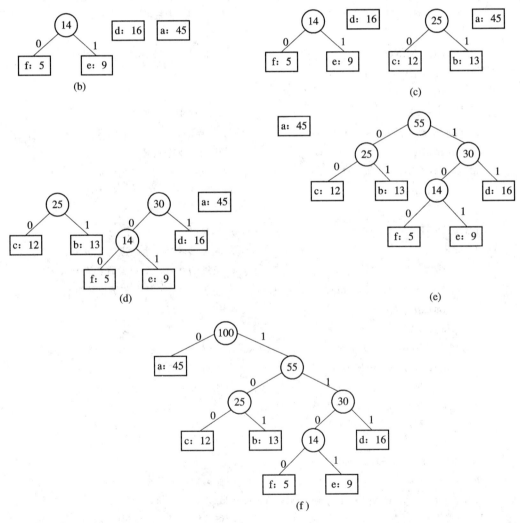

图 4-3   哈夫曼算法运行示例

以下分析哈夫曼算法的时间复杂度。对于 n 个字符的集合 C，HUFFMAN 算法中，第 2 行调用 BUILD-MIN-HEAP 过程，初始化队列 Q 的运行时间为 $O(n)$。第 3～8 行的 for 循环执行 $n-1$ 次，而每次操作堆的时间复杂度为 $O(\text{lb } n)$。因而，执行这个 for 循环的运行时间为 $O(n \text{ lb } n)$。因此，HUFFMAN 算法的运行时间为 $O(n \text{ lb } n)$。

3. 哈夫曼算法的正确性

哈夫曼算法中采用了贪心策略。我们证明最优前缀编码问题展示了贪心选择和最优子结构的性质。引理 4.4 证明了贪心选择的性质。

引理 4.4 设 C 是字符 c 的集合，且字符 c 的频率为 $f[c]$。假定 x 和 y 是 C 中两个频率最小的字符，那么，存在 C 的最优前缀编码，使得 x 和 y 具有相同的编码长度，且它们的编码只在最后一位不同。

证明：设 T 是任一最优前缀编码树。我们逐步修改这棵树，使得字符 x 和 y 成为新树中深度最大的兄弟叶子结点。如果做到这一点，则 x 和 y 在新树中具有相同的编码长度，且它们的编码只在最后一位不同。

设 a 和 b 为 T 中深度最大且互为兄弟的叶子结点。不失一般性，假设 $f[a] \leqslant f[b]$，$f[x] \leqslant f[y]$。因为 $f[x]$ 和 $f[y]$ 为 C 中最小的两个频率，$f[a]$ 和 $f[b]$ 是任意两个频率，则有 $f[x] \leqslant f[a]$，$f[y] \leqslant f[b]$。借助图 4-4，我们交换树 T 中的结点 x 和 a，得到一棵树 T'，然后，交换 T' 中的结点 b 和 y，得到另一棵树 T''。由方程 (4.4) 可得，树 T 和树 T' 的代价之差为

$$
\begin{aligned}
B(T) - B(T') &= \sum_{c \in C} f(c) d_T(c) - \sum_{c \in C} f(c) d_{T'}(c) \\
&= f[x] d_T(x) + f[a] d_T(a) - f[x] d_{T'}(x) - f[a] d_{T'}(a) \\
&= f[x] d_T(x) + f[a] d_T(a) - f[x] d_T(a) - f[a] d_T(x) \\
&= (f[a] - f[x])(d_T(a) - d_T(x)) \\
&\geqslant 0
\end{aligned}
$$

由于 x 为最小频率的叶子结点，因而 $f[a] - f[x]$ 非负，又由于 a 是树 T 中深度最大的叶子结点，因而 $d_T(a) - d_T(x)$ 非负。类似地，交换 y 和 b 也不增加代价，于是 $B(T') - B(T'')$ 非负。因此，$B(T'') \leqslant B(T)$。又由于 T 是最优的，可得 $B(T) \leqslant B(T'')$，这蕴含着，$B(T'') = B(T)$。因此，T'' 是最优树，且 x 和 y 是互为兄弟且深度最大的叶子结点。由此，引理得证。

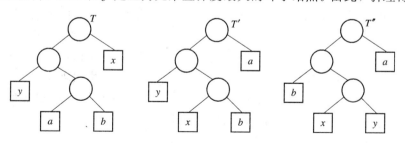

图 4-4 引理 4.4 证明中的关键步骤图示

引理 4.4 蕴含着在建立最优树的过程中，每次选择两个最小频率字符为贪心准则。为什么这是一个贪心策略？我们可以把两个被合并项频率之和看做合并的代价。这样所构造树的总代价为所有合并代价之和。在每一步所进行的所有可能合并中，HUFFMAN 算法所进行的选择，导致最小代价。下一引理 4.5 证明，构造最优前缀编码的问题具有最优子

结构性质。

引理 4.5 设 C 是字符 c 的集合，且字符 c 的频率为 $f[c]$。假定 x 和 y 是 C 中两个频率最小的字符。设 C' 是字符 C 中去掉字符 x 和 y，并加入新字符 z 后的集合。因此 $C'=C-\{x,y\}\cup\{z\}$。C' 中字符频率的定义同 C，但 $f[z]=f[x]+f[y]$。设 T' 为 C' 的一棵最优前缀编码树，那么，在 T' 中用以 x 和 y 为孩子结点的内部结点代替叶结点 z，所得到的树 T 是字符表 C 的最优前缀编码。

证明： 由方程(4.4)，我们可以根据树 T' 的代价 $B(T')$ 表示树 T 的代价 $B(T)$。对于每个 $c\in C-\{x,y\}$，有

$$d_T(c)=d_{T'}(c)$$

因此

$$f[c]d_T(c)=f[c]d_{T'}(c)$$

由于

$$d_T(x)=d_T(y)=d_{T'}(z)+1$$

可得

$$\begin{aligned}f[x]d_T(x)+f[y]d_T(y)&=(f[x]+f[y])(d_{T'}(z)+1)\\&=f[z]d_{T'}(z)+(f[x]+f[y])\end{aligned}$$

由此可得

$$\begin{aligned}B(T)&=\sum_{c\in C}f(c)d_T(c)\\&=\sum_{c\in C-\{x,y\}}f(c)d_T(c)+f(x)d_T(x)+f(y)d_T(y)\\&=\sum_{c\in C-\{x,y\}}f(c)d_T(c)+f(z)d_{T'}(z)+(f[x]+f[y])\\&=\sum_{c\in C-\{x,y\}\cup\{z\}}f(c)d_T(c)+(f[x]+f[y])\\&=B(T')+f[x]+f[y]\end{aligned}$$

重写得
$$B(T')=B(T)-f[x]-f[y]$$

用反证法证明引理 4.5。假定 T 不能表示字符集 C 的最优前缀编码树，则存在树 T''，满足 $B(T'')<B(T)$。不失一般性(引理 4.4)，T'' 以 x 和 y 作为兄弟结点。设在树 T'' 中用叶结点 z 代替 x 和 y 的父结点所得树为 T'''，且 z 的频率为 $f[z]=f[x]+f[y]$，则有

$$\begin{aligned}B(T''')&=B(T'')-f[x]-f[y] &&// \text{由引理 4.4}\\&<B(T)-f[x]-f[y] &&// \text{由假设}\\&=B(T') &&// \text{由引理 4.4}\end{aligned}$$

上式表明，树 T''' 是一棵比树 T' 代价更小的树，这与 T' 是字符集 C' 的最优前缀编码相矛盾。因此，树 T 一定是字符集 C 的最优前缀编码树。

定理 4.6 HUFFMAN 算法产生最优前缀编码树。

证明： 由引理 4.4 和 4.5 可得。

4. 哈夫曼解码

在开始压缩数据流之前，编码器(压缩器)必须根据字符频率(或者概率)确定编码。字符的频率(或者概率)也需要放在编码流中，以便让任何哈夫曼解码器都能够解码该压缩

流。因为频率是整数，而概率也可以标定成整数，通常只要在压缩流中添加几百字节就可以了。也可以把变长码本身写入流中，由于码长不同，这样做并不好。还可以把哈夫曼树写到流中，但这比只写频率所花费的字节数多。

无论哪一种情况，解码器必须知道流的开头是什么，然后读入它，为字母表构造哈夫曼树，然后才能解码流的其他部分。解码从树根开始，读入压缩流的第一位，如果是 0，就沿树的左分支进行；如果是 1，就沿树的右分支进行。读入下一位，并向树叶方向深入一层。当解码器到达一个叶子结点时，它就找到了原始未压缩的字符（通常是其 ASCII 码），并将其输出。再从根开始，继续这一过程，直至输出所有字符。

4.5 最小生成树算法

4.5.1 最小生成树的基本原理

对于电子线路设计问题，我们可用一个无向连通图 $G=(V,E)$ 表示，其中 V 表示引脚集合，E 是引脚之间可能存在的接线集合。对于图中每条边 $(u,v) \in E$，用一个权值 $w(u,v)$ 表示连接 u 和 v 的代价（需要的接线数目）。我们希望找出一个无环子集 $T \subseteq E$，使其连接所有结点，且其权值总和 $w(T) = \sum_{(u,v) \in T} w(u,v)$ 为最小。由于 T 无环，且连接了所有顶点，因而它必定形成一棵树，我们称之为生成树（spanning tree）。这棵树张成了图 G。我们把确定树 T 的问题称为最小生成树（Minimum Spanning Tree，MST）问题。图 4-5 说明了一个连通图及其最小生成树的实例。图中标示了各边的权，最小生成树中的边用粗线表示。这棵生成树的总权值为 37。最小生成树并不是惟一的。如果去掉其中的边

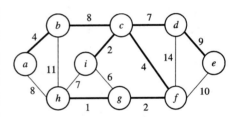

图 4-5 连通图的最小生成树

(b,c)，并用边 (a,h) 替代，则仍可得到总权值为 37 的另外一棵最小生成树。

在本章中，我们将阐述解决最小生成树问题的三种算法：Kruskal 算法、Prim 算法和 Boruvka 算法。在 Kruskal 和 Prim 算法中，都使用了堆，运行时间均为 O(E lb V)。对于稠密图，即 $|V| \ll |E|$，通过采用 Fibonacci 堆，Prim 算法的运行时间可以减少到 O($E+V$ lb V)，这是对算法的较大改进。

在所给出的这些算法中，使用了贪心策略。我们可以证明，在每一步中，基于局部信息所做出的最好选择，可以导致问题的最优解，也即对于最小生成树问题，可以产生最小权值的生成树。本节介绍了一般的最小生成树算法。该算法每次添加一条边来张成最小生成树。在 4.5.2~4.5.4 节将讨论实现最小生成树的三个算法。第一个算法是 Kruskal 算法，它类似于连通分支法；第二个算法是 Prim 算法，它类似于 Dijkstra 最短路径算法；最后一个算法是 Boruvka 算法，利用合并—查找（union - find）数据结构，可以高效实现它的算法。

假设 $G=(V,E)$ 是一连通、无向图，加权函数为 $w:E \rightarrow R$。目标是找出 G 的最小生成树。本章所给出的三个算法都利用了贪心策略，但在具体运用时有所不同。下面的一般最小生成树算法捕获了贪心算法的实质。每次向当前最小生成树中添加一条边。算法管理边

的一个子集，并维持循环不变式：在每次迭代之前，A 是某些最小生成树的子集。在每一步中，当要将一条边 (u,v) 添加到最小生成树中时，我们测试 $A\cup\{(u,v)\}$ 是否也是某个最小生成树的子集。如果满足条件，我们称这样的边为 A 的安全边（safc edge）。因为对于这样的边，我们可以将它添加到 A 中，同时又保持循环不变式。

GENERIC-MST(G,w)

1 $A\leftarrow\varnothing$

2 **while** A does not form a spanning tree

3 **do** find an edge (u,v) that is safe for A

4   $A\leftarrow A\cup\{(u,v)\}$

5 **return** A

循环不变式如下：

初始时：执行第 1 行之后，集合 A 平凡满足循环不变式。

保持时：第 2~4 行的循环只将安全边加入生成树，并保持循环不变式。

终止时：加入到 A 中的所有边在生成树中。第 5 行返回的 A 必定是最小生成树。

算法最棘手的部分是第 3 行的寻找安全边。因为执行第 3 行时，循环不变式表明，存在一棵生成树 T，满足 $A\subseteq T$。因此，这样的边一定存在。在 while 循环体内，A 一定是 T 的真（proper）子集。于是，一定存在一条边 $(u,v)\in T$，满足 $(u,v)\notin A$，且 (u,v) 是 A 的安全边。在本节的其余部分，我们提出确定安全边的一条规则。在 4.5.2~4.5.4 节，我们将讨论运用这一规则寻找安全边的三个有效算法。

下面我们定义几个概念。无向图 $G=(V,E)$ 的割 $(S,V-S)$ 是 V 的一个划分。当一条边 $(u,v)\in E$ 中的其中一个端点在 S 中，而另一个端点在 $V-S$ 中时，我们说这条边穿过割 $(S,V-S)$。如果 A 中没有边穿过割，则我们说割遵从边的集合 A。如果某一边穿过割，且具有最小权值，则称这条边为穿过割的轻边（light edge）。注意，在有结的情况下可能存在多于一条的轻边。更一般地，如果一条边是满足某一性质的所有边中权值最小的边，则称该边为满足该性质的一条轻边。例如，在图 4-6(a) 中，集合 A 中的结点为黑色结点，

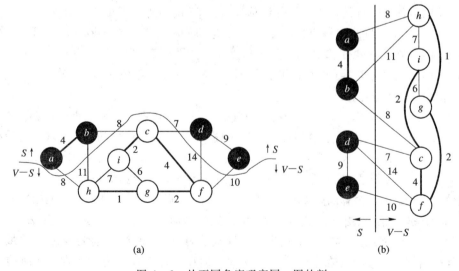

(a)   (b)

图 4-6 从不同角度观察同一图的割

$V-S$ 中的结点为白色结点，连接黑色结点与白色结点的那些边为穿过割的边，边 (d,c) 是惟一的一条轻边。在图 4-6(b) 中，对于同一个图，我们将集合 S 中的点放在左边，集合 $V-S$ 中的点放在右边。如果某条边将左边的一个顶点与右边的一个顶点相连，则这条边穿过割。

定理 4.7 设 $G=(V,E)$ 是连通、无向图。它的实值权函数 w 定义在 E 上。设 A 是 E 的子集，并且包含在 G 的某个最小生成树中。设 $(S,V-S)$ 是 G 的遵从 A 的任意割，(u,v) 是穿过 $(S,V-S)$ 的轻边，那么边 (u,v) 对 A 是安全的。

证明： 设 T 是包含 A 的最小生成树，假设 T 不包含轻边 (u,v)，否则定理得证。利用切割一粘贴技术，我们构造另一棵包含 $A\cup\{(u,v)\}$ 的最小生成树 T'，从而证明边 (u,v) 对 A 是安全的。

边 (u,v) 形成 T 中的回路，回路中的边在从 u 到 v 的路径上。正如图 4-7 中表明的那样，S 中的顶点为黑色，$V-S$ 中的顶点为白色，图中只显示最小生成树中的边，A 中的边用粗线表示，(u,v) 是穿过割 $(S,V-S)$ 的一条轻边，边 (x,y) 是 T 中从 u 到 v 的惟一路径 p 上的边。从 T 中去掉边 (x,y)，再加上边 (u,v) 形成最小生成树 T'。由于 u 和 v 处于割 $(S,V-S)$ 所在边的相对方向上，因而 T 中的路径 p 上至少存在一条边也穿过割。设 (x,y) 是这样的任意一条边，因为割遵从 A，所以边 (x,y) 不在 A 中。由于 (x,y) 位于 T 中从 x 到 y

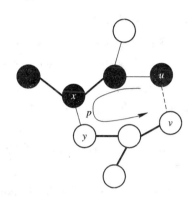

图 4-7 定理 4.7 证明图示

的惟一路径上，因此若去掉边 (x,y)，T 将分成两部分，将 (u,v) 加入，使得这两部分重新连接，并形成一棵新树 $T'=T-\{(x,y)\}\cup\{(u,v)\}$。

下面证明 T' 是一棵最小生成树。因为 (u,v) 是一条穿过 $(S,V-S)$ 的轻边，(x,y) 也穿过这个割，所以有 $w(u,v)\leqslant w(x,y)$。于是

$$w(T')=w(T)-w(x,y)+w(u,v)\leqslant w(T)$$

又因为 T 是一棵最小生成树，所以 $w(T)\leqslant w(T')$。因此，T' 一定也是一棵最小生成树。

还需证明，边 (u,v) 对 A 是安全的。由于 $A\subseteq T$ 且 $(x,y)\notin A$，因此

$$A\cup\{(u,v)\}\subseteq T'$$

由于 T' 是一棵最小生成树，因而边 (u,v) 对 A 是安全的。证毕。

在算法 GRNERIC-MST 执行过程中，集合 A 始终是无回路的，否则包含 A 的最小生成树就会出现一个环，这与 T 为树矛盾。在算法执行的任意点，图 $G_A=(V,A)$ 是森林，G_A 的每个连通分量是一棵树，并且某些树中可能只有一个结点。如在算法开始运行时，A 为空，森林由 $|V|$ 棵树组成，每个顶点构成一棵树。此外，A 的安全边 (u,v) 连接 G_A 的不同连通分量，这是由于 $A\cup\{(u,v)\}$ 必定不含回路。随着最小生成树的每条边（共 $|V|-1$ 条）不断被加入，算法 GRNERIC-MST 第 2～4 行的循环执行 $|V|-1$ 次。初始时，$A=\varnothing$，G_A 中有 $|V|$ 棵树，每次迭代减少一棵树，当森林中只有一棵树时，算法终止。

推论 4.8 设 $G=(V,E)$ 是连通、无向图。它的实值权函数 w 定义在 E 上。设 A 是 E 的子集，并且包含在 G 的某个最小生成树中。$C=(V_C,E_C)$ 为森林 $G_A=(V,A)$ 中的连通

分量，如果边(u,v)是连接C与G_A中的其他连通分量的一条轻边，那么，边(u,v)对A是安全的。

证明：割$(V_C,V-V_C)$遵从A，且(u,v)是这个割的轻边。于是，边(u,v)对A是安全的。证毕。

在4.5.2～4.5.4节中所介绍的最小生成树算法中，均采用某种规则来确定GENERIC-MST 第3行所描述的安全边。

4.5.2 Kruskal 算法

1956 年，Kruskal 提出了最小生成树算法。在这一算法中，集合A是一森林，加入集合A中的安全边总是图中连接两不相同连通分量的最小权值边。

1. Kruskal 算法

在 Kruskal(Kruskal algorithm)算法中，对于森林中连接任意两棵树的所有边，找出它们中权值最小的边(u,v)作为安全边，并把它添加到正在扩展的森林中。设T_1和T_2表示边(u,v)连接的两棵树，由于(u,v)必定是连接T_1和其他某棵树的一条轻边，因而，由推论 4.8 可知，边(u,v)对T_1是安全的。同时，Kruskal 算法在每一步中，以添加到森林中的边的权值尽可能小为贪心策略。Kruskal 算法的实现类似于计算连通分量的算法，它使用了不相交集的数据结构，维持若干个不相交元素的集合，每个集合包含当前森林中某棵树的结点。过程 FIND-SET(u)返回包含顶点u的连通分量的名字。因此，我们可以通过测试 FIND-SET(u)和 FIND-SET(v)是否相同来判断u和v是否属于同一连通分量。用过程 UNION 完成树的合并。

```
KRUSKAL(G, w)
1   A ← ∅                                              //初始化
2   for each vertex v∈V[G]                             //2、3行建立|V|棵树
3       do MAKE-SET(v)
4   sort the edges of E into nondecreasing order by weight w   //按权值w对边排序
5   for each edge (u, v) ∈ E, taken in nondecreasing order by weight
6       do if FIND-SET(u) ≠ FIND-SET(v)               //检查u和v是否属于同一棵树
7           then A ← A ∪ {(u, v)}
8               UNION(u, v)
9   return A
```

在 Kruskal 算法中，第 1～3 行初始化集合A为空，并建立$|V|$棵树，每棵树中有一个结点。第 4 行对E中的边按照权值非降序排序。第 5～8 行的 for 循环，检查每条边(u,v)的端点u和v是否在同一棵树中。如果u和v在同一棵树中，那么就不能将边(u,v)加入森林中，否则会形成环。此时，放弃这条边，考虑下一条边。如果u和v分别属于不同的树，则执行第 7 行，将边(u,v)加入A中。第 8 行将这两棵树中的结点合并。图 4-8 以图 4-5 所示的最小生成树为例，说明 Kruskal 算法的执行过程。图 4-8(a)表示 Kruskal 算法第 1～4 行执行后(初始化)，A及E中的结果。图 4-8(b)～(j)表示执行第 5～9 行后，A及E中的结果。

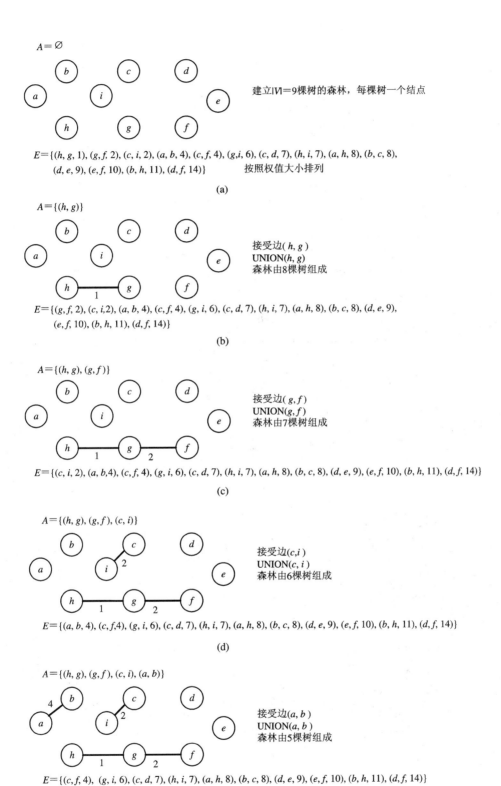

图 4-8 Kruskal 算法的执行过程

$A = \{(h, g), (g, f), (c, i), (a, b), (c, f)\}$

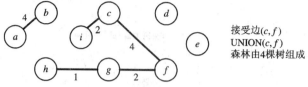

接受边(c, f)
UNION(c, f)
森林由4棵树组成

$E = \{(g, i, 6), (c, d, 7), (h, i, 7), (a, h, 8), (b, c, 8), (d, e, 9), (e, f, 10), (b, h, 11), (d, f, 14)\}$

(f)

$A = \{(h, g), (g, f), (c, i), (a, b), (c, f), (c, d)\}$

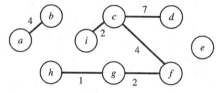

拒绝边(g, i)，接受边(c, d)
UNION(c, d)
森林由3棵树组成

$E = \{(h, i, 7), (a, h, 8), (b, c, 8), (d, e, 9), (e, f, 10), (b, h, 11), (d, f, 14)\}$

(g)

$A = \{(h, g), (g, f), (c, i), (a, b), (c, f), (c, d), (a, h)\}$

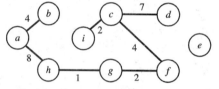

拒绝边(h, i)，接受边(a, h)
UNION(a, h)
森林由2棵树组成

$E = \{(b, c, 8), (d, e, 9), (e, f, 10), (b, h, 11), (d, f, 14)\}$

(h)

$A = \{(h, g), (g, f), (c, i), (a, b), (c, f), (c, d), (a, h), (d, e)\}$

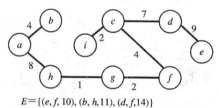

拒绝边(b, c)，接受边(d, e)
UNION(d, e)
森林由1棵树组成

$E = \{(e, f, 10), (b, h, 11), (d, f, 14)\}$

(i)

$A = \{(h, g), (g, f), (c, i), (a, b), (c, f), (c, d), (a, h), (d, e)\}$

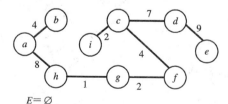

边$(e, f), (b, h), (d, f)$均被拒绝，集合E变为空

$E = \varnothing$

(j)

图 4 - 8　Kruskal 算法的执行过程(续)

2. Kruskal 算法的数据结构

在 Kruskal 算法中，使用了不相交集中的三个过程。这些过程是 MAKE-SET、FIND-SET 和 UNION。MAKE-SET 创建一棵只含一个结点的树。执行 FIND-SET 操作时，跟踪父指针直至找到树的根，在此根的路径上访问过的结点构成了寻找路径。合并操作 UNION 使得一棵树的根指向另一棵树的根，如图 4－9 所示。

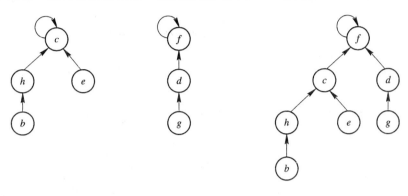

(a) 两棵树组成的森林　　　　　　　　　(b) UNION(e, g)

图 4－9　不相交集合的森林及合并操作

在实现合并操作 UNION 时，一个包含 $n-1$ 次 UNION 操作的序列可能会构造出一棵有 n 个结点线性链树。我们对此进行改进。在进行 UNION 合并操作时，按照树中结点多少进行合并，使得包含结点较少的树的根指向包含结点较多的树的根。对于每个结点，用 rank 表示这个结点高度的一个上界（可以设为该结点子树中结点个数的对数），称为秩。在按秩合并的 UNION 操作中，具有较小秩的根指向具有较大秩的根。同样，在 FIND-SET 操作中，使用了路径压缩技术，在执行 FING-SET 之后，使寻找路径上的每个结点都直接指向根结点，如图 4－10 所示，其中，三角表示根已显示树的子树，每个结点都有一指向其父结点的指针。图 4－10(a)表示执行 FIND-SET 之前的集合，在执行 FIND-SET 之后，寻找路径上的结点直接指向根结点（如图 4－10(b)所示）。然而，路径压缩并不改变结点的秩。

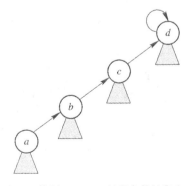
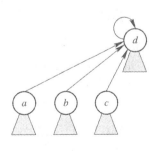

(a) 执行FIND-SET过程之前的集合　　　　(b) 执行FIND-SET过程之后的集合

图 4－10　FIND-SET 过程中使用的路径压缩技术

```
MAKE-SET(x)                        //建立只有一个结点的树
1    p[x] ← x
2    rank[x] ← 0


UNION(x, y)                        //使某棵树的根指向另一棵树
1        LINK(FIND-SET(x), FIND-SET(y))


LINK(x, y)                         //以两个指向根的指针作为输入
1    if rank[x]>rank[y]
2        then p[y] ← x
3        else p[x] ← y
4            if rank[x]=rank[y]
5                then rank[y] ← rank[y]+1


FIND-SET(x)                        //返回 x 所在树的根结点
1    if x ≠ p[x]
2        then p[x] ← FIND-SET(p[x])
3        return p[x]
```

3. Kruskal 算法的运行时间

Kruskal 算法的运行时间取决于不相交集数据结构的实现。在分析这一算法复杂度时，假设采用按秩合并与路径压缩技术。第 1 行初始化 A 的运行时间为 O(1)。第 4 行对边上权值进行排序的时间为 O(E lb E)。第 5~8 行的 for 循环对不相交集森林进行 O(E) 次 FIND-SET 和 UNION 操作，以及 $|V|$ 次 MAKE-SET 操作。这些操作所需总时间为 O(($V+E$)$\alpha(V)$)，其中 α 为图中顶点个数 $|V|$ 的缓慢增长函数。若 $2048 \leqslant |V| < 10^{81}$，则 $\alpha(V)=4$。由于假设 G 为连通图，即有 $|E| \geqslant |V|-1$，因而，不相交集的操作需要 O($E\alpha(V)$) 时间。此外，$\alpha(V) = $ O(lb V) = O(lb E)。因此，Kruskal 算法的运行时间为 O(E lb E)。又因为 $|E| < |V|^2$，所以有 lb $|E|=$ O(lb V)。因此，我们可以说，Kruskal 算法的运行时间为 O(E lb V)。由此可得，当图 G 为稀疏图，即 $|E| \ll |V|^2$ 时，Kruskal 算法更有效。

4.5.3 Prim 算法

在 Prim 算法(Prim algorithm)中，集合 A 形成一棵树，添加到集合 A 中的安全边总是连接树与一非树结点的最小权值边。Prim 算法类似于 Dijkstra 单源点最短路径算法，我们将在第 7 章讨论该算法。Prim 算法具有这样一个性质：集合 A 中的边总是形成一棵树。如图 4-11 所示，算法从任一顶点开始，不断扩展直到这棵树张成 V 中的所有顶点。算法在每一步执行中，都将一条轻边加入到树 A 中，这条轻边将 A 连向 $G_A=(V, A)$ 中的一个孤立顶点。由推论 4.8 可得，这条规则只加入对 A 安全的边。当算法终止时，A 中的边构成一棵最小生成树。贪心策略体现在算法的每一步骤中，是用对树产生最小可能权值的边扩展这棵树的。

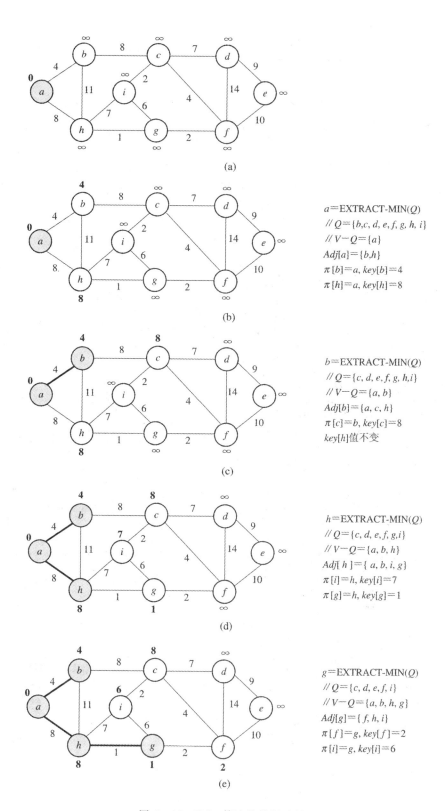

(a)

$a=$EXTRACT-MIN(Q)
// $Q=\{b,c,d,e,f,g,h,i\}$
// $V-Q=\{a\}$
$Adj[a]=\{b,h\}$
$\pi[b]=a$, $key[b]=4$
$\pi[h]=a$, $key[h]=8$

(b)

$b=$EXTRACT-MIN(Q)
// $Q=\{c,d,e,f,g,h,i\}$
// $V-Q=\{a,b\}$
$Adj[b]=\{a,c,h\}$
$\pi[c]=b$, $key[c]=8$
$key[h]$值不变

(c)

$h=$EXTRACT-MIN(Q)
// $Q=\{c,d,e,f,g,i\}$
// $V-Q=\{a,b,h\}$
$Adj[h]=\{a,b,i,g\}$
$\pi[i]=h$, $key[i]=7$
$\pi[g]=h$, $key[g]=1$

(d)

$g=$EXTRACT-MIN(Q)
// $Q=\{c,d,e,f,i\}$
// $V-Q=\{a,b,h,g\}$
$Adj[g]=\{f,h,i\}$
$\pi[f]=g$, $key[f]=2$
$\pi[i]=g$, $key[i]=6$

(e)

图 4-11 Prim 算法的执行过程

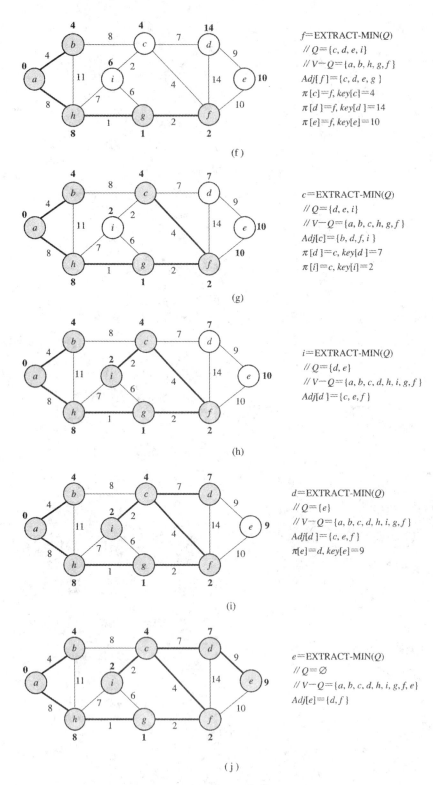

图 4-11 Prim 算法的执行过程(续)

1. Prim 算法

有效实现 Prim 算法的关键是，如何简单地选择一条新边，加入到 A 中边所形成的树中。在以下描述的算法中，算法以连通图 G 和要被扩展的最小生成树的根 r 作为输入参数。在算法执行过程中，所有不在树中的顶点驻留在以 key 作为优先级的最小优先队列 Q 中。对于每个顶点 v，$key[v]$ 表示 v 与最小生成树中结点相连边的最小权值。若不存在满足这样条件的边，则设 $key[v] = \infty$。$\pi[v]$ 表示 v 在树中的父结点。算法执行中，GENERIC-MST 中的集合 A 隐含地保存为

$$A = \{(v, \pi[v]): v \in V - \{r\} - Q\}$$

算法终止时，最小优先队列为空；G 的最小生成树 A 为

$$A = \{(v, \pi[v]): v \in V - \{r\}\}$$

PRIM(G, w, r)

```
1    for each u ∈ V[G]
2        do key[u] ← ∞                          //初始化顶点边上权值
3            π[u] ← NIL                          //初始化顶点前驱
4    key[r] ← 0                                  //设置根 r 边上权值为 0
5    Q ← V[G]
6    while Q ≠ ∅
7        do u ← EXTRACT-MIN(Q)                   //摘取优先队列中按 key 域排列的最小元素
8            for each v ∈ Adj[u]                 //考查顶点 u 的每个近邻 v
9                do if v ∈ Q and w(u, v) < key[v]   //如果为真，则进行更新
10                   then π[v] ← u
11                       key[v] ← w(u, v)
```

Prim 算法执行的过程如图 4-11 所示，其中图 4-11(a)表示执行第 1～5 行，设置根 r 的 key 值为 0，其余每个顶点的 key 值设置为 ∞（见图中顶点旁黑体表示的 key 值），这使得 r 为第 1 个被处理的结点（因为它的 key 值最小）。此外，设置每个顶点的父结点为 NIL，并建立包含所有顶点的优先队列 Q。在图 4-11(b)中，由于当前优先队列 Q 中顶点 a 的 key 值最小，因此执行第 7 行的 EXTRACT-MIN 后，返回顶点 a，同时删除优先队列中的顶点 a。在第 8～11 行的执行中，考虑顶点 a 的邻接顶点 b 和 h，更新顶点 b 和 h 的父结点及 key 值。在图 4-11(c)中，由于当前优先队列 Q 中顶点 b 的 key 值最小，因此执行第 7 行的 EXTRACT-MIN 后，返回顶点 b，同时删除优先队列中的顶点 b。在第 8～11 行的执行中，考虑顶点 b 的邻接顶点 a、c 和 h，但由于顶点 $a \notin Q$，因而被条件语句排除在外，更新顶点 c 的父结点及 key 值。在图 4-11(d)中，由于当前优先队列 Q 中顶点 h 的 key 值最小，因此执行 EXTRACT-MIN 后，返回顶点 h，同时删除优先队列中的顶点 h。在第 8～11 行的执行中，考虑顶点 h 的邻接顶点 a、b、g 和 i，但由于顶点 a、$b \notin Q$，因而被条件语句排除在外，更新顶点 g 和 i 的父结点及 key 值。图 4-11(e)～(j)的说明略。

Prim 算法在执行中维持以下三个部分的不变式。在第 6～11 行的 while 循环的每次迭代之前，有

(1) $A = \{(v, \pi[v]): v \in V - \{r\} - Q\}$；

（2）已经放在最小生成树中的顶点就是那些在 $V-Q$ 中的顶点；

（3）对于所有 $v\in Q$，如果 $\pi[v]\neq$ NIL，那么 $key[v]<\infty$，且 $key[v]$ 为轻边 $(v,\pi[v])$ 上的权值，这条边将 v 与最小生成树中的顶点 $\pi[v]$ 相连。

第 7 行确定依附于一条轻边的顶点 $u\in Q$，这条边穿过割 $(V-Q,Q)$。但在 while 循环的第 1 次迭代时除外，因为此时 $key[r]=0$，使得第 7 行返回最小生成树的根 $u=r$。从集合 Q 中删除顶点 u，并将它添加到生成树的顶点集合 $V-Q$ 中，也就向 A 中加入了 $(u,\pi[u])$。第 8~11 行的 for 循环对于 u 的每个不在生成树中的邻接顶点 v 的 π 值和 key 值进行更新，更新满足循环不变式的第三部分。

2. Prim 算法的数据结构及运行时间

Prim 算法的运行时间取决于最小优先队列 Q 的实现。如果优先队列 Q 的数据结构用二叉堆（这里指最小堆）实现，我们就可以在第 1~5 行中采用 BUILD-MIN-HEAP（详细描述见 4.4 节）进行初始化，所需时间为 $O(V)$。while 循环体执行 $|V|$ 次。每次摘取元素的操作 EXTRACT-MIN 需要 $O(lb\ V)$ 时间，因此，调用所有 EXTRACT-MIN 操作的总时间为 $O(V\ lb\ V)$。因为所有邻接表的长度之和为 $2|E|$，因此第 8~11 行的 for 循环总共执行 $O(E)$ 次。我们可以在每个顶点内设置 1 位，用以说明该顶点是否在队列 Q 中。这样在 for 循环内，第 9 行的条件测试就可以用常数时间实现。当该顶点被从队列 Q 中删除时，则对这一位进行更新。第 11 行的赋值隐含着调用基于最小堆的 DECREASE-KEY 过程，我们可以用最小二叉堆在 $O(lb\ V)$ 时间实现 DECREASE-KEY 过程（详细描述见 4.4 节）。因此，Prim 算法的运行时间为 $O(V\ lb\ V+E\ lb\ V)=O(E\ lb\ V)$。从渐近意义上看，Prim 算法的运行时间与 Kruskal 算法的运行时间相同。

如果使用 Fibonacci 堆（Fibonacci heap）而不是二叉堆作为队列 Q 的数据结构，可以改进 Prim 算法渐近意义上的运行时间。这时 $|V|$ 个顶点按照 Fibonacci 堆进行组织，我们可以用 $O(lb\ V)$ 的分摊时间（amortized time）进行 EXTRACT-MIN 操作，用 $O(1)$ 的分摊时间进行 DECREASE-KEY 操作来实现第 11 行。因此，如果利用 Fibonacci 堆作为队列 Q 的数据结构，则 Prim 算法的运行时间为 $O(E+V\ lb\ V)$。

4.5.4　Boruvka 算法

Boruvka 算法（Boruvka algorithm）也是最古老的 MST 算法之一，1926 年由 Boruvka 提出，远远早于计算机的存在，甚至早于图论（1936 年 D. König 出版第一本有关图论的书）的发明。它类似于 Kruskal 算法，通过不断地向最小生成树的子树森林添加边来扩展最小生成树。但这是分步完成的，每一步中可以向最小生成树中添加数条边。在每一步中，找出连接 MST 子树与另一棵子树的所有边，再将所有这样的边添加到 MST 中。Boruvka 算法的运行过程如图 4-12 所示。图 4-12(a)是图的已知信息。图 4-12(b)显示了各个顶点到其最近邻的有向边，这些边表明 $(0,2)$、$(1,7)$ 和 $(3,5)$ 都是依附于其两个顶点的最短边，$(6,7)$ 和 $(4,3)$ 分别是 6 和 4 的最短边，这些边都属于 MST，因而构成一个 MST 子树森林 F，这是 Boruvka 算法运行第 1 步的计算结果。在图 4-12(c)中，算法通过增加 $(0,7)$ 和 $(4,7)$ 来完成 MST 的计算，这两条边分别是所连接子树边中的最小者。最后生成的最小生成树如图4-12(d)所示。

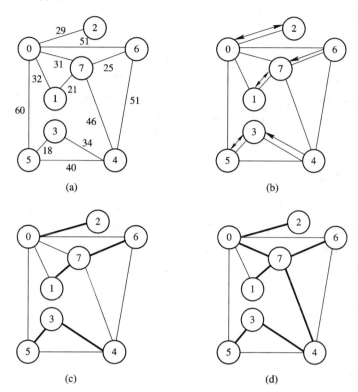

图 4-12 Boruvka算法最小生成树示例

BORUVKA(G, w, r)

1    $F \leftarrow (V, \varnothing)$

2   **while** F has more than one component   //森林 F 不为空，即存在连通分量

3   **do** choose leaders using DFS   //利用 DFS 选出每个连通分量的代表

4   FIND-SAFE-EDGES(V, E)   //找出安全边

5   **for** each leader v'

6   **do** add safe$[v']$ to F

FIND-SAFE-EDGES(V, E)

1   **for** each leader v'

2   **do** $safe[v'] \leftarrow \infty$

3   **for** each $edge$ $(u, v) \in E$

4        $u' \leftarrow leader[u]$

5        $v' \leftarrow leader[v]$

6   **if** $u' \neq v'$

7   **then if** $w(u, v) < w(safe[u'])$

8   **then** $safe[u'] \leftarrow (u, v)$

9   **if** $w(u, v) < w(safe[v'])$

10   **then** $safe[v'] \leftarrow (u, v)$

在 Boruvka 算法执行的开始，在每个连通分量中，任意选出一个代表结点。保存这些

代表结点最简单的方法是采用深度优先搜索树 F，以连通分量中遍历的第一个结点作为该分量的代表结点。一旦选出代表结点，我们可以通过逐一检查，找出每个连通分量的安全边。最后，将这些安全边添加到 F 中。

假设用邻接表表示图，每次调用 FIND-SAFE-EDGES 所需时间为 $O(E)$，因为需检查每一条边。由于图是连通图，它至多有 $E+1$ 个顶点，因此，while 循环的每次迭代运行时间为 $O(E)$。此外，每次迭代至少将 F 的连通分量数减少 2 的倍数。当连通分量成对合并时，出现最坏情况。因为初始时有 $|V|$ 个连通分量，所以 while 循环迭代 $O(\text{lb } V)$ 次。因此，Boruvka 算法的运行时间为 $O(E \text{ lb } V)$。

4.5.5　比较与改进

表 4-5 对 4.5 节讨论的基本 MST 算法的运行时间进行了总结。结果表明：对于稠密图，Prim 算法的邻接矩阵是其首选方法；对于中等密度的图，所有其他方法的运行时间比最好的选择（选取边所需时间）仅多一个常数因子；对于稀疏图，Kruskal 算法是首选方法。

表 4-5　各种 MST 算法的比较

算　　法	最坏情况运行时间	注　　释
标准 Prim 算法	$O(V^2)$	对稠密图最优
基于二叉堆优先队列的 Prim 算法	$O(E \text{ lb } V)$	保守上界
基于 d 叉堆优先队列的 Prim 算法	$O(E \log_d V)$	
基于 Fibonacci 堆的 Prim 算法	$O(E+V \text{ lb } V)$	
基于合并—查找 Kruskal 算法	$O(E \text{ lb } V)$	适合稀疏图
Boruvka 算法	$O(E \text{ lb } V)$	保守上界

对于稠密图的一种 MST 实现，最早由 Prim 于 1961 年提出，而 Dijkstra 随后也独立提出了他的实现，通常称之为 Prim 算法。不过 Dijkstra 的表示更为通用，因此，有些学者将 MST 算法称为是 Dijkstra 算法的一个特例。不过，Jarnik 早在 1939 年就提出了这一思想，因此，有些学者也称此方法为 Jarnik 算法，这样 Prim（或 Dijkstra）所做的贡献就是找出了此算法对于稠密图的一个高效实现。随着优先队列 ADT 于 20 世纪 70 年代引入，寻找稀疏图的 MST 变得简单，在 $O(E \text{ lb } V)$ 时间即可计算出稀疏图的 MST。对于稀疏图，Kruskal 方法的高效实现比 Prim 方法的实现提出得更早，因为合并—查找 ADT 的使用要早于优先队列 ADT。

一种有效的方法是在优先队列的实现中使用基数方法。这种方法的性能往往等价于用 Kruskal 方法进行基数排序。还有一种由 Johnson 于 1977 年提出的简单方法，也是最有效的一种方法。这种方法用 d 叉堆实现 Prim 算法的优先队列，而不是使用标准的二叉堆。

4.6　贪心算法的理论基础

借助拟阵（matroid）的概念，本节我们将深入讨论贪心算法的基本理论。这个理论有助于确定贪心算法何时可以产生问题的最优解。尽管这一理论没有覆盖贪心算法适用的所有情况，例如活动选择问题、哈夫曼编码问题等，但它确实覆盖了许多具有实际意义的情况。

1. 拟阵定义及性质

一个拟阵是一个有序对 $M=(S,\mathcal{L})$，它满足以下条件：

(1) S 是一个非空有限集。

(2) $\mathcal{L}$ 是 S 的非空子集簇，称为 S 的独立子集（independent subset），如果 $B \in \mathcal{L}$ 且 $A \subseteq B$，那么 $A \in \mathcal{L}$。如果 $\mathcal{L}$ 满足这个性质，则称 $\mathcal{L}$ 是遗传的（hereditary）。注意，空集 $\varnothing$ 必为 $\mathcal{L}$ 的一个成员。

(3) 如果 $A \in \mathcal{L}$，$B \in \mathcal{L}$，且 $|A| < |B|$，那么，存在元素 $x \in B-A$，满足 $A \cup \{x\} \in \mathcal{L}$。我们称 M 满足交换性质。

设 S 是给定矩阵中各行的集合，如果这些行是线性无关的，则它们是独立的。容易证明 $(S,\mathcal{L})$ 是一拟阵。

我们可以根据给定无向图 $G=(V,E)$，定义图拟阵（graphic matriod）$M_G=(S_G,\mathcal{L}_G)$，其中集合 S_G 定义为 G 中边的集合 E。如果 A 是 E 的子集，则 $A \in \mathcal{L}_G$，当且仅当 A 是无环的，即边的集合 A 是独立的，当且仅当子图 $G_A=(V,A)$ 形成森林。

定理 4.9 如果 $G=(V,E)$ 是一无向图，那么 $M_G=(S_G,\mathcal{L}_G)$ 是一拟阵。

证明：显然，$S_G=E$ 是有限集，并且森林的子集还是森林，因而 $\mathcal{L}$ 是遗传的。换句话说，从边的无环集合中删除一些边，并不会产生回路。

现在要证明，M_G 满足交换性质。假设 $G_A=(V,A)$ 和 $G_B=(V,B)$ 是 G 的森林，且 $|B|>|A|$，即 A 和 B 都是边的无环集合，B 比 A 包含更多边。由于 k 条边的森林只含 $|V|-k$ 棵树，因此，森林 G_A 包含 $|V|-|A|$ 棵树，森林 G_B 包含 $|V|-|B|$ 棵树。

因为森林 G_B 中包含的树比 G_A 中的要少，那么森林 G_B 中一定包含某些树 T，其顶点在森林 G_A 中的两棵不同树上。由于 T 连通，它一定包含一条边 (u,v)，满足顶点 u 和 v 在森林 G_A 的不同树上。因为边 (u,v) 连接森林 G_A 中两棵不同树中的顶点，所以可将边 (u,v) 添加到森林 G_A 中，而不形成回路。因而，M_G 满足交换性质，M_G 是拟阵。证毕。

给定拟阵 $M=(S,\mathcal{L})$，我们称元素 $x \notin A$ 是 $\mathcal{L} \in A$ 的一个扩展（extension）元素，如果将 x 添加到 A 中，同时保持独立性，即如果 $A \cup \{x\} \in \mathcal{L}$，则 x 是 A 的一个扩展元素。考虑图拟阵 M_G，如果 A 是边的独立集，那么边 e 是 A 的扩展元素，当且仅当 e 不在 A 中，且将 e 加入 A 后不会产生回路。

如果 A 是拟阵 M 中的独立子集，而且它不存在扩张元素，则称 A 是最大的。也就是说，如果它不被 M 中更大的子集包含，则它是最大的。

定理 4.10 拟阵中所有最大独立子集大小相同。

证明：用反证法。假设 A 是 M 的最大独立子集，存在 M 的另一个更大的独立子集 B，则由交换性质可得，对于某些 $x \in B-A$，A 可扩展到更大集合 $A \cup \{x\}$。这与 A 是最大假设相矛盾。证毕。

作为这个定理的说明，考虑连通无向图 $G=(V,E)$ 的图拟阵 M_G。M_G 的每个最大独立子集一定是只有 $|V|-1$ 条边的自由树，连接 G 中所有顶点，这样的树称为 G 的生成树（spanning tree）。如果存在相关权函数 w，对每一个 $x \in S$ 的元素赋予严格正权值，则称拟

阵 $M=(S, \mathcal{L})$ 是加权的。对权函数 w 求和，扩展到 S 的子集 A 上，$w(A)=\sum\limits_{x\in S}w(x)$。如果我们用 $w(e)$ 表示图拟阵 M_G 中边 e 的长度，那么 $w(A)$ 是边集 A 中所有边的总长度。

2. 加权拟阵的贪心算法

许多利用贪心算法得到最优解的问题，可以归结为求加权拟阵的最大加权独立集，即给定加权拟阵 $M=(S, \mathcal{L})$，我们希望找出独立集 $A\in\mathcal{L}$，使得 $w(A)$ 最大。我们称这个独立、具有最大权值的子集为拟阵的最优子集。因为元素 $x\in S$ 的权值 $w(x)$ 为正，所以一个最优子集总是一个最大独立子集，它使得 A 尽可能地大。

例如，在最小生成树问题中，给定连通无向图 $G=(V, E)$ 和一个长度函数 w，满足 $w(e)$ 是边 e 的长度。这里用长度表示图中原始边上的权值，保留术语权值代表相关拟阵中的权值。我们要找一个边的子集，它将所有顶点连接，并具有最小总长度。为了将这个问题看做找拟阵的最优子集，考虑权函数为 w' 的加权拟阵 M_G，其中 $w'(e)=w_0-w(e)$，w_0 大于图中任何边的最大长度。在这个加权拟阵中，所有权函数为正，最优子集是总长度最小的生成树。更明确地说，每一个最大独立集 A 对应一棵生成树。因为

$$w'(A)=(|V|-1)w_0-w(A)$$

对于任何最大独立集 A 成立，使 $w'(A)$ 最大的独立集必定使 $w(A)$ 最小。因此，找任意拟阵的最优子集 A 的算法，就可用于解决最小生成树问题。4.5 节给出了求最小生成树问题的算法。这里我们给出适合于任意拟阵的贪心算法。算法的输入是一个加权拟阵 $M=(S, \mathcal{L})$ 和一个相关正权函数 w，算法输出最优子集 A。在伪代码中，用 $S[M]$ 和 $\mathcal{L}[M]$ 表示 M 的两个分量，用 w 表示权函数。算法的贪心策略表现在，它按权值下降次序依次考虑每个元素 $x\in S$，且如果 $A\cup\{x\}$ 独立，则立即将该元素加入集合 A。

```
GREEDY(M, w)
1   A ← ∅
2   Sort S[M]                    //将 S[M] 按权值 w 排成单调递减的次序
3   for each x ∈ S[M]
4       do if A ∪ {x} ∈ 𝓛[M]
5           then A ← A∪{x}
6   return A
```

算法按照权值下降次序依次考虑每个元素 $x\in S$。如果所考虑的元素 x 添加到 A 中后，同时保持 A 的独立性，则将其加入；否则，放弃 x。由拟阵定义，空集是独立的，且 x 被添加到 A 中，仅当 $A\cup\{x\}$ 是独立的。于是，由归纳法，集合 A 总是独立的。因此，GREEDY 总是返回独立集 A。稍后，我们将表明 A 是最大加权子集。由此可得，A 是最优子集。

下面分析 GREEDY 的运行时间。令 n 表示 $|S|$，排序步的运行时间为 $O(n\lg n)$。第 4 行只执行 n 次，因为 S 中的每个元素执行一次。第 4 行的每次执行需要检查集合 $A\cup\{x\}$ 是否是独立的。如果每次检查的时间为 $O(f(n))$，则算法的运行时间为 $O(n\lg n+nf(n))$。以下证明 GREEDY 返回最优子集。

引理 4.11 拟阵具有贪心选择性质。

假设 $M=(S, \mathcal{L})$ 是权函数为 w 的加权拟阵，且 S 按照权值下降次序依次排列。设 x 是 S 中的第一个元素，满足 $\{x\}$ 是独立的(如果存在这样的元素)。如果存在元素 x，那么存在包含 x 的 S 的最优子集 A。

证明：如果不存在这样的 x，那么惟一的独立集 A 是空集，引理平凡成立。设 B 是任意非空最优子集，假设 $x \notin B$（如果 $x \in B$，只需令 $A = B$，引理成立）。

首先证明 B 中不存在大于 $w(x)$ 的元素。注意 $y \in B$，蕴含 $\{y\}$ 是独立的，因为 $B \in \mathscr{L}$ 且 $\mathscr{L}$ 是遗传的。我们选择的 x 保证了对于任意 $y \in B$，有 $w(x) \geqslant w(y)$。

集合 A 构造如下。初始 $A = \{x\}$。由 x 的选择可知，A 是独立的。利用交换性质，不断在 B 中寻找能够添加到 A 中的新元素，同时保证 A 的独立性。这一过程直到 $|A| = |B|$ 为止。

这样，对于某些 $y \in B$，$A = B - \{y\} \bigcup \{x\}$。于是有

$$w(A) = w(B) - w(y) + w(x) \geqslant w(B)$$

因为 B 是最优的，因而 A 也必定是最优的。又因为 $x \in A$，定理得证。证毕。

以下证明，如果元素在初始时未被选中，以后也不会被选中。

引理 4.12 设 $M = (S, \mathscr{L})$ 是拟阵。如果 x 是 S 中的一个元素，该元素是 S 的独立子集 A 的扩展元素，那么 x 也是空集 $\varnothing$ 的扩展元素。

证明：因为 x 是 A 的扩展元素，则有 $A \bigcup \{x\}$ 是独立集。因为 $\mathscr{L}$ 是遗传的，则 $\{x\}$ 必定是独立的。因此，x 是空集 $\varnothing$ 的扩展元素。证毕。

推论 4.13 设 $M = (S, \mathscr{L})$ 是拟阵。如果 x 是 S 中的一个元素，满足 x 不是空集 $\varnothing$ 的扩展元素，那么 x 也不是 S 的独立子集 A 的扩展元素。

证明：这是引理 4.12 的反命题。证毕。

推论表明，如果一个元素不能很快被利用，则它以后永远也不会被利用。因而，若 GREEDY 算法对那些 S 中非空的扩展元素不予选择，那么以后也不予选择。

引理 4.14 拟阵具有最优子结构性质。

设 x 是 S 中第一个被 GREEDY 算法选择的元素，用于加权拟阵 $M = (S, \mathscr{L})$。找包含 x 的最大加权独立子集的问题可以归约为找加权拟阵 $M' = (S', \mathscr{L})$ 的最大加权独立子集的问题，其中：

$$S' = \{y \in S : \{x, y\} \in \mathscr{L}\}$$
$$\mathscr{L} = \{B \subseteq S - \{x\} : B \bigcup \{x\} \in \mathscr{L}\}$$

且 M' 的权函数为受限于 S' 的 M 的权函数。我们称 M' 为由 x 对 M 产生的收缩。

证明：如果 A 是包含 x 的最大加权独立子集，那么，$A' = A - \{x\}$ 是 M' 的独立子集。反之，由任何 M' 的独立子集 A' 可得 M 的独立子集 $A = A' \bigcup \{x\}$。因为在两种情况下都有 $w(A) = w(A') + w(x)$，所以，由 M 中包含 x 的一个最大加权解可得 M' 中的一个最大加权解，反之亦然。证毕。

定理 4.15 拟阵贪心算法的正确性。

如果 $M = (S, \mathscr{L})$ 是权函数为 w 的加权拟阵，则 GREEDY 返回最优子集。

证明：由推论 4.13 可得，初始时被忽略的元素，不是 $\varnothing$ 的扩展元素，可以不予考虑，因为它们不会被用到。一旦第一个元素 x 被选，引理 4.11 蕴含将 x 添加到 A 中是正确的，因为存在包含 x 的最优子集。引理 4.14 蕴含剩下的问题就是在 M 的由 x 引起的收缩 M' 中寻找一个最优子集。在过程 GREEDY 将 A 设置为 $\{x\}$ 之后，剩下的各步可看做是在 $M' = (S', \mathscr{L})$ 中进行的，因为对于所有集合 $B \in \mathscr{L}$，B 在 M' 中是独立的，当且仅当 $B \bigcup \{x\}$ 在 M 中是独立的。因此，GREEDY 的后续操作会找出 M' 的最大加权独立子集，GREEDY

的总操作将找出 M 的最大加权独立子集。证毕。

4.7 作业调度问题

单机上单位时间作业(unit-time job)的最优调度(scheduling)问题可用拟阵理论求解。假定每个作业有一个截止期及一个罚款,如果作业在截止期内没有被处理完,则要招致罚款。问题看似复杂,但用贪心算法求解却出奇地简单。

单位时间的作业可以是运行在计算机上的程序,它只需要一个单位运行时间。给定单位时间作业的有限集合 S,S 的一个调度是 S 的一个排列,它确定作业调度的一个次序。所调度的第一个作业在时刻 0 开始,在时刻 1 完成。第二个作业在时刻 2 完成,等等。

一个处理器上具有截止期和罚款的单位时间的作业调度问题输入如下:

(1) n 个单位时间的作业集合 $S = \{a_1, a_2, \cdots, a_n\}$。

(2) n 个整数截止期 $d_1, d_2, \cdots, d_n$ 的集合,满足 $1 \leqslant d_i \leqslant n$,要求作业 a_i 在 d_i 之前完成。

(3) n 个非负罚款 $p_1, p_2, \cdots, p_n$,满足如果作业 a_i 未在截止期 d_i 之前完成,则招致罚款 p_i,否则不会招致罚款。

问题是要找出作业 S 的一个调度,使得招致的总罚款数达到最小。

考虑给定的一个调度,如果一个作业在截止期后完成,我们说这个作业在调度中是迟的;否则,我们称这个作业是早的。任意一个调度总是可以按照早作业优先的形式排列,在这种方法中,截止期早的作业在截止期迟的作业之前调度。如果某个早的作业 a_i 在某个迟的作业 a_j 之后调度,我们可以交换这两个作业 a_i 和 a_j 的顺序,而作业 a_i 仍然是早的,作业 a_j 仍然是迟的。类似地,任意一个调度总是可以按照规范的形式调度。在这种方法中,早的作业在迟的作业之前调度,并且早的作业按照截止期单调递增的次序调度。我们可以将这种调度方式变成早作业优先的形式。如果有两个早作业 a_i 和 a_j,在调度中完成时刻分别为 k 和 $k+1$,且满足 $d_j < d_i$,我们就可以交换作业 a_i 和 a_j 的位置。因为在交换之前,作业 a_j 是早的,$k+1 \leqslant d_j$。于是,$k+1 < d_i$,因此,交换后 a_i 仍然是早的。在调度中,作业 a_j 被移到了调度中的更前位置,故它在交换后仍然是早的。

寻找最优调度问题可以归约为找一个由早作业组成的作业集合 A。一旦确定集合 A,我们可以按照 A 中作业截止期单调递增的次序列出 A 中的作业,来确定作业的实际调度次序。然后,按照任意次序列出迟的作业,即那些 $S - A$ 中的作业,得到最优调度的规范形式。

如果存在 A 中这些作业的一个调度,满足没有作业是迟的,则称作业调度集合 A 是独立的。显然,调度的早作业集合形成作业的独立集。设 $\mathcal{L}$ 表示所有作业的独立集的集合。

考虑确定一个给定作业集是否独立的问题。对于 $t = 0, 1, 2, \cdots, n$,设 $N_t(A)$ 表示 A 中截止期为 t 或者更早的那些作业的个数。对于任意集合,有 $N_0(A) = 0$。

引理 4.16 对于任意作业集合,以下声明等价:

(1) 集合 A 是独立的。

(2) 对于 $t = 0, 1, 2, \cdots, n$,有 $N_t(A) \leqslant t$。

（3）如果 A 中作业按照截止期单调递增的次序调度，则不存在迟的作业。

证明：显然，如果对于某些 t，$N_t(A)>t$，则一定存在迟的作业被调度，即不存在没有迟作业的调度。这是因为在时刻 t 之前，有多于 t 个作业要完成。于是，（1）蕴含（2）。如果（2）成立，那么（3）也必然成立，因为（2）蕴含着第 i 个作业的最大截止期至多为 i，当按照作业截止期单调递增的次序调度作业时，不会出现问题。最后，（3）蕴含（1）是平凡的。证毕。

利用引理 4.16 中的性质（2），我们可以容易地计算出给定的作业集合是否是独立的。迟作业的罚款之和最小问题等同于早作业的罚款之和最大问题。定理 4.17 保证我们可以利用贪心算法找出具有最大总罚款的作业独立集合 A。

定理 4.17 如果 S 是具有截止期的单位时间作业集合，设 $\mathcal{L}$ 表示作业的所有独立集的集合，那么，对应的系统 $(S,\mathcal{L})$ 是拟阵。

证明：作业独立集的每个子集肯定是独立的。为了证明交换性质，假定 B 和 A 是作业的独立集，且 $|B|>|A|$。设 k 是满足 $N_t(B)\leqslant N_t(A)$ 的最大整数，由于 $N_0(B)=N_0(A)=0$，这样的 k 是存在的。由于 $N_n(B)=|B|$ 和 $N_n(A)=|A|$，但是 $|B|>|A|$，故必有 $k<n$，且对于所有满足 $k+1\leqslant j\leqslant n$ 的 j，有 $N_j(B)>N_j(A)$。因此，在截止期 $k+1$ 时刻，B 中所含的作业数比 A 中的多。设 a_i 是 $B-A$ 中截止期为 $k+1$ 的作业，设 $A'=A\bigcup\{a_i\}$。利用引理 4.16 中的性质（2），我们可以证明 A' 必定是独立的。对于 $0\leqslant t\leqslant k$，有 $N_t(A')=N_t(A)\leqslant t$，因为 A 是独立的。对于 $k<t\leqslant n$，有 $N_t(A')\leqslant N_t(B)\leqslant t$，因为 B 是独立的。由此，A' 是独立的，因而，$(S,\mathcal{L})$ 是拟阵。证毕。

由定理 4.15，我们可以利用贪心算法找出作业的最大加权独立集 A。然后，建立以 A 中作业作为早作业的最优调度。这种方法非常适合于求解单机上具有截止期和罚款的单位时间作业调度问题。利用 GREEDY 过程，这个方法的运行时间为 $O(n^2)$。因为算法每次检查独立性所需时间为 $O(n)$，所以总共有 $O(n)$ 次独立性的检查。

表 4-6 给出了单机上具有截止期和罚款的单位时间作业调度问题的一个例子。例子中，贪心算法选择作业 a_1，a_2，a_3 和 a_4，然后拒绝作业 a_5 和 a_6，最终接受 a_7 和 a_8。最优调度为 $\langle a_2,a_4,a_1,a_3,a_7,a_8,a_5,a_6\rangle$，总罚款为 $p_5+p_6=45$。

表 4-6 具有截止期和罚款的单位时间作业调度的例子

a_i	1	2	3	4	5	6	7	8
d_i	4	2	4	3	1	4	6	6
p_i	70	60	50	40	30	15	10	5

习 题

4-1 在时间序列数据挖掘中所研究的一个问题是，寻找随时间出现的事件序列中的模式。例如，在证券交易所中的买卖过程就是一种带有自然时间顺序的数据资源。给定一个事件的序列 S，希望通过一种有效的方法检测出 S 中的某种模式。例如，期望知道以下 4 个事件

买 Yahoo，买 eBay，买 Yahoo，买 Oracle

是否出现在 S 中，这 4 个有序的事件不必连续。

我们可以从一个可能的事件（可能的交易）集以及 n 个由这些事件组成的序列 S 开始。一个给定的事件可能在 S 中多次出现（如在某个序列 S 中，购买了多次 Yahoo 股票）。如果存在删除序列 S 中某些事件的方法，使得删除后的其余事件按照顺序等于序列 S'，则称 S' 是 S 的一个子序列。例如，上述 4 个序列就是序列

买 Amazon，买 Yahoo，买 eBay，买 Yahoo，买 Yahnoo，买 Oracle

的一个子序列。

试给出一个能够快速检测给定的短序列是否是 S 的子序列的算法，以长度分别为 m 和 n 的两个事件序列 S' 和 S 为输入，假设每个序列包含 2 个以上的事件，要求算法能在 $O(m+n)$ 时间内检测出 S' 是否是 S 的一个子序列。

4-2   Midas 教授沿着 80 号公路驾驶汽车从 A 地行驶到 B 地。他的油箱装满时，可以行驶 n 英里。地图上显示出它所行驶路线上加油站之间的距离。教授希望在沿途加油站做尽可能少的停留。试设计一个有效算法，使得 Midas 教授可以用它确定应该在哪些加油站停留，并证明你设计的算法将产生最优解。

4-3   给定实数轴上点的集合 $\{x_1, x_2, \cdots, x_n\}$，试设计一有效算法，该算法能确定包含所有给定点的最小单位长度闭区间的集合。证明你所设计的算法的正确性。

4-4   假设给定两个集合 A 和 B，每个集合包括 n 个正整数。你可随意选择重排每个集合。重排之后，设 a_i 是集合 A 的第 i 个元素，b_i 是集合 B 的第 i 个元素。你可得到 $\prod_{i=1}^{n} a_i^{b_i}$ 的回报。试设计一有效算法，最大化你的回报。证明你所设计的算法的正确性，并分析算法的运行时间。

4-5   假设需要用很多教室调度一组活动，目标是用尽可能少的教室调度所有的活动。试设计一个贪心算法，确定哪一个活动应使用哪一个教室。（提示：这个问题也称为区间图着色问题。我们可作出一个区间图，其顶点为给定的活动，其边连接不相容的活动。为使任意两个有边相连的顶点的颜色均不相同，所需的最少颜色数对应于找出调度给定所有活动所需的最少教室数。）

4-6   证明：一棵不满的二叉树不能与一个最优前缀编码对应。

4-7   对于以下频率的集合，基于前 8 个斐波那契数的最优哈夫曼编码是什么？基于前 n 个斐波那契的最优哈夫曼编码又是什么？

a：1，b：1，c：2，d：3，e：5，f：8，g：13，h：21

4-8   证明：一棵树的编码总开销可以通过计算所有的内部结点的两个子结点的频率之和得到。

4-9   证明：如果按照字符的单调递减次序进行排序，那么存在最优编码，它们的编码长度是单调递增的。

4-10   将哈夫曼编码推广到三进制编码，即用符号 0、1 和 2 进行编码，并证明它能产生最优编码。

4-11   假设某一数据文件包含 8 位字符的一个序列，满足所有 256 个字符的频率相差无几，最大字符频率小于最小字符频率的两倍。证明在这种情况下，哈夫曼编码的效率

不会比通常 8 位定长编码高。

4-12 证明：没有一种数据压缩方式能对随机选择的 8 位字符文件进行压缩。（提示：将文件数与可能的编码文件数进行比较。）

4-13 证明：如果边 (u, v) 包含在某个生成树中，那么它是穿过图的某个割的轻边。

4-14 证明：如果对于图的每个割，存在穿过割的惟一轻边，则图有惟一最小生成树。给出一反例，证明逆命题不成立。

4-15 证明：如果图中所有边上的权值为正，那么，连接所有顶点且总权值最小的边的子集是一棵树。给出例子证明如果存在权值非负的边，那么这个命题并不成立。

4-16 对于某个图 G，Kruskal 算法可能返回不同的生成树，这取决于对边进行排序时，如何打破结。证明：对于 G 的每棵最小生成树 T，存在对 G 中边排序的方式，使得 Kruskal 算法返回 T。

4-17 假设图 $G = (V, E)$ 用邻接矩阵表示。给出 Prim 算法的一个简单实现，使它的运行时间为 $O(V^2)$。

4-18 对于稀疏图 $G = (V, E)$，其中 $|E| = \Theta(V)$，Prim 算法的斐波那契堆实现渐近快于二叉堆实现吗？对于稠密图，其中 $|E| = \Theta(V^2)$，结果又如何？如果要斐波那契堆实现 Prim 算法渐近快于二叉堆实现 Prim 算法，那么 $|E|$ 和 $|V|$ 的关系如何？

4-19 假设图中所有边上的权值均为从 1 到 $|V|$ 之间的整数，那么，你能使 Kruskal 算法运行到多快？如果所有边上的权值为从 1 到 W 之间的整数，情况又如何？其中 W 为某个常数。

4-20 假设图中所有边上的权值均为从 1 到 $|V|$ 之间的整数。那么，你能使 Prim 算法运行到多快？如果所有边上的权值为从 1 到 W 之间的整数，情况又如何？其中 W 为某个常数。

4-21 Toole 教授提出了一种新的分治法，用来计算最小生成树。给定图 $G = (V, E)$，将顶点集合 V 划分成两个集合 V_1 及 V_2，满足 $|V_1|$ 和 $|V_2|$ 至多相差 1。设 E_1 是仅依附于 V_1 中顶点边的集合，E_2 是仅依附于 V_2 中顶点边的集合，递归地求这两棵子树 $G_1 = (V_1, E_1)$ 和 $G_2 = (V_2, E_2)$ 的最小生成树。最后，选择 E 中穿过割 (V_1, V_2) 的最小加权边，利用这条边将这两棵子树的最小生成树连接起来形成一棵最小生成树。试证明该算法能够正确地计算一棵最小生成树；或者给出反例，证明该算法是错误的。

4-22 次优最小生成树 (second-best minimum spanning tree)。设 $G = (V, E)$ 为一无向加权连通图，权函数为 $w: E \rightarrow R$，假定 $|E| \geqslant |V|$，且所有边上的权值互不相同。

次优最小生成树定义如下：设 $\mathcal{J}$ 是 G 的所有生成树的集合，T' 是 G 的最小生成树，次优最小生成树是满足 $w(T) = \max_{T'' \in \mathcal{J} - \{T'\}} \{w(T'')\}$ 的生成树 T。

(1) 证明最小生成树是惟一的，而次优最小生成树不必惟一。

(2) 设 T 是 G 的最小生成树，证明存在边 $(u, v) \in T$ 且 $(x, y) \notin T$，满足 $T - \{(u, v)\} \cup \{(x, y)\}$ 是 G 的次优最小生成树。

(3) 设 T 是 G 的生成树，对于任意两个顶点 $u, v \in V$，设 $\max[u, v]$ 是 u 和 v 之间的惟一路径上权值最大的边。对于给定的 T，所有结点 $u, v \in V$，试设计一计算 $\max[u, v]$ 且运行时间为 $O(V^2)$ 的算法。

(4) 给出一计算 G 的次优最小生成树的有效算法。

4-23 稀疏图的最小生成树。对于非常稀疏连通图 $G=(V, E)$，在运行 Prim 算法之前对 G 进行预处理，可降低图 G 中的顶点数目。利用斐波那契数据结构，可以将 Prim 算法的运行时间改进为 $O(E+V \text{ lb } V)$。特别地，对于每个顶点 u，我们选择依附于 u 的最小权值边 (u, v)，将边 (u, v) 添加到正在构造的最小生成树中。然后，我们收缩所有选择的边，而不是每次一条地收缩那些边。我们首先确定联合成相同新顶点的顶点集合，然后我们构造这样一个图，它是通过一次收缩一条边所形成的图。我们按照它们的端点放入集合的次序，重新对边进行命名。来自原图中的一些边的命名可能相同。在这种情况下，只算它所在的原始边中权值最小的那条边。

初始时，设置待构造的最小生成树 T 为空。对于每条边 (u, v)，设置 $orig[u, v]=(u, v)$，且 $c[u, v]=w(u, v)$。用 $orig$ 指向原初始图中的边，这条边与收缩图中的一条边关联。c 保存边的权值，当边收缩时，按照上述选择边权值的模式对它进行更新。过程 MST-REDUCE 的输入为 G、$orig$、c 和 T。该过程返回收缩图 G'，以及图 G' 更新的 $orig'$ 和 c'。该过程同时将 G 中累积的边变成最小生成树 T。

```
MST-REDUCE(G, orig, c, T)
1    for each v∈V[G]
2        do mark[v] ← FALSE
3           MAKE-SET(v)
4    for each u∈V[G]
5        do if mark[u]=FALSE
6            then 选择使 c[u, v]达到最小 v∈Adj[u]
7               UNION(u, v)
8               T ← T ∪ {orig[u, v]}
9               mark[u] ← mark[v] ← TRUE
10   V[G'] ← {FIND-SET(v)：v∈V[G]}
11   E[G'] ←∅
12   for each (x, y)∈E[G]
13       do u ← FIND-SET(x)
14          v ← FIND-SET(y)
15          if (u, v)∉E[G']
16             then E[G'] ← E[G'] ∪ {(u, v)}
17                orig'[u, v] ← orig[u, v]
18                c'[u, v] ← c[x, y]
19             else if c[x, y]<c'[u, v]
20                then orig'[u, v] ← orig[x, y]
21                    c'[u, v] ← c[x, y]
22   构造 G' 的邻接表 Adj
23   return G', orig', c', and T
```

（1）设 T 是 MST-REDUCE 返回的边集，A 是图 G' 通过调用 MST-PRIM(G', c', r) 形成的最小生成树，其中 r 是 $V[G']$ 中的任一顶点。证明 $T \cup \{orig'[x, y]：(x, y) \in A\}$ 是 G 的最小生成树。

（2）证明 $|V[G']| \leqslant |V|/2$。

（3）如何实现 MST-REDUCE，使得它的运行时间为 $O(E)$。（提示：利用简单数据结构。）

（4）假设我们运行 k 步 MST-REDUCE，利用一步产生的输出 G'、$orig'$ 和 c' 作为下一步的输入 G、$orig$ 和 c，并累积 T 中的边。证明 k 步的运行时间为 $O(kE)$。

（5）假设运行 k 步 MST-REDUCE 之后，调用 MST-PRIM(G', c', r) 算法运行 Prim 算法，其中的 G' 和 c' 是最后一步返回的结果，r 是 $V[G']$ 中的任一顶点。如何选择 k，使得算法的运行时间为 $O(E \text{ lb}(\text{lb } V))$？证明你所选择的 k 值，使渐近运行时间达到最小。

（6）$|E|$ 取何值时（$|V|$ 的函数），具有预处理的 Prim 算法渐近优于没有预处理的 Prim 算法？

4-24　瓶颈生成树(bottleneck spanning tree)。无向图 G 的瓶颈生成树 T 是一棵 G 的生成树，它的最大权值边是 G 的所有生成树中最小的，称瓶颈生成树的值为 T 中最大权值边上的权值。

（1）证明最小生成树是瓶颈生成树。（结果表明，找瓶颈生成树不会比找最小生成树难。在后面的部分中，我们将会看到，用线性时间可以找出瓶颈生成树。）

（2）给定图 G 和一个整数 b，试设计一线性算法，确定瓶颈生成树的值是否至多为 b。

（3）试设计找瓶颈生成树的线性时间算法，利用（2）中所设计的算法作为子例程。（提示：你可以利用收缩边集合的子例程，如同习题 4-23 中描述的 MST-REDUCE 过程。）

4-25　设 S 是有限集，S_1，S_2，$\cdots$，S_k 是将 S 划分成的非空不相交子集。定义结构 $(S, \mathscr{L})$，且 $\mathscr{L}$ 满足 $\mathscr{L} = \{A : |A \cap S_i| \leqslant 1, i = 1, 2, \cdots, k\}$。证明：$(S, \mathscr{L})$ 是拟阵，即至多包含划分块中一个元素的所有集合 A 的集合确定了拟阵的独立集。

4-26　硬币兑换问题。考虑用最少硬币兑换 n 分钱的问题。假定每个硬币值为整数。

（1）试设计一贪心算法，可以兑换包括 25 美分、10 美分、5 美分和 1 美分的硬币。证明你所设计的算法可以得到最优解。

（2）假定可换的硬币票面价值为 c^0，c^1，$\cdots$，c^k，其中 c 是大于 1 的整数，且 $k \geqslant 1$。证明贪心算法总是可以产生最优解。

（3）试给出一组硬币面值的集合，这个集合使得贪心算法并不产生最优解。你的集合应该包括 1 美分硬币面值，从而使得对于每个 n 值都会有解。

（4）试设计运行时间为 $O(nk)$ 的算法，它能够兑换任意 k 个不同面值的硬币，假设其中一个硬币为 1 美分。

第5章 回 溯 法

在图的搜索和遍历过程中，其中的一个问题是要求确定在一个给定的图$G=(V, E)$中，是否存在一条从结点u到结点v的路径，更一般的形式则是确定与某已知源点是否有相通的所有结点。常用的方法有广度优先搜索方法和深度优先搜索方法，这些方法基于给定图中结点及边的信息（可能还有边上权值的信息），按照某种规则系统地搜索和遍历图中的每个结点，从而得到问题的解。图中信息是显式给定的。对于有些问题，可能仅给出初始结点、目标结点以及某些约束条件。在搜索过程中，要求按照某种扩展规则对结点进行扩展，找出其他结点，这个过程是一个逐步显式化的过程。在这个过程中，首先要列出所有的候选解（candidate solution），然后按照某种方法检查每一个候选解，最后找出问题的解。通常候选解集合元素的数量很大，有时甚至达到指数级。常用的检查候选解集合的方法有两种：回溯法和分枝限界法。这些方法可以使我们避免对很大的候选解集合进行检查，同时能够保证在算法运行结束时可以找到问题的解。

本章重点讨论回溯法，并讨论这种方法在组合优化问题中的应用。

5.1 回溯法的基本原理

回溯法（backtracking）是一种系统地搜索问题解的方法。为了实现回溯，首先需要为问题定义一个解空间（solution space），这个空间必须至少包含问题的一个解（可能是最优的）。在一般的情况下，我们会将问题的解表示成一个向量$\boldsymbol{X}=(x_1, x_2, \cdots, x_n)$，其中元素$x_i \in S_i$。通常，需要找出满足某一约束条件且使某一规范函数取最大值（或最小值）的解向量。这样的一个向量可能表示一种排列，其中x_i表示排列的第i个元素，或者表示对于给定集合S，x_i为真，当且仅当第i个元素在集合S_i中。我们称满足问题约束条件的解为可行解（feasible solution）。

回溯算法一次扩展一个元素。在回溯算法的每一步中，假定我们已经构造了问题的部分解，如问题解向量的前k个元素，$k \leqslant n$。通过这个部分解$(x_1, x_2, \cdots, x_k)$，我们要构造第$k+1$个位置上可能的候选解集合S_{k+1}，然后通过在向量最后添加另一元素来对当前解进行扩展，以得到更长的一个部分解。在对部分解进行扩展之后，我们必须检查到目前为止的解是否是问题的一个解，如果是问题的解，则输出；否则，我们需要检查这个部分解是否可以继续扩展成为问题的解。如果可以，则进行递归调用并继续这一过程；如果不可以继续扩展，则从x中删除最后添加的元素，并再尝试这个位置是否存在另一元素。然而，在某些点上，S_{k+1}可能为空，即不存在合法的方式对当前解进行扩展。如果是这样，我们必须进行回溯（backtrack），用S_k中的下一候选解代替x_k，即部分解中的最后一项。这就是回溯方法的由来，过程 BACKTRACKING 描述了这一思想。

BACKTRACKING(X)

1   计算解 X 的第一个元素的候选集合 S_1

2    $k \leftarrow 1$

3   **while** $k>0$ **do**   //扩展

4   **while** $S_k \neq \varnothing$ **do**   //第 k 个元素的候选解不空

5            $x_k \leftarrow S_k$ 中的下一元素

6            $S_k \leftarrow S_k - \{x_k\}$

7   **if** $X=(x_1, x_2, \cdots, x_k)$ 是问题的解

8   **then** 输出

9            $k \leftarrow k+1$

10   计算解 X 的第 k 个元素的候选解集合 S_k

11    $k \leftarrow k-1$ //回溯

12   **return**

    回溯法构造了问题部分解的一棵树,树中的每个结点都是问题的一个部分解。如果结点 y 是由结点 x 直接扩展的,那么 x 与 y 之间有一条边。我们可以从部分解所构成的树来更深刻地理解回溯的本质,因为解的构造过程正好对应于深度优先遍历树的过程。将回溯过程看做深度优先搜索,自然会产生这个基本算法的递归过程 BACKTRACKING-DFS。

BACKTRACKING-DFS(X, k)

1   **if** $X=(x_1, x_2, \cdots, x_k)$ 是问题的解

2   **then** 输出

3   **else**

4        $k \leftarrow k+1$

5   计算解 X 的第 k 个元素的候选集合 S_k

6   **while** $S_k \neq \varnothing$ **do**   //第 k 个元素的候选解不空

7            $x_k \leftarrow S_k$ 中的下一元素

8            $S_k \leftarrow S_k - \{x_k\}$

9   BACKTRACKING-DFS(X, k)

10   **return**

    尽管广度优先搜索也能用来枚举问题的所有解,但由于受到所要求的存储空间限制,一般倾向于进行深度优先搜索。在深度优先搜索中,我们可用从根到当前结点的路径表示当前的搜索状态,这使得问题所需的存储空间与树的高度成正比。在广度优先搜索中,可用队列存储树当前层的所有结点,此时所需空间与搜索树的宽度成正比。有趣的是,树的宽度有时将会随着树高成指数增长。为了真正理解回溯算法如何工作,我们通过正确定义问题的状态空间来构造诸如问题的所有排列、子集这样的对象。以下为描述几个状态空间的例子。

1. 子集树的构造

    当所给的问题是从 n 个元素的集合中找出满足某种性质的子集时,相应的解空间树称为子集树(subset tree)。在组合优化问题求解中,常常用到子集树的概念。例如,对于 n 个元素的整数集 $\{1, 2, \cdots, n\}$,$n=1$ 时,只有两个子集,即 $\{\}$ 和 $\{1\}$;$n=2$ 时,有 4 个子集;$n=3$ 时,有 8 个子集。每增加一个新元素,都使子集个数加倍,因此对于 n 个元素,有 2^n 个子集。又例如,0-1 背包问题对应的解空间就是一棵子集树,树中所有结点都可能成为

问题的一个解。子集树中至多有 2^n 个叶结点。$n=3$ 时,子集树如图 5-1 所示。因此,任何算法遍历子集树所需的运行时间为 $\Omega(2^n)$。

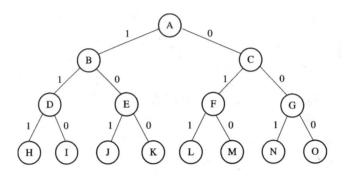

图 5-1　0-1 背包问题的子集树($n=3$)

为了构造所有 2^n 个子集,我们可以建立一个有 n 个单元的数组或向量,其中 x_i 的值或为真或为假,表明 x_i 是否属于某个给定子集。利用回溯算法中候选解的表示可得,$S_k=(\text{true}, \text{false})$。当 $k \geqslant n$ 时,$\boldsymbol{X}$ 是问题的解。

利用状态空间表示法,回溯算法在构造集合$\{1,2,3\}$的子集过程中将产生以下部分解序列:

$$\{1\} \to \{1,2\} \to \{1,2,3\} * \to \{1,2,-\} * \to \{1,-\} \to \{1,-,3\} * \to \{1,-,-\}$$
$$* \to \{1,-\} \to \{1\} \to \{-\} \to \{-,2\} \to \{-,2,3\} * \to \{-,2,-\} * \to \{-,-\} \to$$
$$\{-,-,3\} * \to \{-,-,-\} * \to \{-,-) \to \{-\} \to \{\}$$

其中,"$*$"表示完整子集,部分解中的"$-$"表示这个位置不选。第 i 个位置为真,则用 i 自身表示。

通过这个例子,我们能够更好地理解回溯的过程。集合$\{1,2,3\}$的子集树如图 5-2 所示。

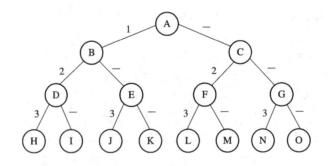

图 5-2　集合$\{1,2,3\}$的子集树

2. 排列树的构造

当所给的问题是从 n 个元素的集合中找出满足某种性质的排列时,相应的解空间树称为排列树(permutation tree)。例如,对于$\{1,2,\cdots,n\}$的一个排列,其第一个元素可以有 n 种不同的选择。一旦选定这个值 x_1,则第 2 个位置有 $n-1$ 种选择,重复这个过程,得到不同排列的总数为 $n!$。排列树中至多有 $n!$ 个叶结点,因此任何算法遍历排列树所需的运行时间为 $\Omega(n!)$。又例如,n 皇后问题对应的解空间就是一棵排列树。

这样的计算给出了一种合适的表示方式。为了构造出所有 $n!$ 种排列，可以设一个具有 n 个元素的数组。第 k 个位置的候选解的集合就是那些不在前 $k-1$ 个元素的部分解中出现的元素集合，因此，$S_k = \{1, 2, \cdots, n\} - \boldsymbol{X}$。当 $k = n+1$ 时，向量 $\boldsymbol{X}$ 就是问题的解。通过这种表示方法，将按照如下次序产生 $\{1, 2, 3\}$ 的排列：

$$\{1\} \rightarrow (1, 2) \{1, 2, 3\} * \rightarrow \{1, 2\} \rightarrow \{1\} \rightarrow \{1, 3\} \rightarrow \{1, 3, 2\} * \rightarrow \{1, 3\} \rightarrow$$
$$\{1\} \rightarrow \{\} \rightarrow \{2\} \rightarrow \{2, 1\} \rightarrow \{2, 1, 3\} * \rightarrow \{2, 1\} \rightarrow \{2\} \rightarrow \{2, 3\} \rightarrow \{2, 3, 1\} * \rightarrow \{2, 3\}$$
$$\rightarrow \{2\} \rightarrow \{\} \rightarrow \{3\} \rightarrow \{3, 1\} \rightarrow \{3, 1, 2\} * \rightarrow \{3, 1\} \rightarrow \{3\} \rightarrow \{3, 2\} \rightarrow \{3, 2, 1\} * \rightarrow$$
$$\{3, 2\} \rightarrow \{3\} \rightarrow \{\}$$

3. 搜索树的构造

枚举出给定图中从源点 s 到 t 的所有路径要比列出所有排列或者子集的问题更复杂一些。不像上述的例子，没有关于顶点或者边个数的函数可用作计算问题解的显式公式，这是因为路径的个数取决于给定图的结构。

由于到 t 的所有路径的开始点相同，因此 $S_1 = \{A\}$。第 2 个位置上候选解的集合是那些满足 (A, v) 为图中边的结点集合。因此，对于路径上的从一结点到另一结点的遍历过程，可以利用边定义合法步。一般而言，S_{k+1} 由还未在部分解中出现的相邻的顶点集组成。当 $x_k = t$ 时，输出问题的解。我们必须设置解向量 $\boldsymbol{X}$ 的大小为 n，尽管大多数路径可能会比 n 小。图 5-3 所示的搜索树 (searching tree) 给出了给定图中从顶点 A 开始的所有路径。树中的结点按照深度优先搜索编号。

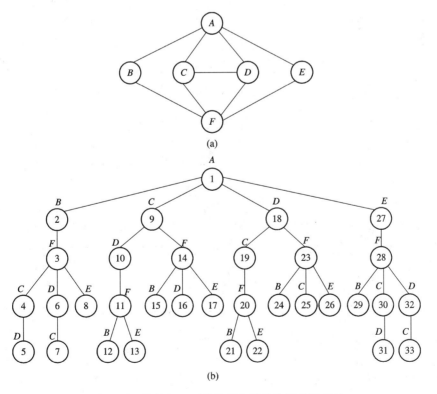

图 5-3 从顶点 A 开始的所有简单路径的搜索树

5.2 n 皇后问题

一个经典的组合优化问题是在一个 $n \times n$ 的棋盘上放置 n 个皇后，且使得每两个皇后之间都不能相互攻击，即它们中的任意两个都不能位于同一行、同一列或者同一对角线上。对于 $n=8$ 的情形，我们称之为 8 皇后问题(8-queen problem)。我们首先讨论 8 皇后问题，然后可以很容易地将它推广到 n 皇后问题。

1. 8 皇后问题

我们给棋盘上的行和列从 1 到 8 编号，同时也给皇后从 1 到 8 编号。由于每一个皇后应放在不同的行上，不失一般性，假设皇后 i 放在第 i 行上，因此 8 皇后问题可以表示成 8 元组 $(x_1, x_2, \cdots, x_8)$，其中 $x_i(i=1,2,\cdots,8)$ 表示皇后 i 所放置的列号。这种表示法的显式约束条件是 $S_i=\{1,2,3,4,5,6,7,8\}$，$i=1,2,\cdots,8$。在这种情况下，解空间由 8^8 个 8 元组组成，而隐式约束条件是没有两个 x_i 相同(即所有皇后必须在不同列上)，且满足不存在两个皇后在同一条对角线上。加上隐式约束条件，问题的解空间可进一步减小。此时，解空间大小为 8!，因为所有解都是 8 元组的一个置换。图 5-4 表示了 8 皇后问题的一个解。

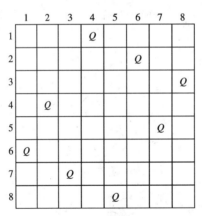

图 5-4　8 皇后问题的一个解

我们可以用一棵树表示 8 皇后问题的解空间。由于 8 皇后问题的解空间为 8! 种排列，因此我们将要构造的这棵树实际上是一棵排列树。为了简单起见，图 5-5 只给出了 $n=4$ 时问题的一种可能树结构。这棵树有 24 个叶子结点，树中结点按照深度优先搜索编号，树中的边表示 x_i 可能取的值。假定树的根为第 1 层，树中第 1 层到第 2 层的边上的数字表示 x_1 可能取的值。最左边的子树包含 $x_1=1$ 的所有解，最左子树的左子树包含 $x_1=1$ 且 $x_2=1$ 的所有解。第 i 层到第 $i+1$ 层的边上表示 x_i 可能取的值。因此，从根结点到叶子结点的所有路径定义了问题的解空间。

树中的每一个结点确定所求问题的一个问题状态(problem state)。由根结点到其他结点的所有路径确定了问题的状态空间(state space)。从根结点到叶子结点的所有路径定义了问题的解空间，我们称解空间中那些满足约束条件的状态为答案状态(answer state)。解空间的树结构称为状态空间树(state space tree)。结点 31 为答案状态，对应的解为 $(2,4,1,3)$。在 4 皇

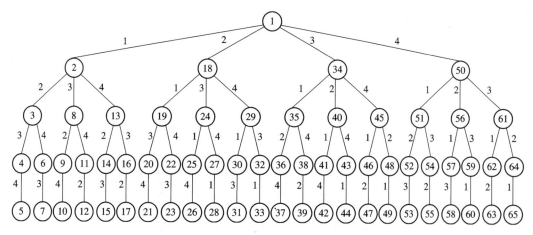

图 5-5　4皇后问题解空间的树结构

后问题解空间的树结构中，在每一个内部结点处，将问题的解空间分为互不相交的子集。例如，在结点1处，解空间被分成四个不相交的集合，即分别以结点2、18、34和50为根的子树。在结点18处，$x_1=2$，这棵子树所表示的子解空间进一步被分成三个互不相同的子集。

对于给定的问题，一旦设想出它的一种状态空间树，就可以按照一定的方式生成问题的状态，并确定问题的答案状态。有两种生成问题状态空间的方法，这两种方法都是从根结点开始生成其他结点。如果一个结点已经生成一个子结点，而它的所有子结点还未全部生成，则称这个结点为活结点(active node)，称当前正在生成其子结点的活结点为扩展结点(expansion node)或 E 结点，不再进一步扩展的子结点或者其子结点已全部生成的结点称为死结点(dead node)。在这两种方法中，都要保存一个活结点表。在第一种方法中，一旦当前的 E 结点 A 生成一个子结点 B，就将该子结点 B 变成活结点，当检查完子树 B 之后，A 结点再次成为 E 结点。这就是深度优先生成结点。在第二种方法中，一个 E 结点一直保持到变成死结点为止。在这两种方法中，将用限界函数杀死那些还没有全部生成子结点的活结点。需要仔细考虑限界函数的设计，使得算法结束时存在答案结点。有时还要根据题意，使设计的限界函数能够生成问题的所有解。使用限界函数的深度优先生成结点的方法称为回溯法。E 结点一直保持到死为止的状态空间生成结点的方法称为分枝限界法(branch-and-bound)。我们将在下一章讨论分枝限界法。

在实际中，我们并不需要生成问题的整个状态空间。我们通过使用限界函数(bounding function)来杀死那些还没有生成其所有子结点的活结点。如果用$(x_1, x_2, \cdots, x_i)$表示到当前 E 结点的路径，那么x_{i+1}就是这样的一些结点，它使得$(x_1, x_2, \cdots, x_i, x_{i+1})$没有两个皇后处于相互攻击的棋盘格局。在 4 皇后问题中，惟一开始结点为根结点1，路径为()。开始结点既是一个活结点，又是一个 E 结点，它按照深度优先的方式生成一个新结点2，此时路径为(1)，这个新结点2变成一个活结点和新的 E 结点，原来的 E 结点1仍然是一个活结点。结点2生成结点3，但立即被杀死。于是，回溯到结点2，生成它的下一个结点8，且路径变为(1,3)。结点8成为 E 结点，由于它的所有子结点不可能导致答案结点，因此结点8也被杀死。回溯到结点2，生成它的下一个结点13，且路径变为(1,4)。图 5-6 表示 4 皇后问题回溯时的部分状态空间树。图中一个结点一旦被限界函数杀死，则用 B 做上记号。

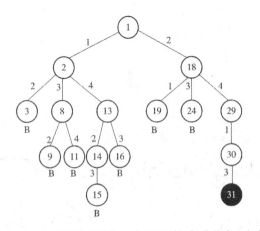

图 5-6　具有限界函数的 4 皇后问题的部分状态空间树

2. n 皇后问题及回溯算法

我们可以很容易地将 8 皇后问题推广到 n 皇后问题（n-queen problem），即找出 $n \times n$ 的棋盘上放置 n 个皇后并使其不能互相攻击的所有解。设 $\boldsymbol{X} = (x_1, x_2, \cdots, x_n)$ 表示问题的解，其中 x_i 表示第 i 个皇后放在第 i 行所在的列数。由于不存在两个皇后位于同一列上，因此 x_i 互不相同。设有两个皇后分别位于棋盘 (i, j) 和 (k, l) 处，如果两个皇后位于同一对角线上，则表明它们所在的位置应该满足：$i - j = k - l$ 或 $i + j = k + l$。综合这两个等式可得，如果两个皇后位于同一对角线上，那么它们的位置关系一定满足 $|j - l| = |i - k|$。下面的算法 N-QUEEN 给出 n 皇后问题的所有解。

```
N-QUEEN(n)
1    x[1] ← 0                        //第1个皇后的列位置初始化
2    k ← 1                           //当前行
3    while k>0 do
4        x[k] ← x[k]+1               //到下一列
5        while x[k] ≤ n & not PLACE(k) do
6            x[k] ← x[k]+1
7        if x[k] ≤ n                 //找到一个位置
8            then if k=n             //测试是否为问题的解
9                then output(X)      //输出解
10               else k ← k+1        //转下一行，即给下一个皇后找位置
11                   x[k] ← 0        //初始化当前皇后列取值
12           else k ← k-1            //回溯
13   return
```

第 1～2 行进行初始化。第 3 行的 while 循环表示对所有行执行循环体，计算 x_k 值。在第 5～6 行的 while 循环中，对于每一个 x_k 值，调用 PLACE 过程测试它的合法性，即寻找满足约束条件的 x_k 值。第 7 行中，如果找到一个放置位置，则进一步测试所求 $(x_1, x_2, \cdots, x_k)$ 是否为问题的解，这只需判断 k 是否等于 n 即可。如果是问题的解，则输出（第 9 行），否则通过赋值语句将 k 值增加 1，继续外层 while 循环。如果第 7 行的条件为假，则表明不存在合法的 x_k 值，此时将 k 值减 1（第 12 行），进行回溯。

PLACE 过程如下：

PLACE(k)
1    $i \leftarrow 1$
2   **while** $i < k$ **do**
3   **if** $(x[i] = x[k]$ **or** $abs(x[i] - x[k]) = abs(i - k)$ //同一列或同一对角线有两个皇后
4   **then return**(false)
5        $i \leftarrow i + 1$
6   **return**(true)

PLACE 过程检测到目前为止的第 k 个皇后所在的列数 x_k，是否与前 $k-1$ 个皇后所在列 $x_i (1 \leq i \leq k-1)$ 在同一列或在同一对角线上（第 3 行）。如果这些条件都不违反，则返回 true，否则返回 false。

5.3 子集和数问题

1. 子集和数问题及回溯算法

子集和数问题（subset-sum problem）是指给定 n 个互不相同的正整数 $p_i (1 \leq i \leq n)$ 及一个正数 S，要求找出 $\sum p_i$ 为 S 的所有子集。若 $n = 6$，$(p_1, p_2, p_3, p_4, p_5, p_6) = (5, 10, 12, 13, 15, 18)$，$S = 30$，则满足条件的子集有 $(5, 10, 15)$、$(5, 12, 13)$ 和 $(12, 18)$。我们也可以用向量的下标表示解向量，这样表示比用 p_i 组成的表示更为方便。用这种表示法，上述的三个解为 $(1, 2, 5)$、$(1, 3, 4)$ 和 $(3, 6)$。因而，我们可以用子集树表示子集和数问题的解空间。解的形式为 k 元组 $(x_1, x_2, \cdots, x_k)$，$1 \leq k \leq n$，并且不同的解其元组大小可不同。约束条件为 x_i 互不相同且 $\sum x_i = S$。为了避免由于次序不同、元素相同所产生相同解，我们加上条件：$x_i < x_{i+1}$，$1 \leq i < n$。我们称这种表示法为变长元组表示法，如图 5-7 所示。图中结点按照广度优先搜索编号。在第 i 层与第 $i+1$ 层的边上表示 p_i 被选中时的下标，最左边的子树表示选中 p_1 的所有子集，根的第 2 棵子树则确定了选中 p_2 但不选 p_1 的所有子集，其中黑色结点表示答案结点。

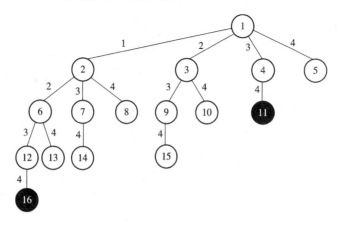

图 5-7 子集和数问题变长元组表示法的子集树结构

我们可以用另一种形式表示子集和数问题。解的子集用 n 元组 $(x_1, x_2, \cdots, x_n)$ 表示，其中每个 $x_i \in \{0, 1\}$，$1 \leqslant i \leqslant n$。如果 p_i 未被选中，则 x_i 为 0，否则 x_i 为 1。这种表示法称为定长元组表示法。利用这种表示法，上述解又可表示为 $(1, 1, 0, 0, 1, 0)$、$(1, 0, 1, 1, 0, 0)$ 和 $(0, 0, 1, 0, 0, 1)$。图 5-8 表示了子集和数定长元组表示法的子集树结构。图中结点按照深度优先搜索编号。在第 i 层与第 $i+1$ 层的边上表示 p_i 被选中时的下标，最左边的子树表示选中 p_1 的所有子集，根的第 2 棵子树则确定了选中 p_2 但不选 p_1 的所有子集，黑色结点表示答案结点。

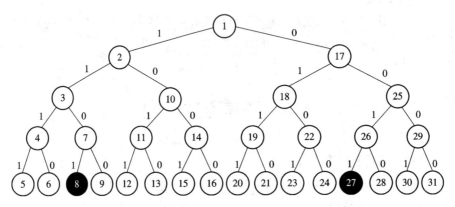

图 5-8 子集和数问题定长元组表示法的子集树结构

对于子集和数问题定长元组表示法，产生它的任一子结点是较容易的。对于第 i 层上的一个结点，它的左孩子为 $x_i = 1$，右孩子为 $x_i = 0$。假定 p_i 按照非降次序排列，限界函数可设计为

$$\sum_{i=1}^{k} p_i x_i + \sum_{i=k+1}^{n} p_i \geqslant S \quad \text{且} \quad \sum_{i=1}^{k} p_i x_i + p_{k+1} \leqslant S$$

这两个条件保证算法 SUBSET-SUM 可以找到问题的解。

```
SUBSET-SUM(S, p, s, k, r)                          //前 k−1 个 xi 值已确定
1    x[k] ← 1                                       //生成左孩子
2    if s+p[k]=S                                    //如果条件为真，表明找到解
3        then output x1, x2, …, xk, 0, …, 0         //输出问题解
4        else if s+p[k]+p[k+1] ≤ S                  //测试递归调用的条件
5            then SUBSET-SUM(S, p, s+p[k], k+1, r−p[k])
                                                     //前 k 个 xi 值已确定，且 xk←1
6    if s+r−p[k] ≥ S and s+p[k+1] ≤ S              //生成右孩子
7        then x[k] ← 0
8            SUBSET-SUM(S, p, s, k+1, r−p[k])       //前 k 个 xi 值已确定，且 xk←0
9    return
```

算法中 p 为由 n 个互不相同整数 p_i 组成的数组，S 为子集和数，为一整型量。初始时，以 $s=0$，$k=1$ 和 $r = \sum_{i=1}^{n} p_i$ 为初值，调用 SUBSET-SUM$(S, p, 0, 1, \sum_{i=1}^{n} p_i)$。算法中假定 $p_1 \leqslant S$，$\sum_{i=1}^{n} p_i \geqslant S$。在调用 SUBSET-SUM$(S, p, s, k, r)$ 时，前 $k-1$ 个 x_k 已经确定，

相应的子集和为 $s=\sum_{i=1}^{k-1}p_ix_i$，其余整数之和为 $r=\sum_{i=k}^{n}p_i$。算法中没有设置显式条件 $k>n$ 来终止递归调用，这是因为在算法一开始，有 $s\neq S$ 且 $s+r\geqslant S$，因此，$r\neq 0$（否则 $r=0$，会使 $s\neq S$ 且 $s+r\geqslant S$ 发生矛盾），从而 k 不可能大于 n。由第 4 行的条件 $s+p_k<S$ 且 $s+r\geqslant S$ 可得 $r\neq p_k$（否则，得出 $s+r<S$ 且 $s+r\geqslant S$ 的矛盾），从而有 $k+1\leqslant n$。

2. 子集和数问题算法示例

图 5-9 显示本小节例子 $n=6$，$(p_1,p_2,p_3,p_4,p_5,p_6)=(5,10,12,13,15,18)$，$S=30$，运行算法 SUBSET-SUM 后，所生成状态空间树的部分结果。初始时，$s=0$，$k=1$，$r=\sum_{i=1}^{6}p_i=73$。

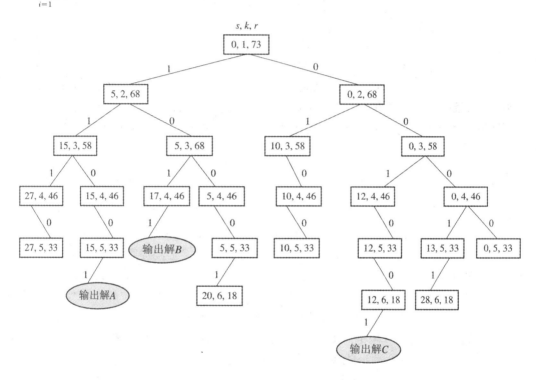

图 5-9 算法 SUBSET-SUM 所生成状态空间树的一部分

树的第 i 层与第 $i+1$ 层之间边上的数字表示 $x_i=1$ 或者 0。在阴影结点处，表示问题的三个解，分别为 $(1,1,0,0,1,0)$、$(1,0,1,1,0,0)$ 和 $(0,0,1,0,0,1)$。

当要求解的问题需要根据 n 个元素的一个子集来优化某些函数时，解空间的状态空间树可看做子集树。因而，对有 n 个不相同的整数 p_i 和一个正整数 S 的子集和数问题，不论采用哪一种表示法，它的解空间树都是一棵子集树。当采用定长元组表示法时，这样的一棵树有 2^n 个叶子结点，全部结点有 $2^{n+1}-1$ 个。因此，任一对树中所有结点进行遍历的算法都必须耗时 $\Omega(2^n)$。当要求解的问题需要根据一个 n 元素的排列来优化某些函数时，解空间树被称做排列树。这样的树有 $n!$ 个叶子结点，所以每一个遍历树中所有结点的算法都必须耗时 $\Omega(n!)$。n 皇后问题就是其中的一个例子。在 n 皇后问题与子集和数问题中，我们通过引入限界函数来杀死不能导致可行解的那些结点，这使得搜索空间减少，降低了算法的运行时间。回溯法的一般执行步骤如下：

(1) 定义一个解空间，它包含问题的解。

(2) 用适于搜索的方式组织该空间。

(3) 用深度优先法搜索该空间，利用限界函数来避免移动到不可能产生解的子空间。

回溯算法的一个有趣的特性是在搜索执行的同时产生解空间，在搜索期间的任何时刻，仅保留从开始结点到当前 E 结点的路径，因此回溯算法的空间需求为 O（从开始结点起的最长路径的长度）。这个特性非常重要，因为解空间的大小通常是最长路径长度的指数或阶乘，所以如果要存储全部解空间的话，即使有再多的空间也不够用。

5.4 0-1背包问题

1. 0-1背包问题及回溯算法示例

再次考虑 0-1 背包问题（0-1 knapsack problem）。某商店有 n 个物品，第 i 个物品价值为 v_i，重量（或称权值）为 w_i，其中 v_i 和 w_i 为非负数。背包的容量为 W，W 为一非负数。目标是如何选择装入背包的物品，使装入背包的物品总价值最大。可将这个问题形式描述为

$$\max \sum_{1 \leqslant i \leqslant n} v_i x_i$$

约束条件为

$$\sum_{1 \leqslant i \leqslant n} w_i x_i \leqslant W, \quad x_i \in \{0, 1\}, 1 \leqslant i \leqslant n$$

考虑 $n=5$ 个物品的一个例子，其中 $(w_1, w_2, w_3, w_4, w_5) = (30, 10, 20, 50, 40)$，$(v_1, v_2, v_3, v_4, v_5) = (65, 20, 30, 60, 40)$，$W=100$。物品已经按照每单位权值从大到小排列。按照这个次序，我们可得问题的一个解 $\boldsymbol{X} = (1, 1, 1, 0, 1)$，相应的价值为 155。如果我们对此解稍做修改，得到另一个解 $\boldsymbol{X} = (1, 1, 1, 0.8, 0)$，则相应的价值为 163。虽然这不是问题的一个可行解，但可以证明，它是问题最优解的一个上界。

这个例子表明，0-1 背包问题的解空间与子集和数问题的解空间相同，都可用子集树表示。同样，我们可用两种形式表示 0-1 背包问题。一种对应于元组大小可变的表示法，如图 5-7 所示；另一种对应于元组大小固定的表示法，如图 5-8 所示。用任何一种树结构都可得到背包问题的回溯算法。如果对给定活结点进行扩展，且它的任一子结点所得到的最好可行解的上界不大于迄今为止所确定的最好解的值，就可杀死该活结点。根据这个原则，在搜索解空间树时，只要其左孩子结点是一个可行解，搜索就进入左子树（递归调用左子树）。只有右子树中可能包含更优解时，才进入右子树搜索（递归调用右子树）。

我们使用定长元组表示法。如果在结点 Z 处，已经确定了 x_i 的值，$1 \leqslant i \leqslant k$，则可在条件 $0 \leqslant x_i \leqslant 1$ 下，用第 4 章中的贪心算法求解结点 Z 处的解作为限界函数 BOUND，$k+1 \leqslant i \leqslant n$。

```
BOUND(cv, cw, k, W)
1    b ← cv              // cv：当前价值总量
2    c ← cw              // cw：当前背包占用权值
3    for i ← k+1 to n
```

4	**do** $c \leftarrow c+w[k]$
5	**if** $c < W$
6	**then** $b \leftarrow b+v[i]$
7	**else return** $(b+(1-(c-W)/w[i])\ v[i])$

第 1～2 行进行初始化。第 3～7 行的 while 循环计算背包获得的价值。第 7 行中 $1-(c-W)/w_i$ 表示最后放入背包的物品比例。

由算法 BT-KNAPSACK 可见,只有在经过一系列左孩子结点之后,才需要调用限界过程 BOUND。

BT-KNAPSACK(W, n, w, v, fw, fv, X)

1	$cw \leftarrow cv \leftarrow 0$	//cw:背包当前已用权值;cv:背包当前总价值
2	$k \leftarrow 1$	
3	$fv \leftarrow -1$	//fv:背包的最大值,初始化为-1
4	**do**	
5	**while** $k \leqslant n$ **and** $cw+w[k] \leqslant W$ **do**	//测试物品 k 是否可以放入背包
6	$cw \leftarrow cw+w[k]$	//修改当前背包已用权值 cw
7	$cv \leftarrow cv+v[k]$	//修改当前背包总价值 cv
8	$y[k] \leftarrow 1$	//做左孩子结点的移动
9	$k \leftarrow k+1$	//继续考虑下一个物品
10	**if** $k > n$	//如果所有物品考虑过(退出循环后)
11	**then** $fv \leftarrow cv$	//复制这个解产生的总价值
12	$fw \leftarrow cw$	//复制这个解所占背包权值
13	$k \leftarrow n$	
14	$X \leftarrow Y$	//更新解
15	**else** $y[k] \leftarrow 0$	//最后放入背包中的物品 k 不合适,去掉
16	**while** BOUND(cv, cw, k, W) $\leqslant fv$ **do**	
17	**while** $k \neq 0$ **and** $y[k] \neq 1$ **do**	
18	$k \leftarrow k-1$	//找最后放入背包的物品
19	**if** $k = 0$	
20	**then return**	//算法返回
21	$y[k] \leftarrow 0$	//做右孩子结点的移动
22	$cw \leftarrow cw-w[k]$	//修改当前背包占用权值
23	$cv \leftarrow cv-v[k]$	//修改当前背包总价值
24	$k \leftarrow k+1$	
25	**while** (1)	

在第 5～9 行的 while 循环中,做一系列左孩子的移动,直到 $k > n$ 或 $cw+w[k] > W$。退出 while 循环时,$cw = \sum_{i=1}^{k-1} w[i]y[i]$, $cv = \sum_{i=1}^{k-1} v[i]y[i]$。如果是以 $k > n$ 为条件结束循环,则执行第 11～14 行,修改解,否则执行第 15 行,做一次右孩子的移动,设置 $y[k] \leftarrow 0$。如果第 16 行的 while 循环为真,表明当前的这条路径不能导致比迄今所找到的最好解更好的解,可以终止这条路径,然后在第 17、18 行,沿着最近结点的路径回溯,即 $k \leftarrow k-1$。如果在回溯过程中使得 $k = 0$,表明不存在这样的结点,算法返回,否则执行第 21～24 行,

做一次右孩子的移动，即 $y_k \leftarrow 0$，然后进行相应背包权值及总价值的修改，并计算这个新结点的界。继续执行这一过程，直到第 16 行的 while 循环可能（因为算法也可能在第 20 行终止）为假，得到一个右孩子结点，其总价值大于 fv，否则 fv 就是背包问题的最优效益值。在搜索这棵树中结点的过程中，fv 的值发生了改变。

考虑背包问题 $(w_1, w_2, w_3, w_4, w_5, w_6, w_7, w_8) = (1, 11, 21, 23, 33, 43, 45, 55)$，$(v_1, v_2, v_3, v_4, v_5, v_6, v_7, v_8) = (11, 21, 31, 33, 43, 53, 55, 65)$，$W = 110$。图 5-10 显示了由算法 BT-KNAPSACK 所生成的状态空间树。这棵树的第 i 层和第 $i+1$ 层之间的边上表示 y_i 的取值，1 表示沿左孩子结点的移动，0 表示沿右孩子结点移动。结点内的数值分别表示权值 cw 和价值 cv。注意，右孩子结点的权值和价值与其父结点相同，在此略去。根及右孩子结点外的值为该处结点的上界。左孩子结点的上界与父结点相同。算法 BT-KNAPSACK 中的变量 fv 在结点 A、B、C 以及 D 处被更新，在对 fv 更新的同时更新解 $\boldsymbol{X}$。算法返回时，$fv = 159$，$\boldsymbol{X} = (1, 1, 1, 0, 1, 1, 0, 0)$。

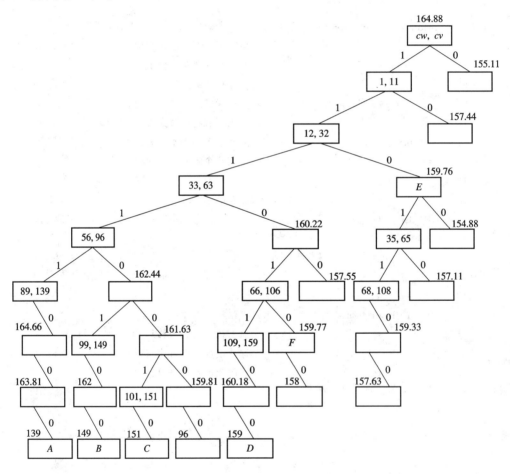

图 5-10　由算法 BT-KNAPSACK 所生成的状态空间树

2. 改进算法

我们可以对算法 BT-KNAPSACK 做进一步改进。由于 $v_i (1 \leqslant i \leqslant n)$ 是整数，因此 BOUND 值向下取整是一个更好的限界函数，如果这样，图 5-10 中的结点 E 和 F 就不需要扩展，从而进一步减少生成结点数。对 BOUND 算法也可进行改进，使得算法 BOUND 不必重复算法 BT-KNAPSACK 中第 5～9 行的工作。改进的算法如下：

IMPROVED-BOUND(cv, cw, k, W, vcv, wcw, i)

```
1   vcv ← cv              //cv：当前价值总量
2   wcw ← cw              //cw：背包剩余可用量
3   for i ← k+1 to n
4       do if wcw+w[i] ≤ W
5           then wcw ← wcw+w[i]
6                vcv ← vcv+v[i]
7                y[k] ← 1
8       else return (vcv+(W−wcw) (v[i]/w[i]))
```

IMPROVED-BT-KNAPSACK(W, n, w, v, fw, fv, X)

```
1    cw ← cv ← 0          //cw：背包当前权值；cv：背包当前总价值
2    k ← 0
3    fv ← −1              //fv：背包的最大值，初始化为−1
4    do
5        while IMPROVED-BOUND(ccv, ccw, k, W, vcv, wcw, i) ≤ fv do
6            while k ≠ 0 and y[k] ≠ 1 do
7                k ← k−1          //找最后放入背包的物品
8            if k=0
9                then return      //算法返回
10           y[k] ← 0             //做右孩子结点的移动
11           cw ← cw−w[k]         //修改当前背包权值
12           cv ← cv−v[k]         //修改当前背包总价值
13           ccv ← vcv
14           ccw ← wcw
15           k ← j
16           if k＞n               //如果所有物品考虑过(退出第5行的循环后)
17               then fv ← cv     //复制这个解产生的总价值
18                    fw ← cw     //复制这个解所占背包权值
19                    k ← n
20                    X ← Y        //更新解
21               else y[k] ← 0    //最后放入背包中的物品k不合适，去掉
22       while (1)
```

5.5　着　色　问　题

图的着色(graph coloring)问题可以作为解决以下类型问题的一种模型。假定一个集合中有数个元素不相容，问题是找出 V 的一个划分，使得相容元素的子集个数达到最小。我们可以用一个图 $G=(V, E)$ 来描述，其中 V 表示顶点集合，E 表示所有不相容的元素对形

成的边集。将 V 划分成 k 个子集的问题等价于用 k 种颜色对 G 的顶点着色。图的着色的典型应用有地图的着色、航班运输流量问题和调度问题等。

图 $G=(V,E)$ 的一个正常(proper)着色是一个映射 $F: V \leftarrow \mathbf{N}$,满足相邻顶点具有 N 种不同颜色,也就是说,如果 u、$v \in E$,那么 $F(u) \neq F(v)$。图 G 的色数(chromatic number) $\chi(G)$ 是对图 G 着色所需的最少颜色数。如果 $\chi(G)=k$,则称 G 是 k 色的(k-chromatic),如果 $\chi(G) \leqslant k$,则称 G 是 k 可着色的(k-coloring)。F 的色类形成 V 的划分,这个划分将 V 分成独立子集,即不相邻顶点的子集。给定 k 种颜色,决定是否能用这 k 种颜色对图 G 进行着色的问题,称为 k 着色判定问题。

若一个图已经画在曲面 S 上而任何两条边都不相交,则称该图被嵌入(embedded)曲面 S 内。如果一个图被嵌入一个平面内,则称它是可平面的。嵌入到平面内的图称为平面图(planar graph)。例如,图 5-11 为一个可平面图和它的一种嵌入。

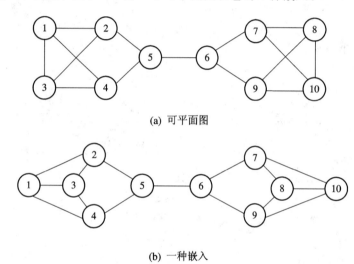

(a) 可平面图

(b) 一种嵌入

图 5-11 一个可平面图和它的一种嵌入

给定图 $G=(V,E)$ 和 k 种颜色,设计算法来给出这个图的所有 k 可着色方案,否则输出该图不是 k 可着色的。假定用邻接矩阵 $\mathbf{Adj}[1..n, 1..n]$ 表示图 G。如果 (i,j) 是图 G 中的一条边,那么 $\mathbf{Adj}[i,j]=1$;否则,$\mathbf{Adj}[i,j]=0$。因为解的构造过程正好对应深度优先遍历树的过程,因此可把回溯过程看做深度优先搜索,对 5.1 节描述的 BACKTRACKING-DFS稍作修改,就可得图的 k 着色算法 K-COLORING。其中,颜色用正整数 $1,2,\cdots,k$ 表示,$(x_1,x_2,\cdots,x_n)$ 表示解向量。算法产生的状态空间树中,除根所在层之外,每一层有 k 个结点,表示 x_i 有 k 种颜色可用。树的高度为 $n+1$。第 i 层与第 $i+1$ 层之间的边上表示 x_i 可用的颜色。算法 K-COLORING 产生一个图的所有 k 着色解。

```
K-COLORING(i, k)
1   for i ← 1 to n do
2       x[i] ← 0                    //初始化
3   do
4       GENERATE-COLOR(i, k)
5       if x[i]=0 then break        //退出 do-while 循环
```

6   **if** $i = n$

7   **then** output(X)

8   **else** GENERATE-COLOR($i+1, k$)

9   **while** (1)

10   **return**   //算法返回

GENERATE-COLOR(i, k)

1   **do**

2        $x[i] \leftarrow (x[i]+1) \bmod (k+1)$ //已用掉 $i-1$ 种颜色

3   **if** $x[i] = 0$ **return**   //未找到颜色，算法返回

4   **for** $j \leftarrow 1$ **to** n **do**

5   **if** Adj$[i, j]$ & $x[i] = x[j]$

6   **then break**   //退出 for 循环

7   **if** $j = n+1$

8   **then return**   //为 $x[i]$ 找到一种颜色，算法返回

9   **while** (1)   //试图找另一种颜色

算法中，$x[1..n]$ 作为全局变量。在初始调用 K-COLORING($1, k$) 之前，初始化邻接矩阵。过程 GENERATE-COLOR 每次产生第 i 个顶点的一种颜色（第 8 行）。若颜色不存在，则在第 3 行返回颜色 0。算法 GENERATE-COLOR 的运行时间为 O(kn)。由于算法 K-COLORING(i, k) 产生的状态空间树的结点数为 $\sum_{i=0}^{n-1} k^i$，而确定每个内部结点的着色所需时间为 O(kn)，因此算法的运行时间为 O($n \sum_{i=1}^{n} k^i$) = O(nk^n)。

图 5-12(a) 给出了 4 个顶点的平面图，图 5-12(b) 给出了由算法 K-COLORING($1, 3$) 生成的所有可能的 3 着色。

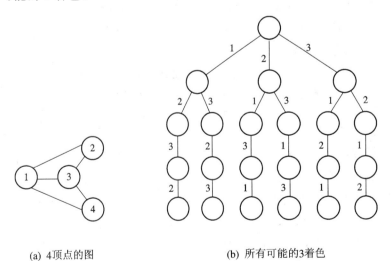

(a) 4顶点的图   (b) 所有可能的3着色

图 5-12   算法 K-COLORING 示例

习　　题

5-1　解释术语：状态空间、答案状态、活结点、E 结点、死结点和限界函数。

5-2　旅行商问题(travelling salesman problem)。旅行商问题的基本描述为：某旅行商要到若干村庄售货，各村庄之间的路程是给定的。为了提高效率，旅行商决定从所在商店出发，到每个村庄售一次货，然后返回村商店。问他应选择一条什么路线才能使所走的总路程最短。形式描述为：给定有向图 $G=(V, E)$，边成本为 c_{ij}，且如果 $(i, j) \in E$，则 $c_{ij}>0$，否则 $c_{ij}=\infty$。令 $|V|=n$，假定 $n>1$。G 的一条周游路线包含 V 中每个顶点的一个有向环。周游路线的成本是此路线上所有边上的成本和。求旅行商问题的具有最小成本的周游路线。

(1) 将旅行商问题的解空间组织成一棵树。

(2) 编写一个回溯算法，搜索旅行商问题的所有解(可行排列)。

5-3　装箱问题(bin packing)。有一批共 n 个集装箱要装上两艘载重量分别为 c_1 和 c_2 的轮船，其中集装箱 i 的重量为 w_i，且满足 $\sum_{i=1}^{n} w_i \leqslant c_1 + c_2$。装箱问题要求确定，是否有一个合理的装载方案可将这 n 个集装箱装上这两艘轮船。试设计该问题的回溯算法，并分析问题的复杂度。

5-4　给定无向图 $G=(V, E)$，如果 $U \subseteq V$，且对任意 $u, v \in U$，有 $(u, v) \in E$，则称 U 是 G 的一个完全子图。G 的完全子图 U 是 G 的一个团，当且仅当 U 不包含 G 的更大完全子图。G 的最大团是指 G 中所含顶点数最多的团。试设计求最大团问题的回溯算法。

5-5　最小顶点覆盖问题(minimum vertex-cover problem)。给定无向图 $G=(V, E)$，当且仅当对于 G 中的每一条边 $(u, v) \in E$，u 或 v 在 U 中时，G 的顶点子集 U 是一个顶点覆盖(vertex cover)，U 中顶点的个数是覆盖的大小，U 中顶点个数最少的覆盖为最小覆盖。在图 5-12(a)中，{1, 3}是大小为 2 的一个顶点覆盖。试设计求最小覆盖问题的回溯算法，并分析算法的运行时间。

5-6　机器设计问题。某机器由 n 个部件组成，每一个部件可从 m 个供应商那里购得。设 w_{ij} 是从供应商 j 那里购得的零件 i 的重量，c_{ij} 为该零件的成本。试设计一个回溯算法，给出总成本不超过 c 的最小重量机器设计，并分析算法的复杂度。

5-7　网络设计问题。输油网络问题可表示为一个加权有向无环图 G，G 中有一个称为源点的顶点 s。从 s 出发，汽油被输送到图中的其他顶点。s 的入度为 0，每一条边上的权给出了它所连接的两点间的距离。网络中的油压是距离的函数，随着距离的增大而减小。为了保证整个输油网络正常工作，需要维持网络中的最低油压 $P_{\min}$，为此需要在网络的某些或全部顶点处设置增压器。在设置增压器的顶点处，油压可达最大值 $P_{\max}$。油压从 $P_{\max}$ 减至 $P_{\min}$ 可使石油传输至少 d 的距离。试设计一算法，计算出网络中增压器的最优放置方案，使得用最少的增压器就能保证石油运输畅通。

5-8　假定有 32 枚棋子，摆在如图 5-13 所示的 33 格的棋盘上，只有中央的格子空着。规则是当某个棋子沿着水平或者垂直方向跳过与其相邻的棋子并进入空格时，就将它的相邻棋子吃掉。试设计一个算法，找出一种移动的方法，使得最终棋盘上只剩下一个棋子在棋盘中央。

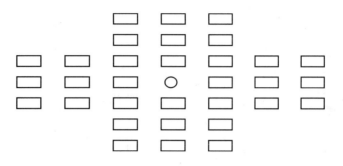

图 5-13 棋盘的状态

5-9 电路板排列问题。电路板排列问题是大规模电子系统设计中存在的一个实际问题。一般描述为：将 n 块电路板插入带有 n 个插槽的机箱中。n 块电路板的每一种排列方式对应一种插入方案。设 $B=\{b_1, b_2, \cdots, b_n\}$ 是 n 块电路板的集合。集合 $L=\{N_1, N_2, \cdots, N_m\}$ 是 n 块电路板的 m 个连接块。其中每个连接块 N_i 都是 B 的一个子集，且 N_i 中的电路板用一根导线连接在一起。例如：$B=\{b_1, b_2, b_3, b_4, b_5, b_6, b_7, b_8\}$，$L=\{N_1, N_2, N_3, N_4, N_5\}$，$N_1=\{b_4, b_5, b_6\}$，$N_2=\{b_2, b_3\}$，$N_3=\{b_1, b_3\}$，$N_4=\{b_3, b_6\}$，$N_5=\{b_7, b_8\}$。图 5-14 给出了电路板的一种布线方案。

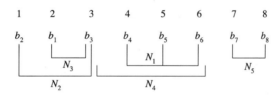

图 5-14 电路板的一种排列

设 $x=(x_1, x_2, \cdots, x_n)$ 表示电路板的一个排列，它表示在第 i 个插槽中插入电路板 x_i。density(x) 表示任意一对相邻插槽之间连接导线的最大个数。由图 5-14 可见，插槽 2 和 3、插槽 4 和 5 及插槽 5 和 6 有两根导线相连，插槽 3 和 4 及插槽 7 和 8 有一根导线相连，插槽 6 和 7 没有导线相连。

在设计机箱时，插槽一侧的布线间隙由电路板排列的密度所确定。电路板排列问题的目标是找到一种电路板的排列方案，使其密度最小。试设计求解该问题的算法。

5-10 假定要将一组电子元件安装在线路板上，给定一个连线矩阵 **Conn** 和一个位置距离矩阵 **Dist**。$Conn(i, j)$ 表示元件 i 和元件 j 之间的连线数目。如果将元件 i 安装在位置 r 处，将元件 j 安装在位置 s 处，则元件 i 和元件 j 之间的距离为 $Dist(r,s)$。将这 n 个元件各自放在线路板的某位置上就构成一种布线方案，布线成本为 $\sum\limits_{1 \leqslant i, j \leqslant n} Conn(i, j) * Dist(r, s)$。试设计一个算法，找出所给 n 个元件的布线成本最小的方案。

5-11 假设有 n 个要执行的作业，但只有 k 个可以并行的处理器，作业 i 用 t_i 时间可以完成。试设计一个算法，找出完成这 n 个任务的最佳调度，使得完成全部任务的时间最早，即确定哪些作业按照什么次序在哪些处理器上运行，使得完成全部作业的最后时间最早。

5-12 设有12个平面图形，每个图形由5个大小相同的正方形组成，每个图形的形状与别的图形不同。图5-15中用12个这种图形拼成了一个6×10的长方形。试设计算法，找出将这些图形拼成6×10的长方形的全部方案。

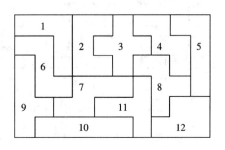

图 5-15 一种拼图方案

第6章 分枝限界法

与回溯算法类似,分枝限界法(Branch and Bound,BB)也是一种在解空间树上搜索问题解的方法。当问题要求找出满足约束条件的一个解或者使目标函数达到某种意义上的最优时,可以尝试用分枝限界法求解。

用回溯法求解问题时,可以找出满足问题约束条件的所有解。而用分枝限界法求解时,只需找出满足约束条件的一个解。这两种方法在搜索解的过程中,对结点的扩展顺序有所不同。回溯法解空间的构造过程正好对应深度优先搜索树的过程,因此,可以把回溯法看做深度优先搜索的过程,如同第5章算法 BACKTRACKING-DFS 所描述的那样。分枝限界法在扩展当前 E 结点的所有子结点之后,再扩展其他活结点的子结点,而待扩展的结点以活结点的形式存放在表中。为了更有效地选择下一个扩展结点,通常设计一个限界函数,通过计算限界函数的值,忽略掉那些不含答案结点子树的状态空间,使得搜索过程沿着解空间树上包含问题最优解的子树进行。

6.1 分枝限界法的基本思想

如果把回溯法看做深度优先搜索解空间树的过程,那么分枝限界法则可看做广度优先或者按照最大价值(或最小成本)搜索解空间树的过程。它也是一种系统地搜索问题解的方法。按照从活结点表中选择扩展结点的方法,分枝限界法又可细分为以下两种:

(1) 先进先出(First In First Out,FIFO)分枝限界法(FIFOBB)。在先进先出的分枝限界法中,用队列作为组织活结点表的数据结构,并按照队列先进先出的原则选择结点作为扩展结点。

(2) 优先队列(Priority Queue,PQ)分枝限界法(PQBB)。在优先队列分枝限界法中,用优先队列作为组织活结点表的数据结构,每个结点都有一个成本或价值,按照最大价值(greatest value)/最小成本(least cost)的原则选择结点作为扩展结点。

我们以 0 - 1 背包问题为例,讨论这两种分枝限界法的异同。某商店有 n 个物品,第 i 个物品价值为 v_i,容量(或称权值)为 w_i,其中 v_i 和 w_i 为非负数。背包的容量为 W,W 为一非负数。目标是如何选择装入背包的物品,使装入背包的物品总价值最大。这个问题的形式描述如下:

$$\max \sum_{1 \leqslant i \leqslant n} v_i x_i$$

约束条件为

$$\sum_{1 \leqslant i \leqslant n} w_i x_i \leqslant W, \quad x_i \in \{0,1\}, 1 \leqslant i \leqslant n$$

考虑 $n=4$ 的背包问题，其中 $(w_1, w_2, w_3, w_4)=(10, 20, 30, 45)$，$(v_1, v_2, v_3, v_4)=(20, 20, 24, 36)$，$W=75$，物品已经按照每单位权值从大到小排列。

1. 先进先出状态空间树

设 T 是一棵状态空间树，$c(*)$ 是 T 中结点的价值函数。如果 X 是 T 中的一个结点，$c(X)$ 可定义为其根为 X 的子树中任一答案结点的最大价值（或最小成本）。这个 $c(*)$ 是难于构造的，通常使用一个对 $c(*)$ 估值的启发式函数 $\hat{c}(*)$ 来代替。这个启发式函数易于计算，且具有性质：如果 X 是一个答案结点或一个叶结点，则 $c(*)=\hat{c}(*)$。

对于 $0-1$ 背包问题，结点 X 处的估值函数 $\hat{c}(X)$ 定义为 $\sum_{1 \leqslant i < k} v_i x_i$，其中 k 表示结点 X 所在的层。用队列作为组织活结点表的数据结构，按照结点进入队列的先后顺序选择下一个扩展结点，得到 $0-1$ 背包问题先进先出状态空间树，如图 $6-1$ 所示。

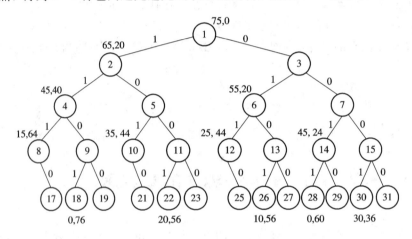

图 6-1 先进先出状态空间树

扩展过程开始时，初始化队列 Q 空。过程将结点 1 作为活结点，插入到队列中。当队列不空时，执行下述过程：结点 1 出队作为当前 E 结点，生成结点 2 和 3，计算这两个结点当前背包剩余权值及当前背包总价值（见图 $6-1$ 中结点外的值，没有显示的表明这两个值与其父结点相同），这两个结点都是可行结点，将它们插入到活结点表中。下一个 E 结点是 2，扩展该结点，生成结点 4 和 5，同样这两个结点都是可行结点，将它们插入活结点表中。下一个 E 结点是 3，扩展该结点，生成结点 6 和 7，这两个结点都是可行结点，将它们插入活结点表中。下一个 E 结点是 4，扩展该结点，生成结点 8 和 9，这两个结点都是可行结点，将它们插入活结点表中。下一个 E 结点是 5，扩展该结点，生成结点 10 和 11，这两个结点都是可行结点，将它们插入活结点表中。下一个 E 结点是 6，扩展该结点，生成结点 12 和 13，这两个结点都是可行结点，将它们插入活结点表中。下一个 E 结点是 7，扩展该结点，生成结点 14 和 15，这两个结点都是可行结点，将它们插入活结点表中。下一个 E 结点是 8，扩展该结点，生成结点 16 和 17，其中结点 16 是不可行结点，删除，另一个结点 17 是可行的叶子结点，产生问题的一个可行解，它的价值为 64。下一个 E 结点是 9，扩展该结点，生成结点 18 和 19，其中结点 18 产生问题的价值为 76 的可行解。继续这一过程，直到队列为空，搜索过程终止，得到问题的最优解的值为 76，相应的最优解为从结点 1 到结点18的路径，即(1,1,0,1)。结点外的值分别表示背包剩余量及当前背包中物品的总价值(结点的估值函数值)。树中结点按照扩展次序进行编号，不可行结点16、20和24未在图中示出。

基于上述分析，0-1背包问题FIFO状态空间树中使用的主要数据结构及其变化过程如下：

（1）主要数据结构：先进先出队列Q，用于维持待扩展结点的活结点表。

（2）主要数据结构的变化状态：

① 当前队列：$Q=\{1\}$；下一个E结点：1。

② 当前队列：$Q=\{2,3\}$；下一个E结点：2。

③ 当前队列：$Q=\{3,4,5\}$；下一个E结点：3。

④ 当前队列：$Q=\{4,5,6,7\}$；下一个E结点：4。

⑤ 当前队列：$Q=\{5,6,7,8,9\}$；下一个E结点：5。

⑥ 当前队列：$Q=\{6,7,8,9,10,11\}$；下一个E结点：6。

⑦ 当前队列：$Q=\{7,8,9,10,11,12,13\}$；下一个E结点：7。

⑧ 当前队列：$Q=\{8,9,10,11,12,13,14,15\}$；下一个E结点：8。产生问题的可行结点17，对应的价值为64。

⑨ 当前队列：$Q=\{9,10,11,12,13,14,15,16\}$；下一个E结点：9。产生问题的可行结点18，填充背包，对应的价值为76。继续这一过程直到队列Q空为止。

在产生的所有可行解中，结点18产生问题的最大价值的可行解值，称为问题的最优解的值，对应的最优解为(1,1,0,1)。

由此可见，0-1背包问题FIFO状态空间树中结点的扩展过程与从根结点扩展的广度优先搜索树非常相似，它们的主要区别在于FIFO分枝限界法不扩展不可行结点。

2. 优先队列状态空间树

当用优先队列作为组织活结点表的数据结构，并按照结点估值函数值的大小选择下一个扩展结点时，就得到0-1背包问题优先队列状态空间树，如图6-2所示。

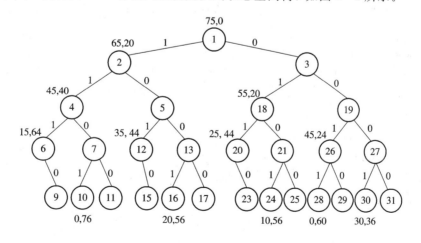

图6-2 优先队列状态空间树

用最大堆实现优先队列。扩展过程开始时，初始化优先队列Q空。过程将结点1作为活结点，插入到优先队列中，执行下述过程：在优先队列中摘取结点1，作为当前E结点，扩展结点1，生成结点2和3，结点2的价值为20，而结点3的价值为0，这两个结点都是可行结点，插入活结点表中。结点2成为下一个E结点，扩展结点2，产生结点4和5，结点4的价值为40，而结点5的价值为20，这两个结点都是可行结点，插入优先队列中。结点4成为下一个E结点，扩展结点4，产生结点6和7，结点6的价值为64，而结点7的价值为40，这两个结点都是可行结点，插入优先队列中。下一个E结点是结点6，扩展结点6，得到结点8和9，其中结点8是不可行结点，删除该结点，结点9为可行的叶子结点，产生问题的一个可行解，它的总价值为64。下一个E结点是结点7，扩展结点7，得到结点10和11，结点10的价值为76，而结点11的价值为40，这两个结点都是问题的可行解。下一个E结点是结点5，扩展结点5，产生结点12和13，结点12的价值为44，而结点13的价值为20，这两个结点都是问题的可行解，插入优先队列中。下一个E结点是结点12，扩展结点12，得到结点14和15，其中结点14是不可行结点，删除该结点，结点15为可行的叶子结点，产生问题的一个可行解，它的总价值为44。继续这一过程，直到队列为空，搜索过程终止，得到问题的最优解的值为76，相应的最优解为从结点1到结点10的路径，即(1，1，0，1)。结点外的值分别表示背包剩余量及当前背包中物品的总价值。树中结点按照扩展次序进行编号，不可行结点8、14和22未在图中示出。

基于上述分析，0-1背包问题优先队列状态空间树中使用的主要数据结构及其变化过程如下：

（1）主要数据结构：优先队列Q，用于维持待扩展结点的活结点表。

（2）主要数据结构的变化状态：

① 当前优先队列：$Q=\{1\}$；下一个E结点：1。

② 当前优先队列：$Q=\{2，3\}$；下一个E结点：2。

③ 当前优先队列：$Q=\{4，3，5\}$；下一个E结点：4。

④ 当前优先队列：$Q=\{6，7，5，3\}$；下一个E结点：6。

⑤ 当前优先队列：$Q=\{7，5，3\}$，生成价值为64的答案结点9；下一个E结点：7。

⑥ 当前优先队列：$Q=\{5，3\}$，生成价值分别为76、40的答案结点10和11；下一个E结点：5。

⑦ 当前优先队列：$Q=\{12，3，13\}$；下一个E结点：12。

⑧ 当前优先队列：$Q=\{13，3\}$，生成价值为44的答案结点15；下一个E结点：13。

⑨ 当前优先队列：$Q=\{3\}$，生成价值分别为56、20的答案结点16和17；下一个E结点：3。

⑩ 当前优先队列：$Q=\{18，19\}$；下一个E结点：18。

⑪ 当前优先队列：$Q=\{20，19，21\}$；下一个E结点：20。

⑫ 当前优先队列：$Q=\{21，19\}$，生成价值44的答案结点23；下一个E结点：21。

⑬ 当前优先队列：$Q=\{19\}$，生成价值分别为56、20的答案结点24和25；下一个E结点：19。

⑭ 当前优先队列：$Q=\{26，27\}$；下一个E结点：26。

⑮ 当前优先队列：$Q=\{27\}$，生成价值分别为60、24的答案结点28和29；下一个E结点：27。

⑯ 当前优先队列：$Q=\{ \}$，生成价值分别为 36、0 的答案结点 30 和 31，队列为空，循环结束，产生问题的最优解的值 76，对应的是从结点 1 到结点 10 的路径。

由此可见，0-1 背包问题优先队列状态空间树中结点的扩展过程与从根结点扩展的深度优先搜索树非常相似，它们的主要区别在于优先队列分枝限界法不扩展不可行结点。

通过调用过程 EXTRACT-MIN（见 4.4 节）摘取下一个 E 结点，调用过程 INSERT（见 4.4 节），将 E 结点扩展的子结点插入优先队列。在产生的所有可行解中，结点 10 产生最大价值的可行解值，对应的最优解为 $(1, 1, 0, 1)$。

正如在回溯法中所做的那样，我们可以设计一个限界函数，以减少解空间的大小，加速搜索的速度。这个限界函数给出每一个可行结点对应子树可能得到的最小成本（最大价值）的下界（上界），如果这个下界（上界）不小于（不大于）当前最优解的值，则说明这个结点对应的子树中不含问题的最优解，因而可以剪掉。此外，我们也可以将限界函数确定的每个结点的下界（上界）值作为优先级，并以该优先级的大小作为选择当前 E 结点的原则。这种策略有时可以更快地找到问题的最优解。

6.2　0-1 背包问题

1. 限界

设 T 是一棵状态空间树，$c(*)$ 是 T 中结点的成本函数。如果 X 是 T 中的一个结点，则 $c(X)$ 是其根为 X 的子树中任一答案结点的最小成本。这个 $c(*)$ 是难于构造的，通常使用一个对 $c(*)$ 估值的启发式函数 $l(*)$ 来代替，这个启发式函数易于计算：如果 X 是一个答案结点或一个叶结点，则 $c(*)=l(*)$。

搜索问题状态空间树的各种分枝限界法都是在生成当前 E 结点的所有子结点之后再将另一结点变成 E 结点的。假定每个答案结点 X 有一个与其相联系的 $c(X)$，并且假定会找到最小成本的答案结点，利用一个满足 $l(X) \leqslant c(X)$ 的成本估值函数 $l(X)$ 则可以给出任一结点 X 解的下界。采用下界函数可以减少搜索的盲目性，此外还可通过设置最小成本上界使算法进一步加速。如果 Up 是最小成本解的成本上界，则满足 $l(X) > Up$ 的所有活结点都可以被杀死，这是因为由 X 到达的所有答案结点都满足 $c(X) \geqslant l(X) > Up$。在已经到达一个具有成本 Up 的答案结点的情况下，那些满足 $l(X) > Up$ 的所有活结点都可以被杀死。Up 的初始值可以用某种启发式算法得到，也可以设置成 ∞。只要 Up 的初始值不小于最小成本结点的成本，上述杀死活结点的规则就不会杀死可以到达最小成本答案结点的活结点。每当找到一个新的答案结点时，就可以修改 Up 的值，即如果某个结点的上界 $u(X) < Up$，则用该结点的上界 $u(X)$ 更新 Up。

根据上述思想，我们考虑最小值优化问题的分枝限界法。为了找问题的最优解，需要将最优解的搜索表示成对状态空间树答案结点的搜索，可将问题最优答案结点的成本函数定义为所有结点成本的最小值。简单的方法是直接将目标函数作为成本函数 $c(*)$。在这种定义下，可行解结点的 $c(X)$ 就是那个结点可行解的目标函数值，不可行结点的 $c(X)$ 为 $+\infty$，部分解结点的 $c(X)$ 是以 X 为根的子树中结点的最小成本。

2. 定义结点的限界函数

通过构造和设计结点处的限界函数，可以减小问题的状态搜索空间。为了讨论方便起见，我们将最大值优化问题转变成最小值优化问题。如果用目标函数 $-\sum\limits_{1\leqslant i\leqslant n}v_i x_i$ 替代目标函数 $\sum\limits_{1\leqslant i\leqslant n}v_i x_i$，就使背包问题从一个最大值优化问题变成最小值优化问题。显然，$-\sum\limits_{1\leqslant i\leqslant n}v_i x_i$ 取最小即 $\sum\limits_{1\leqslant i\leqslant n}v_i x_i$ 取最大。重新定义了目标函数之后，背包问题描述如下：

$$\min -\sum_{1\leqslant i\leqslant n}v_i x_i \tag{6.1}$$

约束条件为

$$\sum_{1\leqslant i\leqslant n}w_i x_i \leqslant W, \quad x_i \in \{0,1\}, 1\leqslant i\leqslant n$$

式(6.1)中各量的意义同 6.1 节。

我们仍然采用固定元组表示问题的解。图 6-1 和图 6-2 中那些满足 $\sum\limits_{1\leqslant i\leqslant n}w_i x_i\leqslant W$ 条件的每一个叶子结点都是答案结点，其他的叶子结点是不可行结点。对于每一个答案结点，X 定义它的成本函数为 $c(X)=-\sum\limits_{1\leqslant i\leqslant n}v_i x_i$，而对于不可行结点，$X$ 定义它的成本为 $+\infty$。对于内结点及根结点，则将成本函数 $c(X)$ 递归定义为 $\min\{c(\text{Lchild}(X)), c(\text{Rchild}(X))\}$。对于每个结点 X，构造两个函数 $l(X)$ 和 $u(X)$，满足 $l(X)\leqslant c(X)\leqslant u(X)$。这两个函数的构造及导出过程如下：首先构造结点 X 处的上界函数 $u(X)$，设 X 是第 k 层上的一个结点，$1\leqslant k\leqslant n$，在结点 X 处，已决定了前 $k-1$ 个物品的装包情况 x_i，$1\leqslant i<k$。这时，装包开销为 $u(X)=-\sum\limits_{1\leqslant i<k}v_i x_i$，因此，$c(X)\leqslant -\sum\limits_{1\leqslant i<k}v_i x_i$。因而定义结点 X 处的上界函数 $u(X)$ 为 $u(X)=-\sum\limits_{1\leqslant i<k}v_i x_i$。UPBOUND 是针对上界函数 $u(X)$ 对过程 BOUND(见 5.4 节)所做的一种改变。对于结点 X，有 $u(X)=\text{UPBOUND}\left(-\sum\limits_{1\leqslant i<k}v_i x_i, \sum\limits_{1\leqslant i<k}w_i x_i, j-1, W\right)$。

```
UPBOUND(cv, cw, k-1, W)
1    b ← -cv
2    c ← cw
3    for i ← k+1 to n do
4        if c+w[i] ≤ W
5            then c ← c+w[i]
6                 b ← b-v[i]
7    return(b)
```

由于 $c(X)\geqslant -\text{BOUND}\left(\sum\limits_{1\leqslant i<k}v_i x_i, \sum\limits_{1\leqslant i<k}w_i x_i, k-1, W\right)$，因此，结点 X 处的下界函数 $l(X)$ 可定义为：$l(X)=-\text{BOUND}\left(\sum\limits_{1\leqslant i<k}v_i x_i, \sum\limits_{1\leqslant i<k}w_i x_i, k-1, W\right)$。

3. 0-1 背包问题优先队列分枝限界法示例

对于上述构造的限界函数 $l(X)$ 和 $u(X)$，再次考虑 6.1 节的 0-1 背包问题实例。用优先队列作为组织活结点表的数据结构，并按照结点 $l(X)$ 值的大小选择下一个扩展结点，得到 0-1 背包问题优先队列分枝限界树，如图 6-3 所示。

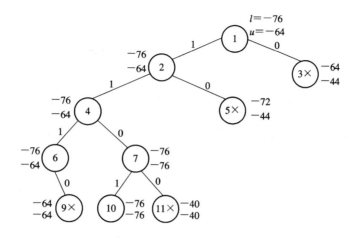

图 6-3 0-1 背包问题优先队列分枝限界树

扩展过程开始时，将根结点 1 作为 E 结点，计算它的下界 $l(1)$ 和上界 $u(1)$：

$$l(1) = -\text{BOUND}\Big(\sum_{1 \leqslant i < k} v_i x_i,\ \sum_{1 \leqslant i < k} w_i x_i,\ k-1,\ W\Big) = -\text{BOUND}(0, 0, 0, 75) = -76$$

$$u(1) = \text{UPBOUND}(0, 0, 0, 75) = -64$$

由于结点 1 不是答案结点，设置初值 $ans = 0$，$Up = -64 + \varepsilon$，ε 为一常数。扩展结点 1，生成它的两个子结点 2 和 3：

$$l(2) = -\text{BOUND}(20, 10, 1, 75) = -76$$
$$u(2) = \text{UPBOUND}(20, 10, 1, 75) = -64$$
$$l(3) = -\text{BOUND}(0, 0, 1, 75) = -64$$
$$u(3) = \text{UPBOUND}(0, 0, 1, 75) = -44$$

将结点 2 和 3 插入优先队列中。结点 2 成为下一个 E 结点，它生成结点 4 和 5：

$$l(4) = -\text{BOUND}(40, 30, 2, 75) = -76$$
$$u(4) = \text{UPBOUND}(40, 30, 2, 75) = -64$$
$$l(5) = -\text{BOUND}(20, 10, 2, 75) = -72$$
$$u(5) = \text{UPBOUND}(20, 10, 2, 75) = -44$$

将这两个结点插入优先队列中。结点 4 成为下一个 E 结点，它生成结点 6 和 7：

$$l(6) = -\text{BOUND}(64, 60, 3, 75) = -76$$
$$u(6) = \text{UPBOUND}(64, 60, 3, 75) = -64$$
$$l(7) = -\text{BOUND}(40, 30, 3, 75) = -76$$
$$u(7) = \text{UPBOUND}(40, 30, 3, 75) = -76$$

由于结点 7 的上界小于当前最好上界 Up，即 $u(7) < Up$，修改 Up 值，使得 $Up = -76$，将这两个结点插入优先队列中。结点 6 成为下一个 E 结点，它生成结点 8 和 9，结点 8 是不可行结点，删除它，即

$$l(9) = -\text{BOUND}(64, 60, 4, 75) = -64 > Up$$

结点 9 被杀死。下一个 E 结点是结点 7，它生成结点 10 和 11：

$$l(10) = -\text{BOUND}(76, 75, 4, 75) = -76$$
$$u(10) = \text{UPBOUND}(76, 75, 4, 75) = -76$$

结点 10 为可行的叶结点，这产生问题的一个可行解，它的成本为 -76，而 $l(11)=-40>Up$，结点 11 被杀死。下一个 E 结点是结点 5，由于 $l(5)=-72>Up$，结点 5 被杀死。下一个 E 结点是结点 3，由于 $l(3)=-64>Up$，结点 3 被杀死，优先队列为空，搜索过程终止，得到问题的最优解的值为 -76，相应的最优解为从 1 到 10 的路径，即 $(1,1,0,1)$，如图 6-3 所示。结点外的值分别表示结点的下界值和上界值，树中结点按照扩展次序进行编号，标有"×"的结点表示该结点被杀死，不可行结点 8 未在图中示出。

基于上述分析，0-1 背包问题优先队列分枝限界法中的主要数据结构及其变化过程如下：

(1) 主要数据结构：基于最小堆的优先队列 Q，用于维持待扩展结点的活结点表。

(2) 主要数据结构的变化状态：

① 当前优先队列：$Q=\{1\}$，Up 当前值为 $-64+\varepsilon$；下一个 E 结点：1。

② 当前优先队列：$Q=\{2,3\}$；下一个 E 结点：2。

③ 当前优先队列：$Q=\{4,3,5\}$；下一个 E 结点：4。

④ 当前优先队列：$Q=\{6,7,5,3\}$，修改 Up 值为 -76；下一个 E 结点：6。

⑤ 当前优先队列：$Q=\{7,3,5\}$；下一个 E 结点：7。

⑥ 当前优先队列：$Q=\{5,3\}$，生成成本值为 -76 的答案结点 10；下一个 E 结点：5。

⑦ 当前优先队列：$Q=\{3\}$；下一个 E 结点：3。

⑧ 当前优先队列：$Q=\{\}$，队列为空，循环结束。

4. 算法中使用的主要数据结构及变量

由此可见，通过限界函数，大大减小了问题的搜索空间，提高了算法的效率。但另一方面，仅从路径 10，7，4，2，1 不能确定哪些物品装入背包，使得 $-\sum v_i x_i = Up$，即不能确定装入背包中物品 x_i 的取值情况。因此，在实现中，需通过设置一些变量来记录 x_i 的取值信息。一种办法是在每一个结点上增设一个标志域 Tag，由答案结点到根结点的这些标志域给出 x_i 的取值信息。例如，在图 6-3 所示的结点中，标志域的值为 1 的结点有：2，4，6，10；标志域的值为 0 的结点有：3，5，7，9，11。在答案结点 10 到根结点 1 的路径 10，7，4，2，1 上，结点的标志域分别为 $Tag(10)=1$，$Tag(7)=0$，$Tag(4)=1$，$Tag(2)=1$，因此，$x_4=1$，$x_3=0$，$x_2=1$，$x_1=1$。

因此，在具有限界函数的 0-1 背包问题优先队列分枝限界法中，需要确定四个问题：一是问题状态空间树中结点的结构；二是对于给定的 E 结点，如何扩展它的子结点；三是如何识别答案结点；四是活结点表的数据结构。下面逐一讨论。

1) 结点的结构

结点结构取决于用定长元组表示状态空间树，还是用变长元组表示状态空间树。这里仍然采用定长元组表示。活结点表中的每一个结点都有六个域的信息，如图 6-4 所示。其中，$Parent$ 域表示指向父结点的指针域。$Level$ 域表示生成结点在状态空间树中的层数，在生成子结点时使用。设置 $x_{Level(X)}=1$ 表示生成左子结点，$x_{Level(X)}=0$ 表示生成右子结点。标志域 Tag 给出结点 X 的信息，$Tag(X)=1$ 表示 x_i 的取值为 1，放入背包；$Tag(X)=0$ 表示 x_i 的取值为 0，不放入背包。CW 表示当前背包可用权值（即背包剩余空间）。CV 表示当前背包总价值 $\sum_{1\leqslant i<Level(X)} v_i x_i$。$UB$ 表示用来存放结点 X 的下界值 $l(X)$，利用这个值，可

以将结点插入到活结点表中的正确位置。

| Parent | Level | Tag | CW | CV | UB |

图 6-4　结点的数据结构

2）扩展给定 E 结点的子结点

利用结点数据结构中的信息，可以确定任一活结点 X 的两个子结点。当且仅当 $CW(X) \geqslant w_{Level(X)}$ 时，X 的左孩子 Y 是可行结点，可以生成结点 Y，在这种情况下，有

$$Parent(Y) = X, \quad Level(Y) = Level(X) + 1$$
$$CW(Y) = CW(X) - w_{Level(X)}, \quad CV(Y) = CV(X) + v_{Level(X)}$$
$$Tag(Y) = 1, \quad UB(Y) = UB(X)$$

当 $CW(X) < w_{Level(X)}$ 时，生成 X 的右孩子 Y，在这种情况下，有

$$Parent(Y) = X, \quad Level(Y) = Level(X) + 1$$
$$CW(Y) = CW(X), \quad CV(Y) = CV(X), \quad Tag(Y) = 0$$

$UB(Y)$ 的值由结点 Y 处的下界函数值得到。

3）识别答案结点

答案结点的识别比较容易，当且仅当 $Level(X) = n+1$ 时，X 是答案结点。

4）活结点表的数据结构

采用优先队列作为组织活结点表的数据结构。需要在优先队列上执行三个操作：判定优先队列是否为空、向优先队列中插入结点（类似于过程 INSERT，见 4.4 节）和从优先队列中摘取具有最小 $l(X)$ 值的结点（类似于过程 EXTRACT-MIN，见 4.4 节）。我们用最小堆实现优先队列数据结构，如果堆中有 n 个结点，则判断优先队列是否为空的操作可在常数时间 O(1) 内完成，插入操作和摘取操作的运行时间为 O(lb n)，因为这两个操作不会超过树的深度 O(lb n)。详细的分析见 4.4 节。

5. 0-1 背包问题优先队列分枝限界算法

为了计算简便起见，将负值 l 和 u 的计算变成正值 $-l$ 和 $-u$ 的计算，将保留最小上界 Up 变成保留 $Lower = -Up$。对于任一活结点 X，使 $UB = -l(X)$。我们这里所做的改变，对于算法的运行时间没有实质性的影响，只是将最小值问题的算法变成了最大值问题的算法。因此，$Lower$ 是最优装包的下界，$UB(X)$ 是以 X 为根的子树中可能得到的答案结点的最大装包上界。用过程 LCBB 表示 0-1 背包问题优先队列分枝限界算法。

在过程 PQBB 中，调用 6 个子过程，分别是 LUBOUND、INSERTNODE、PRINT、INIT、GETNODE 和 EXTRACT-MAX。过程 LUBOUND 用于计算 $-l(X)$ 和 $-u(X)$。INSERTNODE 生成一个 6 个数据域的结点，并对各个域进行赋值，最后插入到活结点表中。算法 PRINT 输出问题最优解的值和最优解。算法 INIT 对可用结点表和活结点表初始化。算法 GETNODE 取一个可用结点。算法 EXTRACT-MAX 从活结点表中摘取一个具有最大 UB 值的结点作为 E 结点，用最大堆实现时即摘取堆顶结点。

LUBOUND(v, w, cw, cv, n, k, LBB, UBB)

// cw 表示背包可用权值，cv 表示已得价值，LBB$=-u(X)$，UBB$=-l(X)$

```
1    LBB ← cv
2    c ← cw
3    for i ← k to n do
4        if c < w[i]
5            then UBB ← LBB+c ( v[i]/w[i])
6            for j ← i+1 to n do
7                if c ⩾ w[j]
8                    then c ← c−w[i]
9                        LBB ← LBB+v[j]
10                   return
11       c ← c−w[i]
12       LBB ← LBB+v[i]
13   UBB ← LBB
```

```
INSERTNODE(par, lev, t, cap, valu, ub)
1    GETNODE(Node)                    //生成一个新结点 Node
2    Parent(Node) ← par
3    Level(Node) ← lev
4    Tag(Node) ← t
5    CW(Node) ← cap
6    CV(Node) ← valu
7    ADD(Node)
```

```
PRINT(Lower, ans, n)
1    print("value of optimal solution is", Lower)
2    for j ← n downto 1 do
3        if Tag(ans)=1
4            then print(j)
5        ans ← Parent(ans)
```

假设物品已经按照每单位权值非增排序，即 $v[i]/w[i] \geqslant v[i+1]/w[i+1]$。算法 LCBB 中使用了一个小的正参数 ε，算法如下：

```
LCBB(v, w, W, n, ε)
1    INIT                        //初始化可用结点及活结点表
2    INSERTNODE(E)               //根结点
3    Parent(E) ← 0
4    Level(E) ← 1
5    CW(E) ← W
6    CV(E) ← 0
7    LUBOUND(v, w, W, n, 0, 1, LBB, UBB)
8    Lower ← LBB−ε
```

```
9     UB(E) ← UBB
10    do
11        i ← Level(E)
12        cap ← CW(E)
13        valu ← CV(E)
14        if (i=n+1)                              //叶结点
15            if valu>Lower
16                then Lower ← valu
17                     ans ← E
18        else if cap ≥ w[i]                      //左孩子可行
19            then INSERTNODE(E, i+1, 1, cap−w[i], valu+v[E], UB[E])
20        LUBOUND(v, w, cap, valu, n, i+1, LBB, UBB)    //右孩子是否成为活结点
21        if UBB>Lower                            //判断右孩子是否成为活结点
22            then INSERTNODE(E, i+1, 0, cap, valu, UBB)
23                 Lower ← max{Lower, LBB−ε}
24        if 不存在活结点 then break                //退出 do-while 循环
25        EXTRACT-MAX(E)                          //下一个 E 结点是 UB 中最大的结点
26    while (UB(E)>Lower)
27    PRINT(Lower, ans, n)
```

第 1～9 行对可用结点表、活结点表和搜索树的根结点初始化。根结点是第一个 E 结点，第 10～26 行的 do-while 循环依次检查所生成的每个结点。在下述两种情况下这个循环终止：一种情况是不再有活结点（第 24 行），另一种情况是所选的 E 结点满足 $UB(E) \leqslant Lower$。对于后一种情况，表明其他任何活结点 X 都满足 $UB(X) \leqslant UB(E) \leqslant Lower$，这样的结点每一个都不可能导致其值比 Lower 还大的解。在 do-while 循环中，对于新结点的检查可能出现两种情况。如果这个结点是一个叶子结点（第 14 行），则在第 9～11 行检查它是否是答案结点，如果是答案结点，它可能还是最优解；如果它不是叶子结点，则生成两个子结点，$x_i = 1$ 表示生成左孩子 X，$x_i = 0$ 表示生成右孩子 Y，其中 $i = Level(E)$。当背包的可用权值 cap 满足 $cap \geqslant w[i]$ 时，这个左孩子是可行的，可能导致一个答案结点。在左孩子是可行的情况下，调用 LUBOUND 过程计算它的上界，得 $UB(X) = UB(E)$。由于 $UB(E) > Lower$（第 26 行）或者 $Lower = LBB - ε < UBB$（第 8、9 行），因而，可将 X 插入活结点表。这里值得注意的是，左孩子的上界和下界与 E 结点的相同，所以无需再计算左孩子的上界与下界。由于 E 结点是可行结点，它的右孩子 Y 总是可行的。但 Y 的上界和下界可能与 E 结点的不同，此时，需要调用 LUBOUND 过程来得到 $UB(Y) = UBB$（第 20 行）。如果 $UBB \leqslant Lower$（第 21 行），则杀死结点 Y；否则，将其插入到活结点表中，并修改 Lower 值（第 22、23 行）。

6. 0−1 背包问题先进先出分枝限界算法

考虑 6.1 节的 0−1 背包问题实例，限界函数 $l(X)$ 和 $u(X)$ 的定义如前所述。用先进先出队列作为组织活结点表的数据结构，并按照结点 $l(X)$ 值的大小选择下一个扩展结点，得到 0−1 背包问题先进先出分枝限界树，如图 6−5 所示。

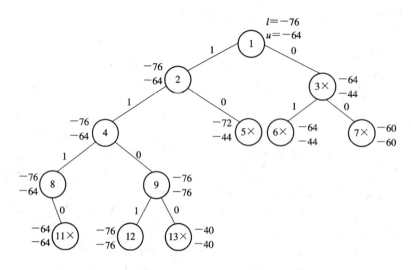

图 6-5 0-1 FIFO 分枝限界树

扩展过程开始时,将根结点 1 作为 E 结点,则

$$l(1) = -76, \ u(1) = -64$$

由于结点 1 不是答案结点,设置初值 $Up = -64 + \varepsilon$,ε 为一常数。扩展结点 1,生成它的两个子结点 2 和 3,有

$$l(2) = -76, \ u(2) = -64$$
$$l(3) = -64, \ u(3) = -44$$

将结点 2 和 3 插入队列中。结点 2 成为下一个 E 结点,它生成结点 4 和 5,有

$$l(4) = -76, \ u(4) = -64$$
$$l(5) = -72, \ u(5) = -44$$

将这两个结点插入队列中。结点 3 成为下一个 E 结点,它生成结点 6 和 7,有

$$l(6) = -64, u(6) = -44, l(7) = -60 > Up$$

因而结点 7 被杀死,将结点 6 插入队列中。结点 4 成为下一个 E 结点,它将生成结点 8 和 9,有

$$l(8) = -76, \ u(8) = -64$$
$$l(9) = -76, \ u(9) = -76 < Up$$

修改 $Up = u(9) + \varepsilon = -76 + \varepsilon$,将这两个结点插入队列中。下一个 E 结点是结点 5,由于 $l(5) = -72 > Up$,结点 5 被杀死。下一个 E 结点是结点 6,由于 $l(6) = -64 > Up$,结点 6 被杀死。下一个 E 结点是结点 8,生成结点 10 和 11。结点 10 是不可行结点,被杀死; $l(11) = -64 > Up$,结点 11 也被杀死。下一个 E 结点是结点 9,生成结点 12 和 13, $l(13) = -40 > Up$,结点 13 被杀死;结点 12 是答案结点,优先队列为空,搜索过程终止。结点外的值分别表示结点的下界值和上界值,树中结点按照扩展次序进行编号,标有"×"的结点表示该结点被杀死,不可行结点 10 未在图中示出。

0-1 背包问题 FIFOBB 的算法中,结点的生成和 E 结点的选择是逐层进行的。因此,无需为每个结点专门设置一个 $Level$ 域,只需要在队列中加上一个符号"♯",作为层结束标志。状态空间树中每个结点可用五个域表示,如图 6-6 所示。对 LCBB 算法做适当修改，就可得到 0 - 1 背包问题的 FIFOBB 算法，在此从略。

Parent	Tag	CW	CV	UB

图 6 - 6　FIFOBB 算法中结点的数据结构

6.3　作业调度问题

在这一节中，我们讨论操作系统中一个处理器且无资源约束的作业调度问题（job scheduling problem）。问题描述如下：假设要在一个处理器上处理 n 个作业，每个作业 i 都有一个处理时间 t_i 和一个截止期（deadline）d_i，其中 d_i 是一个大于 0 的整数；如果作业 i 未在它的截止期 d_i 之前完成，则要招致 p_i 的罚金（penalty）。这个问题的一个可行解是这 n 个作业的一个子集 J，J 中的作业都可在各自截止期之前完成且使得不在 J 中的作业招致的罚金最小，即 $\min\sum_{i\in\{1,2,\cdots,n\}-J}p_i$。

考虑如下作业调度问题实例：

$$n = 4, (p_1, p_2, p_3, p_4) = (10, 20, 12, 6)$$
$$(d_1, d_2, d_3, d_4) = (1, 3, 2, 1), (t_1, t_2, t_3, t_4) = (1, 2, 1, 1)$$

这个问题的解空间由作业集合 $\{1, 2, 3, 4\}$ 的所有可能子集组成，因此，解空间是子集树。

1. 定义结点的限界函数

如同子集和数问题，我们可以用两种方法表示这个问题的解空间：一种方法是变长元组表示法，另一种方法是定长元组表示法。图 6 - 7 表示变长元组表示的状态空间树，结点左边值表示结点的 $l(X)$ 值，结点右边值表示当前最好上界 Up 值，一旦找到满足 $l(X) > Up$ 的结点，该结点就被杀死。标有"×"的结点表示该结点被杀死，其中标有"×"的阴影结点表示由于是不可行结点而被杀死，除阴影结点之外的所有结点都是答案结点。结点 9 是问题的最优解，它是惟一的最小成本答案结点，此时，最优解为 $J = \{2, 3\}$，罚金为 16，即最小成本。对于这棵树中的结点，定义成本函数 $c(*)$ 如下：对于不可行结点（阴影结点），$c(X) = +\infty$；对于其他结点，$c(X)$ 定义为根为 X 的子树中结点的最小罚金。在图 6 - 7 中，$c(1) = 16$，$c(2) = 18$，$c(3) = 16$。

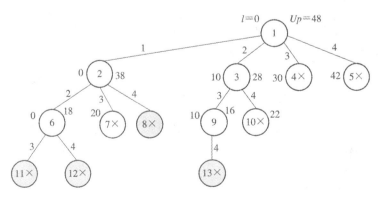

图 6 - 7　变长元组对应的状态空间树

对于任一结点 X，设计一个下界函数，使得 $l(X) \leqslant c(X)$。设 S_X 是在结点 X 处所选作业的子集，如果 $m = \max\{i \mid i \in S_X\}$，则 $l(X) = \sum\limits_{i < m \& i \notin S_X} p_i$ 是满足 $l(X) \leqslant c(X)$ 的估计值。图 6-7 中结点 X 外的值是该结点的 $l(X)$ 值（除阴影结点外），阴影结点 $l(X) = +\infty$。子树中最小成本答案结点的一个成本上界 $u(X)$ 可定义为 $u(X) = \sum\limits_{i \notin S_X} p_i$。对于具有截止期的作业调度问题，$u(X)$ 就是结点 X 的解 S_X 成本值。

2. 作业调度问题 FIFOBB 算法示例

我们利用 FIFOBB 求解作业调度问题，假设利用图 6-7 中的变长元组表示法。初始时，设置最小成本答案结点的成本上界为

$$Up = \sum_{1 \leqslant i \leqslant n} p_i = 48$$

结点 1 作为 E 结点，依次生成结点 2、3、4 和 5。

在结点 2 处，有

$$S_X = \{1\}, \ m = \max\{i \mid i \in S_X\} = 1$$

$$l(2) = \sum_{i < m \& i \notin S_X} p_i = \sum_{i < 1 \& i \in \{2, 3, 4\}} p_i = 0$$

$$u(2) = \sum_{i \notin S_X} p_i = \sum_{i \in \{2, 3, 4\}} p_i = 38$$

由于 $u(2) = 38 < Up$，Up 被修改为 38。

在结点 3 处，有

$$S_X = \{2\}, \ m = \max\{i \mid i \in S_X\} = 2$$

$$l(3) = \sum_{i < 2 \& i \in \{1, 3, 4\}} p_i = 10$$

$$u(3) = \sum_{i \in \{1, 3, 4\}} p_i = 28$$

由于 $u(3) = 28 < Up$，Up 被修改为 28。

在结点 4 处，有

$$S_X = \{3\}, \ m = \max\{i \mid i \in S_X\} = 3$$

$$l(4) = \sum_{i < 3 \& i \in \{1, 2, 4\}} p_i = 30$$

由于 $l(4) = 30 > Up$，结点 4 被杀死。

在结点 5 处，有

$$S_X = \{4\}, \ m = \max\{i \mid i \in S_X\} = 4$$

$$l(5) = \sum_{i < 4 \& i \in \{1, 2, 3\}} p_i = 42$$

由于 $l(5) = 42 > Up$，结点 5 也被杀死。基于 FIFO 原则，结点 2 成为下一个 E 结点，生成它的子结点 6、7 和 8。

在结点 6 处，有

$$S_X = \{1, 2\}, \ m = \max\{i \mid i \in S_X\} = \max\{1, 2\} = 2$$

$$l(6) = \sum_{i < 2 \& i \in \{3, 4\}} p_i = 0$$

$$u(2) = \sum_{i \in \{3, 4\}} p_i = 18$$

由于 $u(2)=18<Up=28$，Up 被修改为 18。

在结点 7 处，有

$$S_X = \{1, 3\}, \quad m = \max\{i \mid i \in S_X\} = 3$$

$$l(7) = \sum_{i<3 \& i \in \{2, 4\}} p_i = 20 > Up$$

结点 7 被杀死。

结点 8 是不可行结点，也被杀死。结点 3 成为下一个 E 结点，生成它的子结点 9 和 10。

在结点 9 处，有

$$S_X = \{2, 3\}, \quad m = \max\{i \mid i \in S_X\} = 3$$

$$l(9) = \sum_{i<3 \& i \in \{1, 4\}} p_i = 10$$

$$u(9) = \sum_{i \in \{1, 4\}} p_i = 16$$

由于 $u(9)=16<Up=18$，Up 被修改为 16。

在结点 10 处，有

$$S_X = \{2, 4\}, \quad m = \max\{i \mid i \in S_X\} = 4$$

$$l(10) = \sum_{i<4 \& i \in \{1, 3\}} p_i = 22$$

由于 $l(10)=22>Up$，结点 10 被杀死。结点 6 成为下一个 E 结点，生成它的子结点 11 和 12。结点 11 和 12 都为不可行结点，均被杀死。结点 9 成为下一个 E 结点，生成它的子结点 13。结点 13 为不可行结点，被杀死。因此，结点 9 为最小成本答案结点，成本为 16，问题的解 $J=\{2, 3\}$。

3. 作业调度问题 FIFOBB-JS 算法

在实现作业调度问题的 FIFOBB-JS 算法时，每修改一次 Up 值，活结点队列中那些满足 $l(X)>Up$ 的结点 X 就要被杀死，或者正计算的某一结点的 $l(X)$ 值，如果满足 $l(X)\geqslant Up$，也要被杀死。但由于活结点表是按照生成次序加入到表中的，如果每修改一次 Up 值，搜索活结点表找出那些该杀死的结点，就会影响算法的效率。一种可选的策略是当前展开 E 结点时，进行辨别，做出是否该杀的选择。不管采用哪种方式，都必须辨别出这个修改的上界是一个已找到的解的成本，还是一个不是解的成本，只是一个上界。这样就可决定在 $l(X)=Up$ 时，是否该结点应该被杀死。如果 Up 为前一种情况，则杀死结点 X；如果为后一种情况，那么 X 可能导致成本值为 Up 的结点，于是 X 成为 E 结点。在算法实现时，可以引入一个无穷小量 ε 进行辨别。该 ε 值要足够小，使得对于任意两个可行结点 X 和 Y，如果 $u(X)<u(Y)$，那么 $u(X)<u(X)+\varepsilon<u(Y)$。当 Up 是由一答案结点的成本值得到时，Up 就是这个成本值。而当 Up 是由一个上界得到时，Up 等于这个上界值 $u(X)$ 加上 ε。

过程 FIFOBB-JS 描述了找最小成本答案结点的作业调度问题的算法。过程中调用了两个子过程，它们是 INSERTQ(X) 和 EXTRACTQ(X)，分别表示向队列插入一个结点和从队列中删除一个结点。对于状态空间树中的每个答案结点 X，$cost(X)$ 是结点 X 对应的解的成本。在 FIFOBB-JS 中，假设不可行结点的估值 $l(X)=+\infty$，可行结点的估值

169 ·

$l(X) \leqslant c(X) \leqslant u(X)$。

```
FIFOBB-JS(T, l, u, ε, cost)
1   E ← T
2   Parent(E) ← 0
3   if T 是解结点
4       then Up ← min{cost(T), u(T)+ε}
5            ans ← T
6       else Up ← u(T)+ε
7            ans ← 0
8   Q ← ∅                        //初始化队列为空
9   while (1) do
10      for E 的每个子结点 X do    //对当前 E 结点进行扩展
11          if l(X)<Up
12            then INSERTQ(X)
13                Parent(X) ← E
14                if X 是解结点 & cost(X)<Up
15                    then Up ← min{cost(X), u(X)+ε}
16                        ans ← X
17                if u(X)+ε<Up
18                    then Up ← u(X)+ε
19          while (1) do
20            if Empty(Q)                //如果队列 Q 为空
21                then print("least cost=", Up)
22                while ans≠0 do
23                    print(ans)
24                    ans ← Parent(ans)
25                return                  //返回
26            EXTRACTQ(X)
27            if l(X)<Up
28                then exit        //杀死 l(X)≥Up 的结点，退出第 19 行的 while 循环体
```

第 1~8 行进行初始化。第 10 行扩展 E 的每个子结点 X。第 11 行，如果 $l(X)<Up$，调用 INSERTQ，将 E 的子结点 X 插入队列 Q 中，并记录 X 的父结点，根据条件，对 ans 和 Up 进行更新。第 9 行无条件进入 while 循环，如果第 27 行的条件为真，则退出第 19 行的 while 循环体，转到第 9 行开始执行，继续扩展当前 E 结点 X；否则，当满足条件 $l(X) \geqslant Up$ 时，转到执行第 19 行的 while 循环。如果队列 Q 不空(第 20 行)，则摘取队列中的下一个结点(第 26 行)，这相当于删除了 $l(X) \geqslant Up$ 的那些 X，因为没有执行第 10 行对当前结点的扩展；如果队列 Q 空，则输出答案结点(第 21~24 行)，算法结束(第 25 行)。

习　　题

6-1　试设计求单源点最短路径问题最优解的 LCBB-SingleSource 算法。

6-2　试分别设计求装箱问题(参见习题 5-3)最优解的 FIFOB-Packing 和 LCBB-Packing 算法。

6-3　布线问题：印刷电路板将布线区域划分成 $n \times m$ 个方格阵列，如图 6-8(a)所示。精确的电路布线问题要求确定连接方格 x 的中点到方格 y 的中点的最短布线方案。在布线时，电路只能沿直线或者直角布线，如图 6-8(b)所示。为避免线路交叉，已布线的方格作了封锁标记，其他线路不允许穿过被封锁的方格。试用 FIFOBB 求布线问题的最优解。

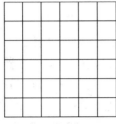
(a) 布线区域

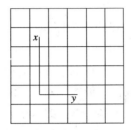
(b) 沿直线或直角布线

图 6-8　习题 6-3 图

6-4　试设计求旅行商问题最优解的 LCBB 算法，并根据给出的邻接矩阵 $\boldsymbol{Adj}$，画出算法生成的部分状态空间树。

$$\boldsymbol{Adj} = \begin{bmatrix} \infty & 20 & 30 & 10 & 11 \\ 15 & \infty & 16 & 4 & 2 \\ 3 & 5 & \infty & 2 & 4 \\ 19 & 6 & 18 & \infty & 3 \\ 16 & 4 & 7 & 16 & \infty \end{bmatrix}$$

6-5　试设计求最大团问题(参见习题 5-4)最优解的 LCBB-Clique 算法。

6-6　试设计求电路板排列问题(参见习题 5-9)最优解的 LCBB-CircuitArr 算法。

6-7　试设计求 n 皇后问题最优解的 LCBB-Queue 算法。

6-8　试设计求网络设计问题最优解的 LCBB-NetworkDesign 算法。

6-9　试设计求顶点覆盖问题最优解的 LCBB-VertexCover 算法。

第7章 图算法

许多应用问题可以归结为图模型上的问题。因而，我们可以用图作为表示和求解问题的工具。例如，在航线图中，图中的顶点可以表示机场，边可以表示飞行航线，边上的权值则可能表示距离或费用。在电路图中，图中的顶点表示逻辑门、寄存器、引脚或处理器，边表示接线，边上的权值可能表示接线长度或传输延迟。在作业调度问题中，图中的顶点表示作业，边表示优先关系，边上的权值可能表示优先级。在金融问题中，图中的顶点表示股票或流通货币，边表示交易或事务处理，边上的权值可能表示费用。表7-1列举了不同应用领域在图模型中的意义。

表 7-1　应用领域与图模型

图	顶　　点	边
通信图	电话、计算机	光纤、电缆
电路图	门、寄存器、引脚、处理器	电线
机械图	接合点	杆、横梁、弹簧
水力图	水库、泵站	管线
金融图	股票、货币	交易
运输图	街道、机场	高速路、空中航线
调度图	任务	优先关系
软件系统	函数	函数调用
互联网	网页/文档	超链接
游戏程序	位置	合法移动
社会关系	人、参与者	友谊、演员表
神经网络	神经元	突触、神经键
蛋白质网络	蛋白质	蛋白质的相互作用
化合物	分子	化学键

这些问题具有共同特性，就是问题的最终目标是使成本最小化。我们研究这些问题时有两类算法：一是找出连接所有点的最小成本路径；二是找出连接两个给定点的最小成本路径。第一类算法在无向图中用途广泛（例如电路布线问题和管道铺设问题），即最小生成树（Minimum Spanning Tree, MST）问题。这类算法已在第4章讨论过。第二类算法则在有向图中应用广泛（例如运输问题、航班问题和路由问题），即寻找最短路径问题，以下会详细讨论。

7.1　图的表示

可以使用邻接矩阵来表示一个图。对于有 $n(=|V|)$ 个顶点的图，其邻接矩阵的第

(i, j)个元素为

$$a_{i,j} = \begin{cases} 1, & v_i \text{ 到 } v_j \text{ 存在一条边} \\ 0, & v_i \text{、} v_j \text{ 间无边} \end{cases}$$

其中，$v_i(i = 1, \cdots, n)$为图中顶点。对于一个无向图，因为其中的每条边$\{u, v\}$可从两个方向看待，因而该邻接矩阵是对称的。这种表示的好处是可在常量时间内检查图中是否存在某条边，只需要访问一次内存。而矩阵需要$O(n^2)$的空间。如果图中的边数不是很多，这种表示方式浪费空间。

图的另一种表示方法是邻接表表示法。这种方法只需要与边数成正比的空间，由$|V|$个链表组成，每个顶点都有一个链表。顶点u的链表存放由u出发所指向的顶点，也就是说，存放$(u, v) \in E$的那些顶点v。因此，如果图为有向图，则每条边只在一个链表中出现；如果图为无向图，则每条边在两个链表中出现。无论是哪种情况，数据结构的总规模为$O(|E|)$。在这种情况下，检查某条边(u, v)不再为常量时间，因为这个过程需要查找u的邻接表。但通过一个顶点的所有近邻还是可以比较容易地完成这个过程。我们很快就可知，这个过程证明是图算法中的一个很有用的操作。对于无向图，这种表示是对称的，当且仅当u在v的邻接表中，v在u的邻接表中。

使用哪一种表示法，取决于顶点集$|V|$中顶点之间的关系、图中的顶点数以及边数$|E|$。$|E|$的规模可与$|V|$相当或与$|V|^2$相当（所有边可能相连）。如果是前者，则称该图是稀疏的，否则称该图是稠密的。我们将在后续的章节中看到，$|E|$与$|V|$之间的这个关系将会成为我们选择合适图算法的主要因素。

7.2　广度优先搜索

广度优先搜索（Breadth First Search，BFS）是图搜索中最简单的算法之一，也是很多重要图算法的基础算法。Dijkstra 单源点最短路径算法就使用了与 BFS 类似的思想。

给定一个图$G = (V, E)$以及一个称为源点的特殊顶点s，BFS 系统地探索图G中的边，找出由s可达的那些顶点。BFS 计算出从s到每个可达顶点的距离（最少边数）。同时，还形成一棵根为s的广度优先树，这棵树中包括了由s可达的所有顶点。对于由s可达的任一顶点v，在这棵广度优先树中从s到v的路径对应于图G中从s到v的一条最短路径，也就是说，包含了边数最少的一条路径。BFS 算法对于有向图和无向图均适用。

对于图 7-1，以结点a作为源点s，将该图划分为若干层：s自身，与s距离为 1 的那些顶点作为一层，与s距离为 2 的那些结点作为另一层，以此类推。一种简便的计算从s到其他顶点的距离的方法是逐层进行计算。一旦计算出距离为 0，1，2，$\cdots$，d的那些顶点，就很容易确定出距离为$d+1$的顶点。这些顶点就是那些与距离为d的那层顶点相邻的尚未被访问的顶点。这就给出一个在任一给定时刻只有两层是活跃的迭代

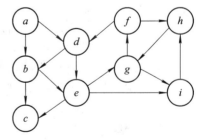

图 7-1　有向图示例

算法：在某层d，其中的顶点完全被访问过；在$d+1$层，要通过扫描第d层顶点的近邻，来找出该层的顶点。

广度优先搜索直接实现了我们上述的过程。初始时，队列 Q 中只含顶点 s，即距离为 0 的顶点。对于后续距离 $d = 1, 2, 3, \cdots$，在某时刻，队列 Q 中只包含距离为 d 的所有顶点。随着这些顶点被处理（执行出队操作），其尚未被访问的近邻被插入到队尾。图 7-2 给出了访问图 7-1 中顶点时的当前队列，其中 a 为起始点，顶点按照字母顺序排列。队列 Q 中字母上方的数字表示起始点到该顶点的距离。而且图 7-2 右边的广度优先搜索树包含了每个顶点最先被访问时所通过的那些边。由此可得，从 a 开始的每条路径都是最短路径。因此，这棵树称为最短路径树（shortest path tree）。

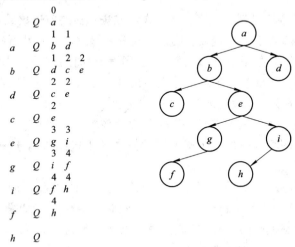

图 7-2　图 7-1 的广度优先队列 Q 及其广度优先搜索树

广度优先搜索算法如下所示。

```
BFS(G, s)
1   for each vertex v∈V[G]              //初始化到顶点 v 的最短路径及前驱
2       do d[v]←∞
3          π[v]←NIL
4   d[s]←0
5   Q←∅                                 //初始化队列 Q
6   ENQUEUE(Q, s)
7   while Q≠∅                           //队列中存在顶点
8      do u←DEQUEUE(Q)                  //摘取队列中最小元素
9         for each vertex v∈Adj[u]      //更新顶点 v 的最短路径长度
10           do if d[v] = ∞
11             then d[v]←d[u] + 1
12                 ENQUEUE(Q, v)
```

以下分析算法的运行时间。初始化后，第 10 行的测试保证每个顶点至多入队一次，且至多出队一次。入队和出队操作所需时间为常量时间 $O(1)$，因而，队列操作的总时间为 $O(V)$。由于仅在顶点出队时才扫描该顶点的邻接表，因此，每个邻接表至多被扫描一次。由于所有邻接表的长度之和为 $\Theta(E)$，因此扫描邻接表所花费的总时间为 $O(E)$。初始化的开销为 $O(V)$。因此，BFS 的总运行时间为 $O(V+E)$。由此可得，广度优先搜索算法的运行时间为 G 的邻接表表示规模的线性时间。

BFS 算法的执行过程如图 7-3 所示。

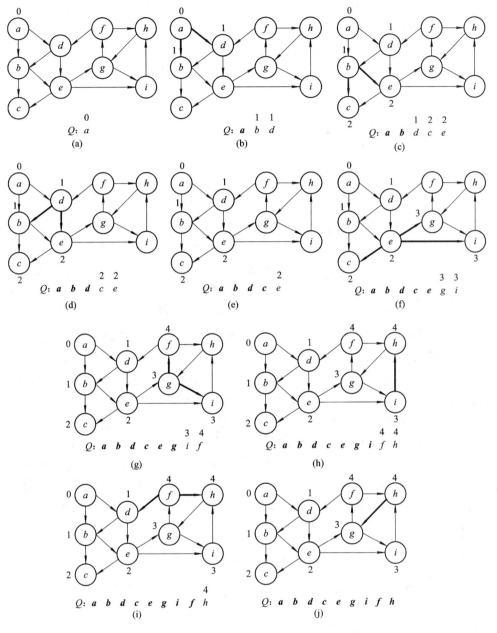

图 7-3 BFS算法的执行过程

7.3 Dijkstra 算法

　　加权有向图中的每条路径都与该条路径上的权值有关，其值为该路径上边的权值之和。这种度量的标准可以将问题描述为"找出两个给定顶点间的权值最小的路径"。一种可能的方法是枚举出所有路径，并计算每条路径的长度，然后选择最短的一条。容易看到，即使不考虑包含回路的路径，依然存在相当多的路径，而其中大多数是不值得考虑的。

最短路径(shortest path)问题不仅在很多实际问题中应用广泛，而且还引入了一个强大而通用的领域，这一领域寻求高效算法来解决涵盖大量特定应用的一般问题。在本节的讨论中，将阐明如何有效地解决这类问题。

给定加权有向图 $G = (V, E)$，定义权函数 w 为边到其上实值的映射 $w: E \rightarrow R$。路径 $p = \langle v_0, v_1, \cdots, v_k \rangle$ 上的权定义为这条路径边上的权值之和，即

$$w(p) = \sum_{i=1}^{k} w(v_{i-1}, v_i)$$

定义从 u 到 v 的最短路径权值为

$$\delta(u, v) = \begin{cases} \min\{w(p): u \overset{p}{\leadsto} v\} & \text{，从 } u \text{ 到 } v \text{ 存在路径} \\ \infty & \text{，从 } u \text{ 到 } v \text{ 不存在路径} \end{cases}$$

因此，从 u 到 v 的最短路径定义为 u 到 v 且满足 $w(p) = \delta(u, v)$ 的路径 p。

边上的权值不仅可以解释成距离，还可作为一种度量。这种度量常常可用于表示时间、开销、惩罚、损失以及其他一些与路径成线性积累关系的量，而且人们希望这个量达到最小。广度优先搜索算法实质上也是一种最短路径算法，图中的每一边上的权值为单位 1。

考虑单源点最短路径问题：给定加权有向图 $G = (V, E)$，目标是找出从某一给定源点 $s(s \in V)$ 到 V 中的其他顶点的最短路径。

1. 最短路径问题的最优子结构

最短路径算法具有这样一个性质：两个顶点之间的最短路径包括这条路径上其他顶点之间的最短路径。这个最优子结构性质应用了动态规划和贪心算法的特点。Dijkstra 算法是一个贪心算法。引理 7.1 更准确地阐述了最短路径问题的最优子结构性质。

引理 7.1 最短路径的子路径是最短路径。

证明给定权函数为 $w: E \rightarrow R$ 的加权有向图 $G = (V, E)$，设 $p = \langle v_1, v_2, \cdots, v_k \rangle$ 是从顶点 v_1 到顶点 v_k 的最短路径，对于任意满足 $1 \leqslant i \leqslant j \leqslant k$ 的顶点 i 和 j，设 $p_{ij} = \langle v_i, v_{i+1}, \cdots, v_j \rangle$ 为 p 的从顶点 v_i 到顶点 v_j 的子路径，那么，p_{ij} 是从顶点 v_i 到顶点 v_j 的最短路径。

证明：使用反证法。设 p 是从顶点 v_1 到顶点 v_k 的最短路径。将路径 p 分为：$v_1 \overset{p_{1i}}{\leadsto} v_i \overset{p_{ij}}{\leadsto} v_j \overset{p_{jk}}{\leadsto} v_k$，则有 $w(p) = w(p_{1i}) + w(p_{ij}) + w(p_{jk})$。现在，假设存在从 v_i 到 v_j 且满足 $w(p_{ij}') < w(p_{ij})$ 的路径 p_{ij}'，则 $v_1 \overset{p_{1i}}{\leadsto} v_i \overset{p_{ij}'}{\leadsto} v_j \overset{p_{jk}}{\leadsto} v_k$ 是一条权值为 $w(p') = w(p_{1i}) + w(p_{ij}') + w(p_{jk})$ 的从顶点 v_1 到顶点 v_k 的更短路径，即 $w(p') < w(p)$，这与假设 p 是从顶点 v_1 到顶点 v_k 的最短路径相矛盾。证毕。

2. 权值为负的边与回路

在单源点最短路径问题的例子中，可能存在权值为负的边。如果图 $G = (V, E)$ 不含从源点 s 可达的负权值回路，那么对于所有 $v \in V$，即使最短路径权值为负，最短路径权值 $\delta(s, v)$ 的定义依然成立。然而，如果图 G 中存在从源点 s 可达的负权值回路，那么对于所有 $v \in V$，最短路径权值 $\delta(s, v)$ 的定义就不能成立。在这种情况下，不存在从源点 s 到这个回路上顶点的最短路径。如果 G 中存在从源点 s 到 v 的负权值回路，则定义 $\delta(s, v) =$

$-\infty$，如图 7 - 4 所示。每个顶点上的数字表示从源点 s 到该点的最短路径权值，顶点 e 和 f 形成由 s 可达的负权值回路，因此，它们的最短路径权值为 $-\infty$。而顶点 g 可由最短路径权值为 $-\infty$ 的顶点到达，因此，它的最短路径权值也为 $-\infty$。顶点 h、i 和 j 由 s 不可达，因此即使它们位于负权值的回路上，它们的最短路径权值也为 ∞。

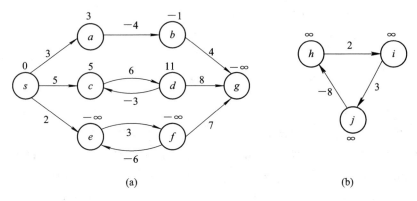

图 7 - 4　有向图中的负权值边

在以下讨论的 Dijkstra 算法中，假设图中所有边上的权值非负。在一般情况下，如果图中存在负权值回路，算法中应该可以检测出并进行报告。

如上所述，最短路径中不能含有负权值回路，最短路径中也不能包含正权值回路，这是因为从路径中删除回路会产生具有相同源和目的顶点的路径，且具有更小权值。如果 $p = \langle v_0, v_1, \cdots, v_k \rangle$ 是从顶点 v_0 到顶点 v_k 的一条路径，$c = \langle v_i, v_{i+1}, \cdots, v_j \rangle$ 是这条路径上正权值的回路，即 $v_i = v_j$ 且 $w(c) > 0$，那么，路径 $p' = \langle v_0, v_1, \cdots, v_i, v_{j+1}, v_{j+2}, \cdots, v_k \rangle$ 的权值 $w(p') = w(p) - w(c) < w(p)$，因此，$p$ 不可能是从顶点 v_0 到顶点 v_k 的一条最短路径。

只剩下 0 权值的回路，可以从任何路径上删除这条 0 权值的回路，所得回路权值不变。不断进行这个过程，可以得到无回路的最短路径。因此，不失一般性，可以假设所要找的最短路径没有回路。由于在图 G 的无环路径上至多包含 $|V|$ 个不同顶点，它也至多包含 $|V| - 1$ 条边，因此，所求的最短路径中至多有 $|V| - 1$ 条边。

3. 最短路径表示与松弛操作

常常需要计算最短路径的权值，而且还要找出组成最短路径上的那些顶点。给定图 $G = (V, E)$，用 $\pi[v]$ 表示顶点 $v \in V$ 的前驱（predecessor），它是一个顶点或为 NIL。在最短路径算法的执行过程中，无需通过 π 值表明最短路径，主要关注 π 值所导出的前驱子图 $G_\pi = (V_\pi, E_\pi)$ 即可。定义顶点集合 V_π 如下：

$$V_\pi = \{v \in V: \pi[v] \neq \text{NIL}\} \bigcup \{s\}$$

有向边集 E_π 定义为由 V_π 中顶点的 π 值所导出的边集，即

$$E_\pi = \{(\pi[v], v) \in E: v \in V_\pi - \{s\}\}$$

算法所产生的 π 值具有如下性质：在算法终止时，G_π 就是最短路径树。这棵树以源点 s 为根，包含了由 s 可达的每个顶点的一条最短路径。因此，以 s 为根的最短路径树是有向子图 $G' = (V', E')$，其中 $V' \subseteq V$，$E' \subseteq E$，满足：

（1）V' 是 G 中由 s 可达的顶点集合。

（2）G' 形成以 s 为根的有根树。

(3) 对于所有 $v \in V'$，G' 中从 s 到 v 的最短路径就是 G 中从 s 到 v 的最短路径。

最短路径不必惟一，最短路径树也不必惟一。

算法的主要思想是反复应用松弛(relaxation)操作。对于每个顶点 $v \in V$，维持 $d[v]$，这是从源点 s 到顶点 v 的最短路径权值的上界。称 $d[v]$ 为最短路径估值。算法的初始化过程如下：

```
INITIALIZE-SINGLE-SOURCE(G, s)
1   for each vertex v ∈ V[G]        //初始化到顶点 v 的最短路径及前驱
2       do d[v] ← ∞
3          π[v] ← NIL
4   d[s] ← 0
```

初始化之后，对于所有 $v \in V$，有 $\pi[v] = \text{NIL}$；对于 $v \in V_\pi - \{s\}$，有 $d[s] = 0$ 和 $d[v] \leftarrow \infty$。一条边 (u, v) 是否需要松弛，取决于对这条边的测试结果。如果能够通过顶点 u 改进目前源点到顶点 v 的最短路径，则对 $d[v]$ 和 $\pi[v]$ 进行更新。因此，松弛操作会使最短路径估值 $d[v]$ 下降，并对顶点 v 的前驱 $\pi[v]$ 进行更新。过程 RELAX 实现对边 (u, v) 的松弛：

```
RELAX(u, v, w)              //对更小权值顶点的最短路径长度进行更新
1   if d[v] > d[u] + w(u, v)
2       then d[v] ← d[u] + w(u, v)
3            π[v] ← u
```

4. Dijkstra 算法

在 Dijkstra 算法中，假定有加权有向图 G，且对于每条边 $(u, v) \in E$，$w(u, v) \geqslant 0$，即所有边上的权值非负。算法维持顶点集合 S，从源点到该集合中顶点的最短路径已被确定。算法不断从集合 $V - S$ 中选出具有最短路径估值的顶点 $u \in V - S$，并将 u 添加到 S 中，松弛所有离开 u 的边。在算法实现中，利用顶点的最小优先队列 Q 作为数据结构，以 d 值为优先级。第 1、2 行分别初始化 d、π、集合 S(为空)。第 3 行对最小优先队列 Q 进行初始化，使其包含所有顶点。在第 4~8 行的 while 循环每次迭代的开始，算法维持不变式 $Q = V - S$。由于初始化 $S = \varnothing$，执行第 3 行之后，循环不变式为真。在每次执行 4~8 行的 while 循环体时，从 $Q = V - S$ 中摘取一个顶点 u，并添加到集合 S 中，因而保持循环不变式。第一次执行 while 循环时，$u = s$。因而，顶点 u 是 $V - S$ 中最短路径估值最小的顶点。如果到 v 的最短路径可以通过顶点 u 得到改进，则在第 7 和第 8 行中，将离开 u 的边 (u, v) 松弛，即对 $d[v]$ 的估值和 $\pi[v]$ 进行更新。在第 3 行之后，Q 中不再插入顶点，每个顶点只从 Q 中被摘取一次，只向 S 中添加一次，因此，第 4~8 行的 while 循环恰好迭代 $|V|$ 次。

```
DIJKSTRA(G, w, s)
1   INITIALIZE-SINGLE-SOURCE(G, s)    //初始化到顶点 v 的最短路径及前驱
2   S ← ∅
3   Q ← V[G]                          //初始化队列 Q
4   while Q ≠ ∅                       //队列中存在顶点
5       do u ← EXTRACT-MIN(Q)         //摘取队列中的最小元素
6          S ← S ∪ {u}
7          for each vertex v ∈ Adj[u]  //更新顶点 v 的最短路径长度
8              do RELAX(u, v, w)
```

Dijkstra 算法的执行过程如图 7-5 所示。

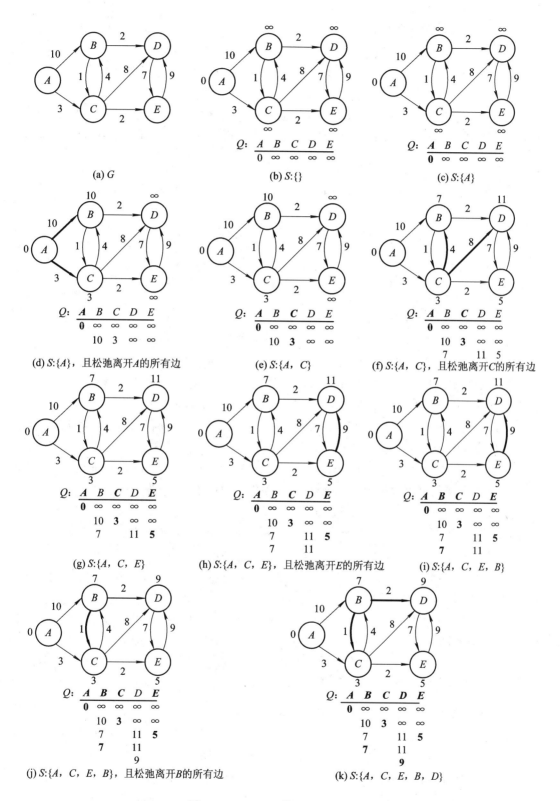

图 7-5 Dijkstra算法的执行过程

5. Dijkstra 算法的贪心策略

由于 Dijkstra 算法总是选择 $V-S$ 中最轻或者最近顶点添加到集合 S 中，因此称该算法利用了贪心策略。尽管贪心策略并不一定会产生最优解，但是正如在定理 4.7 及推论 4.8 中所表明的那样，Dijkstra 算法可以计算顶点的最短路径。证明的关键是每次向集合 S 中添加顶点 u 时，$d[u]=\delta(s,u)$。我们在证明 Dijkstra 算法的正确性时，使用图 7-6 进行说明。在顶点 u 添加到集合 S 中之前，集合 S 非空，从源点 s 到 u 的最短路径分解为 $s \overset{p_1}{\rightsquigarrow} x \rightsquigarrow y \overset{p_2}{\rightsquigarrow} u$。$y$ 是这条路径上不在 S 中且 $x \in S$ 是其前驱的第一个顶点。顶点 x 和 y 不同，但是 $s=x$ 或 $y=u$ 却可能相同。路径 p_2 要么在集合 S 中，要么在集合 S 之外。

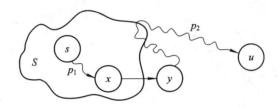

图 7-6　Dijkstra 算法的证明图示

定理 7.2 Dijkstra 算法的正确性。

给定加权有向图 $G=(V,E)$，以及非负权函数 w 和源点 s。如果对该图运行 Dijkstra 算法，则在算法终止时，对于所有顶点 $u \in V$，有 $d[u]=\delta(s,u)$。

证明：利用循环不变式：对于每一顶点 $v \in S$，执行第 6～10 行的 while 循环的每次迭代时，有 $d[v]=\delta(s,v)$。

只要证明，对于每一顶点 $u \in S$，当 u 添加到集合 S 时，$d[u]=\delta(s,u)$ 即可。一旦证明 $d[u]=\delta(s,u)$，就可以根据上界性质证明此后的所有时刻，这个等式都成立。

初始时：$S=\varnothing$，因而，循环不变式平凡成立。

维持时：希望证明，在每次迭代过程中，添加到集合 S 中的顶点满足 $d[u]=\delta(s,u)$。用反证法证明。设 u 是添加到 S 中满足 $d[u] \neq \delta(s,u)$ 的第一个顶点。要证明 while 循环迭代的开始，u 被添加到 S 中，通过检查此时从 s 到 u 的最短路径，导出 $d[u]=\delta(s,u)$ 的矛盾。因为 s 是添加到 S 中的第一个顶点，且 $d[s]=\delta(s,s)=0$，因而必有 $u \neq s$。由于 $u \neq s$，可以得出就在 u 被添加到 S 中之前，$S \neq \varnothing$。因而，一定存在从 s 到 u 的路径，否则，如果路径不存在，则有 $d[u]=\delta(s,u)=\infty$，这与假设 $d[u] \neq \delta(s,u)$ 矛盾。因为从 s 到 u 至少存在一条路径，设这条路径为 p。在将顶点 u 添加到集合 S 中之前，路径 p 将 S 中的顶点 s 与 $V-S$ 中的某个顶点相连。考虑路径 p 上满足 $y \in V-S$ 的第一个顶点 y，设 $x \in S$ 是 y 的前驱，参考图 7-6，路径 p 可以分解为 $s \overset{p_1}{\rightsquigarrow} x \rightsquigarrow y \overset{p_2}{\rightsquigarrow} u$。

首先证明断言，当 u 添加到 S 中时，$d[y]=\delta(s,y)$。观察可见 $x \in S$。由于 u 是插入集合 S 且满足 $d[u] \neq \delta(s,u)$ 的第一个顶点，当 x 被添加到 S 中时，则有 $d[x]=\delta(s,x)$。此时，边 (x,y) 被松弛。由收敛性质（如果 $s \rightsquigarrow u \to v$ 是 G 中的一条最短路径，$u,v \in V$，且在松弛边 (u,v) 之前的任何时刻，$d[u]=\delta(s,u)$，那么，此后的任意时刻，$d[v]=\delta(s,v)$），声明成立。

现在证明 $d[u]=\delta(s,u)$，导出矛盾。因为在从 s 到 u 的最短路径上，y 出现在 u 之前，且所有边的权值非负（注意 p_2 上的那些权值），则有 $\delta(s,y)\leqslant\delta(s,u)$。因此有

$$d[y]=\delta(s,y)\leqslant\delta(s,u)\leqslant d[u] \qquad\text{// 由上界性质} \qquad (7.1)$$

但在第 5 行选择 u 时，由于顶点 u 和 y 都在 $V-S$ 中，可得 $d[u]\leqslant d[y]$。由式（7.1）可得，$d[y]=\delta(s,y)=\delta(s,u)=d[u]$。因此，$d[u]=\delta(s,u)$，这与对 u 的选择相矛盾。这就证明了，当 u 被添加到集合 S 中时，$d[u]=\delta(s,u)$，这一等式自此以后一直保持成立。

终止时：$Q=\varnothing$，结合前述不变式 $Q=V-S$，蕴含着 $S=V$。因此，对于所有顶点 $u\in V$，有 $d[u]=\delta(s,u)$。证毕。

推论 7.3 给定加权有向图 $G=(V,E)$，以及非负权函数 w 和源点 s。如果对该图运行 Dijkstra 算法，则在算法终止时，前驱子图 G_π 是一棵根为 s 的最短路径树。

证明：由定理 7.2 和前驱子图的性质直接得到。证毕。

6. Dijkstra 算法的运行时间

Dijkstra 算法通过调用 3 个优先队列的操作，来维持最小优先队列 Q。这 3 个操作是 INSERT（第 3 行中隐含）、EXTRACT-MIN（第 5 行）和 DECREASE-KEY（隐含在第 8 行的 RELAX 中）。每个顶点调用一次 INSERT，同样 EXTRACT-MIN 也被每个顶点调用一次。因为每个顶点 $v\in V$ 只向集合 S 中添加一次，所以在算法运行过程中，第 7、8 行的 for 循环只对邻接表 $Adj[v]$ 中的每条边检查一次。邻接表中边的总数为 $|E|$，因此，这个 for 循环总共迭代 $|E|$ 次，总共进行至多 $|E|$ 次的 DECREASE-KEY 操作。

Dijkstra 算法的运行时间取决于最小优先队列如何实现。考虑这样一种情况，利用从 1 到 $|V|$ 的顶点编号维持优先队列 Q。将 $d[v]$ 存储在数组的第 v 个元素中。每个 INSERT 和 DECREASE-KEY 操作需要 $O(1)$ 的时间。每个 EXTRACT-MIN 操作需要 $O(V)$ 的时间，因为需要查找整个数组。因此算法的运行时间为 $O(V^2+E)=O(V^2)$。

如果 G 是稀疏图，可用二叉堆实现优先队列。每个 EXTRACT-MIN 操作需要 $O(\mathrm{lb}\,V)$ 的时间，共有 $|V|$ 个这样的操作。建立二叉堆的时间为 $O(V)$，每个 DECREASE-KEY 操作需要 $O(\mathrm{lb}\,V)$ 的时间，至多有 $|V|$ 个这样的操作，因此算法的运行时间为 $O((V+E)\,\mathrm{lb}\,V)$，如果所有顶点均从源点 s 可达，则算法的运行时间为 $O(E\,\mathrm{lb}\,V)$。

如果用斐波那契堆实现优先队列，则可得算法的运行时间为 $O(V\,\mathrm{lb}\,V+E)$。这是因为 $|V|$ 个 EXTRACT-MIN 操作的平摊开销为 $O(\mathrm{lb}\,V)$。每个 DECREASE-KEY 操作的调用只需 $O(1)$ 的平摊开销，这样的操作至多有 $|E|$ 个。

由以上分析可得，Dijkstra 算法的运行时间 $T=\Theta(V)T_{\text{EXTRACT-MIN}}+\Theta(E)T_{\text{DECREASE-KEY}}$ 主要取决于所使用的优先队列 Q 的实现。表 7-2 给出了基于上述三种实现时的 Dijkstra 算法的运行时间。

表 7-2 不同实现时的 Dijkstra 算法的运行时间

Q	EXTRACT-MIN	DECREASE-KEY	运行时间
数组	$O(V)$	$O(1)$	$O(V^2)$
二叉堆	$O(\mathrm{lb}\,V)$	$O(\mathrm{lb}\,V)$	$O(E\,\mathrm{lb}\,V)$
斐波那契堆	$O(\mathrm{lb}\,V)$	$O(1)$	$O(E+V\,\mathrm{lb}\,V)$

我们可以将 Dijkstra 算法与 BFS 算法作一比较。Dijkstra 算法使用优先队列维持访问顶点的顺序。当图中边上的权值为 1 且使用普通队列维持访问顶点的顺序时，对 Dijkstra 稍加修改即可得到 BFS 算法。

7.4　Bellman-Ford 算法

在 Dijkstra 算法中，从起始点 s 到任何顶点 v 的最短路径必定只通过那些比到顶点 v 更近的顶点。当边上的权值为负时，这一结论不再成立。在图 7-7 中，从 s 到 v 的最短路径通过 u，而顶点 u 距离 s 的最短路径要长。

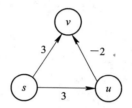

图 7-7　带有负权值边的图

因而，需要对算法进行修正，以适应这种情况。在 Dijkstra 算法中关键的一点是，算法中所维持的 d 值要么过大，要么恰好。它们的初始值均为 ∞，惟一能改变的是沿着某条边进行更新，即执行松弛操作 RELAX(u, v, w)。松弛操作表明，s 到 v 的距离不大于 s 到 u 的距离加上边 (u, v) 上的权值 $w(u, v)$。松弛操作具有如下性质：

（1）这个松弛操作给出了如下情况下到 v 的正确距离，此时 u 是到 v 的这条最短路径上倒数第 2 个顶点且 $d[u]$ 也是正确距离。

（2）松弛操作将不再使 $d[v]$ 更小，从这个意义上讲，它是安全的。例如，其他松弛操作也不会对已有结果产生影响。

这个操作非常有用。如果仔细斟酌，就可以设置出正确距离。实际上，也可将 Dijkstra 算法简单地看做一系列的松弛过程。如上所述，这个松弛序列并不适合于带有负权值边的图，那么是否存在适合于负权值边的其他序列呢？为了得到这个序列所具备的属性，我们选取顶点 t，并观察从 s 到顶点 t 的最短路径：

这条路径上至多包含 $|V|-1$ 条边。如果执行的松弛序列包含 (s, u_1)，(u_1, u_2)，(u_2, u_3)，$\cdots$，(u_k, t)，那么由第一个性质可正确计算出到 t 的距离。这些边上出现的其他松弛操作是不重要的，因为这些松弛是安全的。

然而，如果预先并不知道最短路径，怎样才能确信以正确的顺序松弛了正确的边呢？这里给出一种简单的解决方案：简单地对所有边松弛 $|V|-1$ 次。以下给出的算法具有 O(VE) 的运行时间，称为 Bellman-Ford 算法。

BELLMAN-FORD(G, w, s)

1　INITIALIZE-SINGLE-SOURCE(G, s)

2　**for** $i \leftarrow 1$ **to** $|V[G]|-1$

```
3        do for each edge (u, v) ∈ E[G]
4           do RELAX(u, v, w)
5   for each edge(u, v)∈E[G]
6       do if d[v]>d[u]+w(u, v)
7           then return FALSE
8   return TRUE
```

实际中，很多图的最短路径中的最大边数远远小于|V|−1，这使得所需的松弛操作轮数大为减少。因此，增加一个对最短路径算法的检查具有实际意义，它可以将没有松弛出现的那些轮很快地终止。

Bellman-Ford 算法的执行过程($i = 1$)如图 7−8 所示。

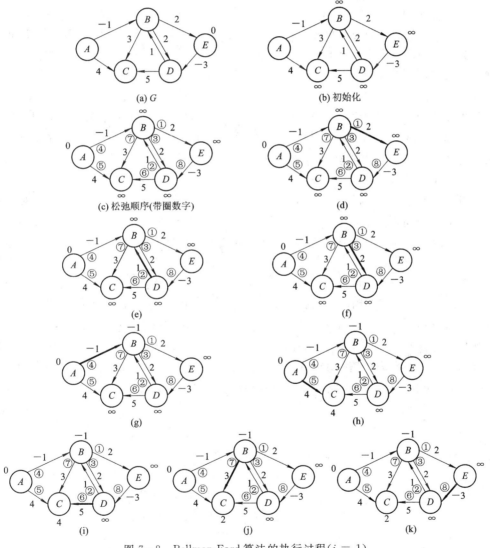

图 7−8   Bellman-Ford 算法的执行过程($i = 1$)

7.5 Floyd-Warshall 算法

在这一节里，我们讨论加权有向图 $G = (V, E)$ 上的所有对顶点之间最短路径问题的一种动态规划算法。该问题的应用背景之一是计算每对城市之间的距离。

给定加权有向图 $G = (V, E)$，其中权函数为 $w: E \leftarrow R$，该函数将图中的边映射到实值权值。对于图中的每对顶点 $u, v \in V$，要求计算出从 u 到 v 的一条最短路径，使得该路径上的权值之和达到最小。一般地，可以输出一个二维表，表中第 u 行、第 v 列的元素为从 u 到 v 的最短路径上的权值。

图中的每个顶点运行单源点最短路径算法一次，共运行单源点最短路径算法 $|V|$ 次，可以解决所有对顶点之间的最短路径问题。如果图中所有边上的权值非负，可以使用 Dijkstra 算法。如果使用线性数组来实现最小优先队列，则运行时间为 $O(V^3 + VE) = O(V^3)$。如果使用二叉最小堆来实现最小优先队列，则运行时间为 $O(VE \lg V)$。因此，当图为稀疏图时，后者具有优势。

如果图中有负权值的边，就不能使用 Dijkstra 算法。一种解决途径是：在每个顶点上运行一次 Bellman-Ford 算法，此时算法的总运行时间为 $O(V^2 E)$。当图为稠密图时，算法的运行时间为 $O(V^4)$。通过动态规划方法，可以将运行时间降为 $O(V^3)$，此时算法称为 Floyd-Warshall 算法。

假设图中顶点集 V 为 $\{1, 2, \cdots, n\}$，$\{1, 2, \cdots, k\}$ 为 V 的一个子集。对于每对顶点 i，$j \in V$，考虑其中间顶点来自集合 $\{1, 2, \cdots, k\}$ 的从 i 到 j 的所有路径，路径 p 是其中权值最小的简单路径。Floyd-Warshall 算法利用了路径 p 和中间顶点取自集合 $\{1, 2, \cdots, k-1\}$ 的从 i 到 j 的最短路径之间的关系。这种关系依赖于 k 是否是路径 p 上的一个中间顶点。

如果 k 不是路径 p 上的一个顶点，那么路径 p 上的所有中间顶点均在集合 $\{1, 2, \cdots, k\}$ 中。因此，所有中间顶点均在 $\{1, 2, \cdots, k-1\}$ 中的从顶点 i 到 j 的一条最短路径也是所有中间顶点均在 $\{1, 2, \cdots, k\}$ 中的从顶点 i 到 j 的一条最短路径。

如果 k 是路径 p 上具有最大编号的中间顶点，那么将路径 p 分为如图 7-9 所示的两条路径 p_1 和 p_2。由最优子结构性质，p_1 是所有中间顶点均在 $\{1, 2, \cdots, k-1\}$ 中的从顶点 i 到 k 的一条最短路径。类似地，p_2 是所有中间顶点均在 $\{1, 2, \cdots, k-1\}$ 中的从顶点 k 到 j 的一条最短路径。

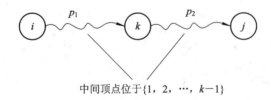

中间顶点位于 $\{1, 2, \cdots, k-1\}$

图 7-9 从顶点 i 到 j 的最短路径 p

从以上分析可得，我们可以定义最短路径估值的递归公式。令 $d(i, j, k)$ 表示其所有中间顶点均在 $\{1, 2, \cdots, k\}$ 中的从顶点 i 到 j 的最短路径的长度。初始时，如果顶点 i 和 j

之间有边相连，则 $d(i, j, 0) = w_{ij}$；否则 $d(i, j, 0) = \infty$。它表示在不含编号 k 大于 0 的中间顶点的从顶点 i 到 j 的最短路径上，不包含任何中间顶点。此时这样的路径至多包含一条边。以上讨论可得最短路径估值的递归定义

$$d(i, j, k) = \begin{cases} w_{ij} & , k = 0 \\ \min(d(i, j, k-1), d(i, k, k-1) + d(k, j, k-1)) & , k \geqslant 1 \end{cases}$$

对于任何路径，由于其所有中间顶点均在集合 $\{1, 2, \cdots, k\}$ 中，因而 $d(i, j, n)$ 给出每一对顶点 i, j 之间的最短路径，即 $d(i, j, n) = \delta(i, j)$，其中 $i, j \in V$。

FLOYD-WARSHALL(W)

1   **for** $i \leftarrow 1$ **to** $|V[G]|$
2   **do for** $j \rightarrow 1$ **to** $|V[G]|$
3   **do** $d(i, j, 0) \rightarrow \infty$
4   **for** all $(i, j) \in E[G]$
5   **do** $d(i, j, 0) \leftarrow w_{ij}$
6   **for** $k \leftarrow 1$ **to** $|V[G]|$
7   **do for** $i \leftarrow 1$ **to** $|V[G]|$
8   **do for** $j \leftarrow 1$ **to** $|V[G]|$
9   **do** $d(i, j, k) \leftarrow \min(d(i, j, k-1), d(i, k, k-1) + d(k, j, k-1))$
10   **return** $d(i, j, n)$

算法的执行过程如图 7−10 所示。

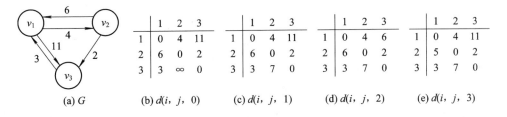

(a) G (b) $d(i, j, 0)$ (c) $d(i, j, 1)$ (d) $d(i, j, 2)$ (e) $d(i, j, 3)$

图 7−10   Floyd-Warshall 算法的执行过程

习　　题

7−1   假设在图 7−11 上运行 Dijkstra 算法，源点为 a。

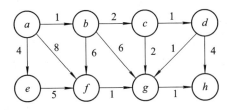

图 7−11   习题 7−1 图

(1) 在有向图 7−11 上，运行 Dijkstra 算法，以 a 作为源点。要求显示 while 循环的每次迭代后 d 和 π 的值，以及集合 S 中的顶点。

(2) 给出最终的最短路径树。

7-2 在有向图 7-12 上运行 Dijkstra 算法，首先以 s 作为源点，然后以 z 作为源点。要求显示 while 循环的每次迭代后 d 和 π 的值，以及集合 S 中的顶点。

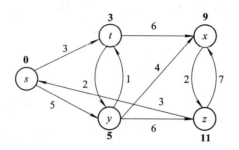

图 7-12 习题 7-2 图

7-3 假定将 Dijkstra 算法中的第(4)行变为

    4 **while** $|Q| > 1$

所做的改变会使 while 循环执行 $|V|-1$，而不是 $|V|$ 次。试问这个算法是否正确。

7-4 假设在图 7-13 上运行 Bellman-Ford 算法，源点为 z。在每一遍松弛边的过程中，顺序为 (t, x)，(t, y)，(t, z)，(x, t)，(y, x)，(y, z)，(z, x)，(z, s)，(s, t)，(s, y)。

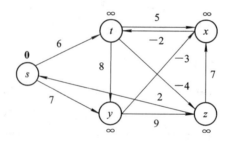

图 7-13 习题 7-3 图

(1) 在图 7-13 上运行 Bellman-Ford 算法，给出类似图 7-8 执行该算法第一遍后的过程，并给出 d 值和 π 值。

(2) 将边 (z, x) 上的权值变为 4，以 s 为源点，重做(1)。

7-5 给出一个含有负权值边的有向图的简单实例，该图使 Dijkstra 算法的运行产生错误的结果。当允许图中存在负权值边时，为什么定理 7.2 的证明不能成立？

7-6 给定有向图 $G = (V, E)$，对于每条边 $(u, v) \in E$，关联一个值 $r(u, v)$，且 $0 \leqslant r(u, v) \leqslant 1$。该值表示从顶点 u 到顶点 v 的信道的可靠性。可以将 $r(u, v)$ 的意义解释为 u 到 v 的信道不发生故障的概率，并假设这些概率是独立的。试设计一有效算法，找出两个给定顶点之间最可靠的路径。

7-7 设 $G = (V, E)$ 为加权有向图，权函数为 $w: E \rightarrow \{0, 1, \cdots, W\}$，其中 W 是一非负整数。修改 Dijkstra 算法，使得对于给定的源点 s，计算最短路径的运行时间为 $O(WV+E)$。

7-8 单源点最短路径问题的 Gabow 定标算法。定标算法按照以下步骤求解问题。初始时，只考虑每个相关输入值(如边的权值)的最高位，然后通过检查两个最高位对初始解进行求精，像这样逐步检查更多的最高位，同时每次都对前次的解进行求精，直到检查完所有位且计算出正确解为止。

在这个问题中，考察一种通过定标边权值计算单源点最短路径的算法。给定有向图 $G = (V, E)$，其中边上权值 w 为非负整数。设 $W = \max_{(u, v) \in E}\{w(u, v)\}$。目标是研制一种运行时间为 $\mathrm{O}(E \lg W)$ 的算法。假设所有顶点由源点可达。

算法用二进制表示边的权值，并从最高位到最低位每次检查一位。设 $k = \lceil \lg(W + 1) \rceil$ 为 W 的以二进制表示的位数，对于 $i = 1, 2, \cdots, k$，令 $w_i(u, v) = \lfloor w(u, v)/2^{k-i} \rfloor$，即 $w_i(u, v)$ 是取 $w(u, v)$ 的二进制表示的 i 个高位而得。因此，对于所有 $(u, v) \in E$，$w_k(u, v) = w(u, v)$。例如，如果 $k = 5$，$w(u, v) = 25$，它的二进制表示为 $\langle 11001 \rangle$，那么 $w_3(u, v) = \langle 110 \rangle = 6$；如果对于 $k = 5$，$w(u, v) = 4$，它的二进制表示为 $\langle 00100 \rangle$，那么 $w_3(u, v) = \langle 001 \rangle = 1$。定义 $\delta_i(u, v)$ 为从 u 到 v 且使用权函数 w_i 的最短路径权值。因此，对于所有 $u, v \in V$，$\delta_k(u, v) = \delta(u, v)$。对于给定的源点 s，定标算法首先对于所有 $v \in V$ 计算出最短路径的权值 $\delta_1(s, v)$，然后对于所有 $v \in V$ 计算出最短路径的权值 $\delta_2(s, v)$，继续这一过程，直到对于所有 $v \in V$ 计算出最短路径的权值 $\delta_k(s, v)$。假设 $|E| \geqslant |V| - 1$，则由 δ_{i-1} 计算出 δ_i 所需的运行时间为 $\mathrm{O}(E)$。因此，整个算法的运行时间为 $\mathrm{O}(kE) = (E \lg W)$。

（1）假设对于所有 $v \in V$ 的顶点，有 $\delta(s, v) \leqslant |E|$。证明可以用 $\mathrm{O}(E)$ 时间计算出 $\delta(s, v)$，$v \in V$。

（2）证明可以用 $\mathrm{O}(E)$ 时间计算出 $\delta_1(s, v)$，$v \in V$。

以下考虑由 δ_{i-1} 计算 δ_i 的问题。

（3）证明对于 $i = 2, 3, \cdots, k$，$w_i(u, v) = 2w_{i-1}(u, v)$ 或 $w_i(u, v) = 2w_{i-1}(u, v) + 1$。然后证明：$2\delta_{i-1}(s, v) \leqslant \delta_i(s, v) \leqslant 2\delta_{i-1}(s, v) + |V| - 1$，$v \in V$。

（4）对于 $i = 2, 3, \cdots, k$ 以及所有 $(u, v) \in E$，定义

$$\hat{w}_i(u, v) = w_i(u, v) + 2\delta_{i-1}(s, u) - 2\delta_{i-1}(s, v)$$

证明：对于 $i = 2, 3, \cdots, k$ 以及所有 $u, v \in V$，边 (u, v) 的新权值 $\hat{w}_i(u, v)$ 为非负整数。

（5）定义 $\hat{\delta}_i(s, v)$ 为 s 到 v 且使用权函数 $\hat{w}_i$ 的最短路径权值。证明对于 $i = 2, 3, \cdots, k$ 和所有 $v \in V$，有 $\delta_i(s, v) = \hat{\delta}_i(s, v) + 2\delta_{i-1}(s, v)$ 且 $\hat{\delta}_i(s, v) \leqslant |E|$。

（6）对于所有 $v \in V$，证明如何用 $\mathrm{O}(E)$ 时间由 $\delta_{i-1}(s, v)$ 计算出 $\delta_i(s, v)$。并由此得到，对于所有 $v \in V$，可用 $\mathrm{O}(E \lg W)$ 时间计算出 $\delta(s, v)$。

7-9 在有向图 7-14 上，运行 Floyd-Warshall 算法，按照图 7-10 的形式，显示最外层循环 k 每次迭代后的结果。

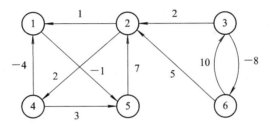

图 7-14 习题 7-9 图

7-10   如何利用 Floyd-Warshall 算法的计算结果检测一个图中是否出现负权值的环路?

7-11   对于 Floyd-Warshall 算法,另一种构造其最短路径的方法是使用 $\phi_{ij}^{(k)}$,其中 $\phi_{ij}^{(k)}$ 是从 i 到 j 的最短路径上编号最大的中间顶点,这些中间顶点均在集合 $\{1, 2, \cdots, k\}$ 中,$i, j, k = 1, 2, \cdots, n$。给出计算 $\phi_{ij}^{(k)}$ 的一个递归公式,并修改 Floyd-Warshall 算法计算 $\phi_{ij}^{(k)}$ 的值,再以矩阵 $\boldsymbol{\Phi} = [\phi_{ij}^{(n)}]$ 作为输入,编写 Print-All-Pairs-Shortest 过程。

7-12   套汇问题。套汇是指利用货币汇兑率的差异把一个单位的某种货币转换为大于一个单位的同种货币的方法。例如,假定 1 美元可以买 46.4 印度卢比,1 印度卢比可以买 2.5 日元,1 日元可以买 0.0091 美元。通过兑换货币,一个商人可以用 1 美元买入,得到 $46.4 \times 2.5 \times 0.0091 = 1.0556$ 美元。因而获得 5.56% 的利润。

假定有 n 种货币 $c_1, c_2, \cdots, c_n$ 以及相应的 $n \times n$ 兑换率表 R,1 单位货币 c_i 可以买 $R[i, j]$ 个单位的货币 c_j。

(1) 试设计一有效算法,以确定是否存在货币序列,$\langle c_{i_1}, c_{i_2}, \cdots, c_{i_k} \rangle$,满足
$$R[i_1, i_2] \cdot R[i_2, i_3] \cdots R[i_{k-1}, i_k] \cdot R[i_k, i_1] > 1$$
并分析算法的运行时间。

(2) 试设计一有效算法,输出该序列(如果该序列存在的话),并分析算法的运行时间。

第 8 章　NP 完全性

　　迄今为止，我们学过的所有算法都是多项式时间算法，它们最坏情况下的运行时间为 $O(n^k)$，其中 n 为输入规模，k 为某个常数。我们自然会提出这样一个问题：是否所有问题都能在多项式内解决呢？答案是否定的。例如存在一些问题，如图灵著名的"停机问题"，是任何计算机不论花费多少时间都不能解决的。还有一些问题尽管可以求解，但它们都不能在多项式 $O(n^k)$ 的时间内得到解决。一般来说，我们把在多项式时间内可解的问题看做是容易的问题，而把超过多项式时间才能解决的问题看做是难的问题。

　　我们在这一章里所讨论的主题，表明了某些问题确有计算上的难度。证明中涉及了 NP 完全性（NP-completeness）的概念。这个概念表明找某个问题的有效算法至少和找 NP 类中所有问题的有效算法一样难。这里有效性的含义是指为解决问题设计的算法的运行时间为输入规模 n 的多项式函数，即对于某些常数 $k>0$，如果算法的运行时间为 $O(n^k)$，则称它是有效的。迄今为止，既没有人找出求解 NP 完全问题的多项式时间算法，也没有人证明这类问题的任何超多项式时间的下界。自 1971 年提出这一问题以后，P≠NP 问题已经成为计算机科学理论中最深奥和最复杂的未解问题之一。大多数从事理论研究的计算机专家认为，NP 完全问题是难的问题，其理由是如果任一 NP 完全问题可以在多项式时间内求解，那么每一个 NP 完全问题都有多项式时间的算法。为了研究这类问题的计算复杂性，科学家提出了非确定性图灵机（non-deterministic Turing machine）计算模型，这是一个更强的计算模型，基于这个计算模型，许多问题在多项式时间内有可解的算法。

8.1　P 类问题和 NP 类问题

　　为了研究 NP 完全性问题，需要更准确地定义运行时间。我们将问题的输入规模 n 定义为对输入实例编码所用的位数。假设输入中的字符和数字可用合理的二进制编码模式编码，使得对于常数 $c>0$，用常量的位数就可表示每个字符，至多用 $c \log M$ 位就可表示每个大于 0 的整数 M，特别是不允许一元编码，例如用 M 个 1 表示 M。

　　用 N 表示输入中的项数，n 表示对输入进行编码的位数。如果 M 是输入中最大的整数，那么对于常数 $c>0$，$N+\log M \leqslant n \leqslant cN \log M$。我们把算法 A 最坏情况下的运行时间定义为关于 n 的函数所花费的最坏情况下的运行时间，该函数取自编码为 n 位的所有可能输入。值得庆幸的是，如同我们在以下引理中所看到的那样，大多数运行时间为 N 的多项式函数的算法，仍然导致运行时间为 n 的多项式时间算法。如果基本运算包括表示成 b 位的一个或者两个对象，进行这个运算后导致的结果对象至多用 $n+c$ 位表示，则称算法是 c 增量的（c-incremental），其中 $c \geqslant 0$。例如，对于任何常数 c，将乘法运算作为基本运算的算

法可能不是 c 增量的算法。我们会在 c 增量的算法中包含可以进行乘法运算的子程序，但不将这个子程序作为基本运算。

引理 8.1 假设计算模型为 RAM 模型。如果对于某些常数 $c>0$，一个 c 增量的算法 A 最坏情况下的运行时间为输入项数 N 的函数 $t(N)$，那么算法 A 的运行时间可表示为 n 的函数 $O(n^2 t(n))$，其中 n 为输入的非一元标准编码串的位数。

证明：由于 $N \le n$，因而 $t(N) \le t(n)$。如果对于某些常数 $d \ge 1$，算法 A 中的每个基本运算包含 $b(b \ge 1)$ 位表示的一个或两个对象，则至多利用 db^2 个位就可完成每个基本运算。这些基本运算包括所有比较、控制流和基本的非乘法的算术运算。然而，在 c 增量算法的 N 步中，对于输入对象的任一最大规模 b，表示其中任一对象所用的最大位数为 $cN+b$，而 $cN+b \le (c+1)n$。因此，完成 A 中的每一步至多需要 $O(n^2)$ 位。证毕。

由此可得，如果一个合理算法的运行时间是输入项数 N 的多项式时间，那么它也是输入位数 n 的多项式时间。因此，本章其余部分中，我们用 n 作为问题的输入规模，将多项式算法的运行时间理解为输入位数的多项式函数。

8.1.1 复杂类 P 和复杂类 NP

由引理 8.1 可得，对于本书中讨论过的一些问题，如排序问题、选择问题以及最小生成树问题，它们的多项式时间的算法可以转换成按照位模型计算的多项式时间算法。因而，多项式时间是衡量问题难易程度的一个有用概念。

而且，多项式类对于加法、乘法和组合运算是封闭的，即如果 $p(n)$ 和 $q(n)$ 是多项式时间的算法，那么 $p(n)+q(n)$、$p(n) \cdot q(n)$ 和 $p(q(n))$ 也是多项式时间的算法。因此，我们可以通过组合多项式时间的算法，来构造新的多项式时间的算法。

1. 判定问题(decision problem)

为了简化讨论，暂时只讨论判定问题，即输出为"yes"或者"no"的计算问题。换句话说，判定问题的输出只有一位，或者为 0，或者为 1。例如，下列每个问题都是判定问题。

- 给定串 S 和串 S_1，S_1 是否是 S 的子串？
- 给定两个集合 S 和 T，S 和 T 是否包含相同元素？
- 给定具有正权值边的图 G 及一个整数 k，G 中存在权值至多为 k 的最小生成树吗？

事实上，最后一个问题表明，当我们试图对优化问题中的某些量最小化或者最大化时，可将这个优化问题变成一个判定问题。可以引入参数 k，判定优化问题的最优值是否至多为 k 或者至少为 k。如果能够证明判定问题是难的，那么它相应的优化问题也必定是难的。

2. 问题和语言

如果输入为 x 的算法 A 输出"yes"，我们说这个算法 A 接受输入串 x。因而，可以把判定问题只看做串的集合 L，即正确解决那个问题的算法所能接受串的集合。而我们常常称串的集合为语言(language)，所以用字母"L"表示判定问题。可以进一步扩展这个基于语言的观点：如果对于 L 中的每个 x，算法 A 输出"yes"，则称算法 A 接受语言 L；否则，算法输出"no"。这里需要注意的是，某些教材上允许算法 A 有进入无限循环的可能性，对于某些输入不产生任何输出，但这里我们只关注计算在有限步内终止的算法。

3. 复杂类 P

复杂类 P(complexity class P)是指所有判定问题(或者语言)L 的集合,L 是一个最坏情况为多项式时间被接受的语言,即对于输入 $x \in L$,存在算法 A 在 $p(n)$ 时间内输出"yes",其中 n 是 x 的规模,$p(n)$ 是多项式。这里需要注意的是,P 的定义并没有表明拒绝一个输入所需的运行时间,即 P 的定义中没有表明算法 A 输出"no"时的运行时间。这种情况涉及语言 L 的补(complement),它是由不在 L 中的所有二进制串组成的。如果给定多项式时间 $p(n)$ 接受语言 L 的算法 A,我们仍然可以容易地构造一个接受语言 L 的补的多项式时间算法。尤其是给定了输入 x 后,可以构造用 $p(n)$ 步运行算法 A 的补算法 B,其中 n 是 x 的规模,并且如果算法 B 试图运行多于 $p(n)$ 步,就会终止算法 A。如果算法 A 输出"yes",那么算法 B 输出"no";同样,如果算法 A 输出"no",或者算法 A 至少运行 $p(n)$ 步而没有产生任何输出,那么算法 B 输出"yes"。无论哪一种情况,补算法 B 的运行时间均为多项式时间。因此,如果表示某个判定问题的语言 L 在 P 中,那么 L 的补也在 P 中。

4. 复杂类 NP

复杂类 NP(complexity class NP)的定义不但包括复杂类 P,还可能包括不在 P 中的语言。确切地说,NP 类问题允许算法在 P 类基础上执行另一个操作 select(b),这个操作以非确定性的方式选择一位(即或者为 0,或者为 1),并将选择的值赋给 b。

当一个算法 A 中利用了 select 基本操作时,我们说算法 A 是非确定性的(non-deterministic)。如果存在输入为 x 的算法 A,调用 select 的结果,使得算法 A 最终输出"yes",则称算法 A 非确定性地接受一个串 x。换句话说,就好像是我们考虑了调用 select 后产生的所有可能结果,而只选择了那些导致接受的结果集(如果存在这样一个结果集的话),这不同于随机选择。

复杂类 NP 就是那些在多项式时间内被非确定性地接受的判定问题(或者语言)L 的集合,即对于输入 $x \in L$,存在非确定算法 A 及其调用 select 后的结果,使得在多项式时间 $p(n)$ 内输出"yes",其中 n 是 x 的规模。注意,NP 的定义并没有强调拒绝的运行时间。对于一个在多项式时间 $p(n)$ 内接受语言 L 的算法 A,允许输出"no"时所花费的时间比 $p(n)$ 步要多。此外,由于非确定性的接受可能使得调用 select 过程的次数为多项式级的,因而如果一个语言 L 在 NP 中,L 的补未必还在 NP 中。的确存在一个称为 co-NP 的复杂类,包括了补在 NP 中的所有语言,许多研究人员认为 co-NP$\neq$NP。

5. 另一种 NP 定义

实际上,存在另一种更直观的复杂类 NP 的定义。这种 NP 类的定义是基于确定性的验证,而不是非确定性的接受。我们说语言 L 可被一个算法 A 验证(verified),如果对于输入串 $x \in L$,存在另一个串 y,满足对于输入 $z = x + y$,算法 A 输出"yes",其中符号"+"表示连接。由于串 y 可帮助我们证明 x 的确在 L 中,因此称串 y 为 L 中成员的证书(certificate)。当一个串不在 L 中时,我们不做验证的声明。

验证概念可使我们给出复杂类 NP 的另一种定义,即把复杂类 NP 定义为所有语言 L 的集合,这些语言 L 定义的判定问题可在多项式时间内得到验证。换句话说,存在确定算法 A,对于任一输入 $x \in L$,利用证书 y 在多项式时间 $p(n)$ 内验证 x 的确在 L 中,$p(n)$ 包

括算法 A 读其输入 $z=x+y$ 的时间，n 是 x 的规模。这个定义蕴含着 y 的规模小于 $p(n)$。正如以下定理所表明的那样，基于验证的 NP 定义与上述描述的基于非确定性的 NP 定义是等价的。

定理 8.2 语言 L 可在多项式时间内确定性地被验证，当且仅当 L 可在多项式时间内被非确定性地接受。

证明：首先假定语言 L 可在多项式时间内被确定性地验证，即存在确定算法 A（不调用选择 select 过程），对于给定多项式长度的证书 y，可在多项式时间 $p(n)$ 内验证串 x 在 L 中。因此，我们可以构造以串 x 作为输入的非确定性算法 B，调用选择 select 过程，对 y 中的每一位赋值。给定证书 y，算法 B 完成串 $z=x+y$ 的构造之后，调用算法 A 来验证 $x \in L$。如果存在证书 y，满足 A 接受 z，那么显然存在 B 的非确定性的选择集合，导致 B 自身输出"yes"，且 B 的运行时间为 $O(p(n))$。

其次，假定在多项式时间内 L 可被非确定性地接受，即给定 L 中的串 x，存在运行时间为 $p(n)$（可能包括那些 select 步）的非确定性算法 A，对于调用这些 select 的某些结果序列，满足 A 输出"yes"。给定 L 中的串 x，存在一个确定验证算法 B，用输入为 x 的算法 A 调用过程 select 所产生结果的有序连接作为它的证书 y，最终产生输出"yes"。因为算法 A 的运行时间为 $p(n)$，给定输入 $z=x+y$，所以算法 B 的运行时间为 $O(p(n))$，n 是 x 的规模。证毕。

定理 8.2 实际上蕴含着这两种 NP 的定义是等价的，我们可以利用任何一种定义来证明一个问题在 NP 中。

6. P＝NP 的问题

计算机科学家并不能够肯定是否 P＝NP。研究人员甚至不确信是否 P＝NP∩co-NP。大多数科学家认为 P 与 NP 和 co-NP 都不等，也不与它们的交集相等。事实上，在我们以下讨论的 NP 问题的例子中，其中许多问题并不在 P 中。

8.1.2　NP 中的有趣问题

对定理 8.2 的另一种解释是，它蕴含着我们总能够构造一个非确定性的算法，使得它首先执行所有 select 过程，然后进行验证。本节，我们通过几个例子来说明一些有趣的判定问题在 NP 中。第一个例子是关于图的问题。

哈密尔顿回路(Hamiltian cycle)问题是指：以图 G 作为输入，问 G 中是否存在简单回路，只访问 G 中的每个顶点一次，并回到它的起始顶点。这样的回路称为 G 的哈密尔顿回路。

引理 8.3 HAMILTIAN-CYCLE∈NP。

证明：定义非确定算法 A，以图 G 作为输入，而图 G 编码为以二进制表示的邻接表，顶点从 1 到 N 编号。首先定义 A 迭代调用 select 过程，确定 $1\sim N$ 的 N 个数的序列 S，然后 A 检查 $1\sim N$ 中的每个数字，确定它们只在 S 中出现一次，除了第一个和最后一个数字相同之外。我们验证序列 S 定义了 G 中顶点和边的一个回路。序列 S 的二进制编码串的大小至多为 n，这里 n 为输入的规模。显然，对序列 S 所做的两次检查均可在 n 的多项式时间内完成。

观察可得，如果存在 G 的一个回路，访问 G 中每个顶点一次，并回到它的起始顶点，

那么存在使 A 输出"yes"的序列 S。同样,如果算法 A 输出"yes",那么它已经找到了 G 中的一个回路,访问 G 中每个顶点一次,并回到它的起始顶点,即 A 非确定性地接受了语言 HAMILTIAN-CYCLE。换句话说,HAMILTIAN-CYCLE 在 NP 中。证毕。

下一个讨论的例子是关于电路设计测试的问题。布尔电路(Boolean circuit)是一个有向图,图中的每个顶点称为逻辑门(logic gate),对应简单的布尔函数 AND、OR 或 NOT。逻辑门的输入边是它所对应布尔函数的输入,输出边是它所对应布尔函数的输出,如图 8-1 所示。无输入边的顶点为输入结点(input node),无输出边的顶点为输出结点(output node)。

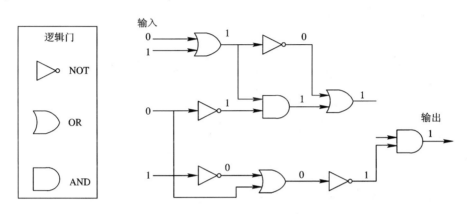

图 8-1　布尔电路示例

电路可满足性(CIRCUIT-SAT)问题是指:取只有一个输出结点的布尔电路作为输入,问是否存在电路输入的一种指派值,满足它的输出值为"1"。这样的指派值称为满足指派(satisfying assignment)。

引理 8.4　CIRCUIT-SAT∈NP。

证明:我们构造一个非确定性算法在多项式时间内接受电路可满足性问题 CIRCUIT-SAT。首先,利用 select 过程去猜测输入结点的值以及每个逻辑门的输出值,然后简单访问电路 C 中的每个逻辑门 g,即访问至少有一条输入边的每个顶点,根据给定的 g 的输入值,检查所猜测的 g 的输出值(事实上是 g 所对应布尔函数的正确值)。布尔函数可以是 AND、OR 或 NOT。这个计算过程可以用多项式时间完成。如果对任一逻辑门的检查为假,或者说所猜测的输出值为 0,那么算法输出"no"。另一方面,如果对于每个逻辑门的检查都成功,并输出"1",那么算法输出"yes"。因此,如果确实存在 C 的输入满足指派,则存在 select 语句的可能结果集,使得算法在多项式时间内输出"yes"。同样,如果存在 select 语句的结果集,使得算法在多项式时间内输出"yes",那么必定存在 C 的输入满足指派。于是,CIRCUIT-SAT 在 NP 中。证毕。

第三个例子说明了如何证明一个优化问题的判定问题在 NP 中。给定图 G,图 G 的顶点覆盖(vertex cover)是顶点的一个子集 C,满足对于 G 中的每条边 (v, w),或者 $v∈C$ 或者 $w∈C$(可能两者都在 C 中),优化的目标是找尽可能小的 G 的顶点覆盖。

顶点覆盖问题的判定问题是指:取图 G 和整数 k 作为输入,是否存在至多包含 k 个顶点的 G 的顶点覆盖?

引理 8.5 VERTEX-COVER∈NP。

证明：给定整数 k 和图 G，G 中顶点从 1 至 N 编号。我们可以反复调用 select 过程，构造 $1\sim N$ 范围内的 k 个数的集合 C。作为一个验证，我们将 C 中的所有数插入一个字典中，然后检查 G 中的每条边，证实对于 G 中的每条边 (v,w)，或者 v 在 C 中，或者 w 在 C 中。如果我们找到一条边，它的两个端点都不在 G 中，那么输出"no"。如果我们检查了 G 中的所有边，满足每条边都有一个顶点在 C 中，那么输出"yes"。显然，这样的一个计算的运行时间为多项式时间。

如果存在 G 的一个至多为 k 的顶点覆盖，那么存在定义集 C 的一种数值指派，使得 G 中的每一条边通过所做的测试，且算法输出"yes"。同样，如果算法输出"yes"，那么，必定存在至多为 k 的顶点子集 C，满足 C 是 G 的一个顶点覆盖。因此，VERTEX-COVER 在 NP 中。证毕。

给出了 NP 中几个有趣的例子之后，我们回到 NP 完全性的概念定义上来。

8.2 NP 完全性

非确定接受判定问题（或语言）的概念确实有些令人陌生。毕竟，不存在一台能够有效执行非确定算法的常规计算机，可以多次调用 select 过程。到目前为止，还没有人证明，一台非常规的计算机，如量子计算机或者 DNA 计算机，利用多项式量的资源，能够有效模拟非确定的多项式时间算法。可以肯定的一点是，通过一步一步地对算法中调用 select 过程产生的所有可能结果的试验，可以确定性地模拟一个非确定性的算法。但是对于任何至少调用 select 过程 n^ε 次的非确定性算法，这项模拟的计算时间为指数时间，其中常数 $\varepsilon>0$。事实上，在复杂类 NP 中有数百个问题，大多数计算机科学家都确定地认为不存在解决这些问题的确定性的多项式算法。

复杂类 NP 的用处在于，它能够形式地捕获大量被认为是计算上难的问题。事实上，存在某些问题，经证明它们和 NP 中的其他问题一样难，我们关注的是问题的多项式时间的可计算性。难度的思想是基于多项式归约概念的，下面进行讨论。

8.2.1 多项式时间归约和 NP 难度

我们说定义某个判定问题的语言 L 是多项式时间可归约到语言 M，如果存在多项式时间内的可计算函数 f，它的输入为 L 的输入 x，并将这个输入转换为 M 的一个输入 $f(x)$，使得对于 $x\in L$，当且仅当 $f(x)\in M$。我们用符号 $L\xrightarrow{poly}M$ 表示语言 L 可在多项式时间归约到语言 M。

我们称定义某个判定问题的语言 M 是 NP 难的（NP-hard），如果 NP 中的其他每个语言 L 都可在多项式时间归约到 M。数学的形式表示为，M 是 NP 难的，如果对于每个语言 $L\in$NP，$L\xrightarrow{poly}M$。如果语言 M 是 NP 难的，且自身在复杂类 NP 中，那么 M 是 NP 完全（NP-complete）问题。因此，一个 NP 完全问题，当关注它的多项式时间的可计算性时，它是 NP 中最难的问题之一。如果任何人能够证明，NP 完全问题 L 是多项式时间可解的，那么这直接蕴含着整个 NP 类中的每个问题都是多项式时间可解的。在这种情况下，我们可以通过将 NP 类中的其他语言 M 归约到语言 L，然后运行语言 L 的算法，来接受 M。换句话说，如果找到一个 NP 完全问题的确定性的多项式时间算法，那么，P＝NP。

8.2.2 Cook 定理

定理 8.6 表明，至少存在一个 NP 完全问题。

定理 8.6(Cook 定理)　电路可满足性问题 CIRCUIT-SAT 是 NP 完全问题。

证明：引理 8.4 证明了 CIRCUIT-SAT 在 NP 中。因此，我们还需证明这个问题是 NP 难的，即要证明 NP 中的每个问题都可在多项式时间内归约到 CIRCUIT-SAT。考虑 NP 中表示某个判定问题的语言 L。已知多项式规模的证书 y，由于 $L \in NP$，则对于任一 $x \in L$，存在确定性算法 D，在多项式时间 $p(n)$ 内接受 x，其中 n 是 x 的规模。证明的主要思想是构造一个大的、多项式规模的电路 C，按照这样一种方式模拟输入为 x 的算法 D，即 C 是可满足的，当且仅当存在证书 y，使得输入为 $z = x + y$ 的算法 D 输出"yes"。

任一确定算法 D 可用简单计算模型，如 RAM(Random Access Machine)实现。RAM 由一个 CPU 和一个可寻址的存储单元 M 组成。在这种情况下，存储单元 M 包括输入 x、证书 y 和工作空间 W，这些都是算法 D 进行计算和算法自身代码所需要的。D 的工作空间 W 包括临时计算所用的寄存器和算法 D 执行调用过程所需的堆栈。W 的最顶层的栈结构有程序计数器(PC)，它用于识别算法 D 当前执行到程序中的位置。因此 CPU 中没有存储单元。在算法执行的每一步中，CPU 读取 PC 指向的下一条指令 i，进行 i 所指示的计算，计算可以是比较、算术运算、条件跳转、过程调用的一步等，然后更新 PC，使其指到下一条要执行的指令。因此，D 的当前状态完全由其存储单元中的内容决定。此外，由于 D 在多项式时间步 $p(n)$ 内接受 L 中的 x，那么我们可以假设，它的整个有效存储单元只由 $p(n)$ 位组成，因为在 $p(n)$ 步内，D 至多可以访问 $p(n)$ 个存储单元。还需注意的是，D 的代码规模是 x、y，甚至 W 规模的常数。我们把算法 D 一次执行中所需 $p(n)$ 规模的存储单元集 M 称为算法 D 的配置(configuration)。

将 L 归约到 CIRCUIT-SAT 问题的关键之处在于，在我们的计算模型之下，如何构造模拟 CPU 工作的布尔电路。构造的细节远远超出本书的范围，但众所周知，CPU 可以被设计成只由 AND、OR 和 NOT 门组成的布尔电路。进一步认为，包括与 $p(n)$ 位存储单元连接的地址单元的电路，都可以被设计成以 D 的配置作为输入，并通过处理下一个计算步产生配置的输出结果。此外，我们称这个模拟电路为 S，它可由至多 $cp(n)^2$ 个 AND、OR 和 NOT 门组成，其中常数 $c > 0$。

为了模拟 D 的整个 $p(n)$ 步，我们做 S 的 $p(n)$ 次拷贝，使得上次拷贝的输出作为下次拷贝的输入，如图 8-2 所示。对 S 第一次拷贝的输入中，包括程序代码 D、x 值、初始堆栈(连同指向 D 的第一条指令的 PC)以及其余工作存储单元(所有被初始化为 0)的硬连线值。在第一次拷贝的输入中，惟一未指明的真实输入是证书 y 的算法 D 的配置单元，这些就是电路的真实输入。同样，除了 D 的一个输出结果之外，我们忽略了对 S 最终拷贝的所有输出结果，"1"代表"yes"，"0"代表"no"。电路 C 的总规模为 $O(p(n)^3)$，这仍然是 x 的多项式。

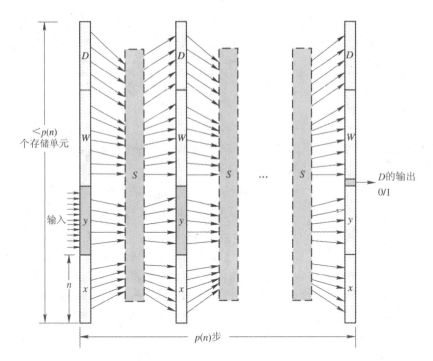

图 8-2 定理 8.6 证明图示

在经过 $p(n)$ 步后，考虑对于某些证书 y，D 所接受的一个输入 x。此时，存在相应于 y 的 C 输入的一种指派值，通过 x 的这个输入指派和硬连线值，C 模拟 D，使得 C 最终输出 "1"。因此，在这种情况下 C 是可满足的。相反，考虑 C 是可满足时的情况，存在与证书 y 对应的一组输入，满足 C 输出 "1"。但因为 C 正确地模拟了算法 D，这蕴含着存在证书 y 的一种指派值，满足 D 输出 "yes"。因此，在这种情况下，D 验证了 x。于是，D 接受证书为 y 的 x，当且仅当 C 是可满足的。证毕。

图 8-2 中，惟一真实输入与证书 y 对应，问题实例 x、工作存储器 W 以及程序代码 D 初始化为连线值。惟一的输出位是确定算法是否接受 x。

8.3 典型的 NP 完全问题

定理 8.6 表明，确实存在 NP 完全问题，但即使我们走捷径，假定存在模拟电路 S，证明这个事实仍然是一件繁琐的工作。值得庆幸的是，已经有一个问题被证明是 NP 完全问题，我们可以利用多项式时间归约，来证明其他问题是 NP 完全问题。本节，将要探究大量这样的归约问题。

只给定一个 NP 完全问题，我们现在可以利用多项式时间归约，来证明其他问题是 NP 完全问题。此外，我们会反复利用以下关于多项式归约的重要引理。

引理 8.7 如果 $L_1 \xrightarrow{poly} L_2$ 且 $L_2 \xrightarrow{poly} L_3$，那么 $L_1 \xrightarrow{poly} L_3$。

证明：因为 $L_1 \xrightarrow{poly} L_2$，$L_1$ 的任何实例 x 可在多项式时间 $p(n)$ 内被转换成 L_2 的实例

$f(x)$，满足 $x \in L_1$，当且仅当 $f(x) \in L_2$，其中 n 是 x 的大小。同样，由于 $L_2 \xrightarrow{poly} L_3$，$L_2$ 的任何实例 y 可在多项式时间 $q(m)$ 内被转换成 L_3 的实例 $g(y)$，满足 $y \in L_2$，当且仅当 $g(y) \in L_3$，其中 m 是 y 的大小。将这两种构造组合起来，L_1 的任何实例 x 可在时间 $q(k)$ 内被转换成 L_3 的实例 $g(f(x))$，满足 $x \in L_1$，当且仅当 $g(f(x)) \in L_3$，其中 k 是 $f(x)$ 的大小。由于在 $p(n)$ 步内构造了 $f(x)$，$k \leqslant p(n)$，因而 $q(k) \leqslant q(p(n))$。因为两个多项式的组合总是得到另一个多项式，这个不等式蕴含着 $L_1 \xrightarrow{poly} L_3$。证毕。

本节将利用引理 8.7 证明几个重要的问题是 NP 完全问题。所有问题的证明思路相同。给定一个新的问题 L，首先证明 L 是在 NP 中，然后用多项式时间将一个已知的 NP 完全问题归约到 L。这样，就证明了 L 在 NP 中，同时也是 NP 难的。通常这些归约过程具有以下三种形式：

· 限制：通过说明一个已知的 NP 完全问题 M 实际上只是 L 的一个特例，来证明问题 L 是 NP 难的。

· 局部替换：将 M 和 L 的实例划分成一些基本单元，然后证明 M 的每个基本单元都可以局部地转换为 L 的一个基本单元，从而将一个已知的 NP 完全问题 M 规约到 L。

· 分量设计：构造 L 实例的分量，这些分量可以执行 M 实例的重要结构功能，从而将一个已知的 NP 完全问题 M 规约到 L。例如，某些分量可能执行"选择"，而其他分量执行函数"计算"。

后面的形式是最难构造的，它也是在 Cook 定理证明中用过的形式。

在图 8-3 中，说明了 NP 完全问题是由哪个问题归约而来的，以及在多项式归约中使用的技术。每条有向边表示一个多项式归约。边上的文字表示归约的形式。最顶层的归约是 Cook 定理。

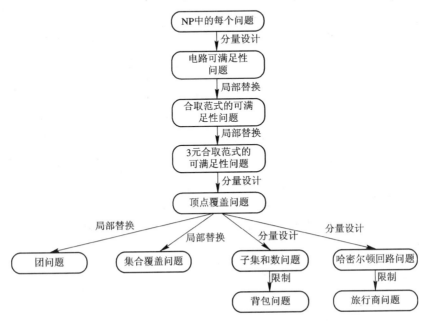

图 8-3 NP 完全性证明中使用的归约方法图示

在本节的余下部分，我们研究某些重要的 NP 完全问题。给出的每一个问题都强调一个重要的问题类，包括布尔公式、图、集合以及数。我们先从两个涉及布尔公式的问题开始。

8.3.1 CNF-SAT 问题和 3SAT 问题

我们提出的第一种归约问题与布尔公式（Boolean formula）有关。布尔公式是一个括号化的表达式，它是由布尔变量利用布尔运算，如 OR（∨）、AND（∧）、NOT（→）、IMPLIES（→）以及 IF-AND-ONLY-IF（↔）形成的。如果布尔公式由通过 AND 组合而成的子表达式集构成，这些子表达式称为子句（clause），子句由称为文字（literal）的布尔变量或者布尔变量的非 OR 连接形式形成，则称布尔公式是合取范式（Conjunctive Normal Form，CNF）。例如，布尔公式 $(\rightarrow x_1 \vee x_2 \vee x_4 \vee \rightarrow x_7) \wedge (x_3 \vee \rightarrow x_5) \wedge (\rightarrow x_2 \vee x_4 \vee \rightarrow x_6 \vee x_8) \wedge (x_1 \vee x_3 \vee x_5 \vee \rightarrow x_8)$ 是合取范式 CNF，如果 x_2、x_3 和 x_4 的值为 1，则这个公式的计算值为 1。用"1"表示 true，"0"表示 false。合取范式 CNF 称为标准范式，是因为任一布尔公式都可被转换成这个形式。

1. 合取范式可满足性问题

合取范式可满足性（CNF-SAT）问题：取 CNF 中的布尔公式作为输入，问是否存在对其布尔变量的一种指派值，使得公式的计算值为 1。

容易证明，CNF-SAT 在 NP 中，因为对于给定的布尔公式 S，我们可以构造一种非确定性的算法。首先猜测 S 中布尔变量的一种指派值，然后依次计算 S 的每个子句，如果 S 的所有子句值都为 1，那么 S 是可满足的；否则 S 是不可满足的。

为了证明 CNF-SAT 是 NP 难的，我们在多项式时间内将电路可满足性问题 CIRCUIT-SAT 归约到这个问题。给定一布尔电路 C，不失一般性，假设每个 AND 和 OR 门有两个输入，每个 NOT 门有一个输入。为了构造与 C 等价的公式 S，我们为整个电路 C 的每个输入都设置一个变量 x_i，并试图将变量集限制到这些变量 x_i 的集合上，接着将这些输入的子表达式组合起来，构成 C 的公式。但是，一般而言，这种方法并不会按照多项式时间运行。因此，我们换一种方法，对 C 中每个门的输出都设置一个变量 y_i。然后，按照下述方法构造 C 中每个门的公式 B_g。

- 如果 g 是一个输入为 a 和 b（也可以是 x_i 或 y_i）、输出为 c 的 AND 门，那么 $B_g = (c \leftrightarrow (a \wedge b))$。

- 如果 g 是一个输入为 a 和 b、输出为 c 的 OR 门，那么 $B_g = (c \leftrightarrow (a \vee b))$。

- 如果 g 是一个输入为 a、输出为 b 的 NOT 门，那么 $B_g = (b \leftrightarrow \rightarrow a)$。

我们希望取所有的 B_g 与（AND）来构成公式 S，但是这样的公式可能不在 CNF 中。于是，我们首先转换每个 B_g，使其在 CNF 中，然后用 AND 运算将这些转换过的 B_g 组合起来，构成 CNF 公式 S。

为了将布尔公式 B 转换成合取范式 CNF，构造 B 的真值表，如表 8-1 所示。然后对于表中求值为 0 的每一行构造公式 D_i，即每个 D_i 由真值表中的变量与变量的非通过 AND 连接而成，当且仅当它在那一行中的求值为 0。将所有 D_i 通过 OR 组织起来构成公式 D，由于公式 D 由子句通过 OR 连接而成，而子句由变量及其非通过 AND 连接而成，因此称这样的公式 D 为析取范式（Disjunctive Normal Form，DNF）。在这种情况下，我们得到等价于$\neg B$的DNF公式D，因为它的值为1，当且仅当B的值为0。为了将公式D转换成B的CNF形式，将De Morgan定律应用到它的每个D_i上，有

$$\neg(a \vee b) = \neg a \wedge \neg b \quad 和 \quad \neg(a \wedge b) = \neg a \vee \neg b$$

由表8-1，我们可以用CNF范式

$$(\neg a \vee \neg b \vee c) \wedge (\neg a \vee b \vee \neg c) \wedge (a \vee \neg b \vee \neg c) \wedge (a \vee b \vee \neg c)$$

替换形如$(c \leftrightarrow (a \wedge b))$的每个$B_g$。同样，我们可以用等价的CNF公式

$$(\neg a \vee \neg b) \wedge (a \vee b)$$

替换形如$(b \leftrightarrow \neg a)$的每个$B_g$。

表8-1　布尔公式 B 的真值表

a	b	c	$B = (c \leftrightarrow (a \wedge b))$
1	1	1	1
1	1	0	0
1	0	1	0
1	0	0	1
0	1	1	0
0	1	0	1
0	0	1	0
0	0	0	1

$\neg B$的DNF公式为

$$a \wedge b \wedge \neg c \vee a \wedge \neg b \wedge c \vee \neg a \wedge b \wedge c \vee \neg a \wedge \neg b \wedge c$$

B的CNF公式为

$$(\neg a \vee \neg b \vee c) \wedge (\neg a \vee b \vee \neg c) \wedge (a \vee \neg b \vee \neg c) \wedge (a \vee b \vee \neg c)$$

与$\neg B$等价的公式在DNF中，与B等价的公式在CNF中。

至于用何种CNF公式替换形如$(c \leftrightarrow (a \vee b))$的公式$B_g$，将留给读者作为练习。用这种方法对每个$B_g$进行替换所得的CNF公式$S'$，恰好与电路$C$的每个输入和逻辑门对应。为了构造最终的布尔公式$S$，定义$S = S' \wedge y$，其中$y$是与门输出有关的变量，这个门定义了$C$自身的值。因此$C$是可满足的，当且仅当$S$是可满足的。此外，由$C$构造$S$的过程，建立了关于$C$的输入和逻辑门的常数规模的子表达式，因此，构造过程需要多项式时间。于是，这种局部替换归约导致如下定理。

定理8.8　CNF-SAT问题是NP完全问题。

2. 三元合取范式可满足性问题

考虑三元合取范式可满足性(3SAT)问题，它取布尔公式S作为输入，公式S是一合取范式CNF，其中的每个子句只有3个文字，问S是否是可满足的。如果一个布尔公式由AND连接的子句组成，并且每个子句由OR将文字连接而成，则该公式在CNF中。例如，以下公式是3SAT的一个例子。

$$(\neg x_1 \vee x_2 \vee \neg x_7) \wedge (x_3 \vee \neg x_5 \vee x_6) \wedge (\neg x_2 \vee x_4 \vee \neg x_6) \wedge (x_1 \vee x_5 \vee \neg x_8)$$

因此，3SAT问题是CNF-SAT问题的一个受限版本。这里需要注意的是，我们不能利

用 NP 难度证明的限制形式，这是因为限制形式的证明只适合于归约一个受限的版本到更一般的形式。这里我们利用局部替换形式，证明 3SAT 是 NP 完全问题。有趣的是，2SAT 问题中的每个子句只有两个文字，可在多项式内求解。

注意，因为我们可以构造 3SAT 问题的一个非确定性的多项式时间的算法，取 CNF 公式 S 作为输入，它的每个子句有 3 个文字，猜测 S 的一种布尔值指派，然后计算 S，看是否其值为 1，所以 3SAT 属于 NP 问题。

为了证明 3SAT 是 NP 难的，我们在多项式时间内将 CNF-SAT 问题归约到 3SAT 问题。设 C 是给定的布尔公式，它是 CNF 范式。对于 C 中的每个子句 C_i，进行以下局部替换：

- 如果 $C_i=(a)$，即它只有一项，也可能是一个非变量，那么我们用 $S_i=(a \vee b \vee c) \wedge (a \vee \rightarrow b \vee c) \wedge (a \vee b \vee \rightarrow c) \wedge (a \vee \rightarrow b \vee \rightarrow c)$ 替换 C_i，其中 b 和 c 是未用在其他地方的新变量。

- 如果 $C_i=(a \vee b)$，即它有两项，那么我们用 $S_i=(a \vee b \vee c) \wedge (a \vee b \vee \rightarrow c)$ 替换 C_i，其中 c 是未用在其他地方的新变量。

- 如果 $C_i=(a \vee b \vee c)$，即它有三项，那么我们设 $S_i=C_i$。

- 如果 $C_i=(a_1 \vee a_2 \vee a_3 \vee \cdots \vee a_k)$，即它有 k 项，且 $k>3$，那么，我们用 $S_i=(a_1 \vee a_2 \vee b_1) \wedge (\rightarrow b_1 \vee a_3 \vee b_2) \wedge (\rightarrow b_2 \vee a_4 \vee b_3) \wedge \cdots \wedge (\rightarrow b_{k-3} \vee a_{k-1} \vee a_k)$ 替换 C_i，其中 $b_1, b_2, \cdots, b_{k-1}$ 是未用在其他地方的新变量。

注意，对新近引入变量的赋值是完全独立的。不论赋给它们何值，子句 C_i 的值为 1，当且仅当子句 S_i 的值也为 1。因此，原子句 C 求值为 1，当且仅当 S 求值为 1。此外，每个子句的规模至多增加常数因子，且所涉及的计算是简单替换。因此，我们就证明了在多项式时间内如何将 CNF-SAT 问题的实例归约成为等价的 3SAT 问题。结合这一点以及早先证明的 3SAT 属于 NP 问题，我们得出以下定理。

定理 8.9 3SAT 问题是 NP 完全问题。

8.3.2 顶点覆盖问题

顶点覆盖(vertex-cover)问题：以图 G 和整数 k 作为输入，问是否存在 G 的至多包含 k 个顶点的顶点覆盖。顶点覆盖问题的形式描述是指：是否存在大小至多为 k 的顶点子集 C，满足对于每边 (v, w)，或 $v \in C$，或 $w \in C$？引理 8.5 中已经证明，顶点覆盖问题是 NP 安全问题。以下例子引起了对这个问题的研究。

例 8.1 假定图 G 表示计算机网络，图中顶点表示路由器，边表示物理连接。我们希望用新的昂贵的路由器替换网络中原有的某些路由器，这些新路由器可以对发生的连接进行复杂监控。问题是确定 k 个新路由器是否足够用于监控网络中的每个连接，这个问题就是顶点覆盖问题的应用实例。

通过将 3SAT 问题在多项式时间内归约到顶点覆盖问题，证明该问题是 NP 难的。这个归约过程在两个方面非常令人感兴趣：一方面，它表明可将一个逻辑问题归约到图问题；另一方面，它举例说明了分量设计证明技术的应用。

设 S 是给定的 3SAT 问题的实例，即每个子句只有 3 个文字的一个 CNF 范式。我们构造图 G 和整数 k，使得 G 的顶点覆盖大小至多为 k，当且仅当 S 是可满足的。构造过程如下：对于公式 S 中所用的每个变量 x_i，向图 G 中添加两个顶点，一个标以 x_i，另一个标以 $\neg x_i$，同时向 G 中添加一条边 $(x_i, \neg x_i)$。做这些标记是为了方便，在 G 的构造完成之后，如果 G 是顶点覆盖问题的一个实例，可用整数对图中顶点重新编号。

每条边 $(x_i, \neg x_i)$ 是一个设置真值的分量，因为有这条边在 G 中，顶点覆盖必定包括至少其中的一个顶点 x_i 或 $\neg x_i$。此外，进行如下添加：对于 S 中的每个子句 $C_i = (a \vee b \vee c)$，构造一个由顶点 i_1、i_2 和 i_3，以及边 (i_1, i_2)、(i_2, i_3) 和 (i_3, i_1) 组成的三角形。

注意，任何顶点覆盖一定至少包括集合 $\{i_1, i_2, i_3\}$ 中的两个顶点。每个这样的三角形都是一个强制满足的分量。然后对于每个子句 $C_i = (a \vee b \vee c)$，通过添加边 (i_1, a)、(i_2, b) 和 (i_3, c)，将这两种类型的分量连接起来，如图 8 - 4 所示。最终，我们设置整型参数 $k = n + 2m$，其中 n，m 分别是 S 中的变量数和子句数。因此，如果存在至多为 k 的顶点覆盖，这个覆盖的大小一定恰好等于 k，这就完成了顶点覆盖问题实例的构造。

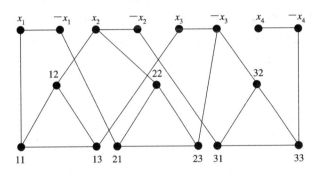

图 8 - 4　由公式 $S = (x_1 \vee x_2 \vee x_3) \wedge (\neg x_1 \vee x_2 \vee \neg x_3) \wedge (\neg x_2 \vee \neg x_3 \vee \neg x_4)$
构造的顶点覆盖问题实例图

这个构造显然运行多项式时间，因此我们考察它的正确性。假定 S 中存在变量的一种布尔值指派值，使得 S 是可满足的。由 S 构造的图 G 可得，通过可满足性赋值，我们可以构造顶点的子集 C，包含每个赋值为 1 的文字 a（在设置真值的分量中）。同样，对于每个子句 $C_i = (a \vee b \vee c)$，满足赋值使得 a、b 或 c 中至少有一个为 1。不论 a、b、c 哪一个为 1（如果存在解，则任取其一），其余两个都将包含在子集 C 中。集合 C 的大小为 $n + 2m$。注意，在设置真值的分量以及满足子句的分量中的每条边都被覆盖。此外需要注意的是，依附于与子句 C_i 关联的某分量的一条边，如果没有被这个分量中的顶点覆盖，则一定被 C 中标以文字的结点覆盖，C_i 中对应的文字为 1。

反过来，假定存在大小至多为 $n + 2m$ 的顶点覆盖 C。由构造可知，这个集合的大小恰好是 $n + 2m$，因为它一定包含每个设置真值分量中的一个顶点，包含每个满足子句分量中的两个顶点。这样就剩下依附于满足子句分量中的一条边，它没有被满足子句分量中的顶点所覆盖。因此这条边一定被另一个标以文字的结点所覆盖。我们可以将 S 中与这个结点关联的文字赋值为 1，同时 S 中的每个子句都被满足。因而 S 是可满足的，当且仅当图 G 存在大小至多为 k 的顶点覆盖，由此可得以下定理。

定理 8.10　顶点覆盖问题是 NP 完全问题。

上述归约过程说明了分量设计技术。在图 G 中，我们构造设置真值的分量和满足子句的分量，以增强子句 S 中的某些重要性质。

8.3.3 团问题和集合覆盖问题

类似于顶点覆盖问题，还有一些问题也涉及从一个较大集合中选择对象的子集，目标是优化所选子集大小，同时满足一个重要性质。本节我们将研究两个这样的问题，这就是团(clique)问题和集合覆盖(set-cover)问题。

1. 团问题

有向图 G 中的一个团是顶点的一个子集 C，满足对于 C 中的每个顶点 v 和 w，$v\neq w$，(v,w) 是一条边，即对于 C 中每对不同顶点，存在一条边。团问题以图 G 和整数 k 作为输入，问 G 中是否存在大小至少为 k 的团。

我们将证明团问题属于 NP 问题留作练习。为了证明团问题是 NP 难的，将顶点覆盖问题归约到这个问题，设 (G,k) 是顶点覆盖问题的一个实例。对于团问题，构造补图 G^C，它和图 G 有相同顶点集，但 G^C 中存在边 (v,w)，其中 $v\neq w$，当且仅当 $(v,w)\notin G$。定义团的整型参数为 $n-k$，这里 k 是顶点覆盖的整型参数。这个构造过程需要多项式时间，主要是归约的时间，因为图 G^C 中存在大小至少为 $n-k$ 的团，当且仅当图 G 中存在大小至多为 k 的顶点覆盖，如图 8-5 所示。由此可得定理 8.11。

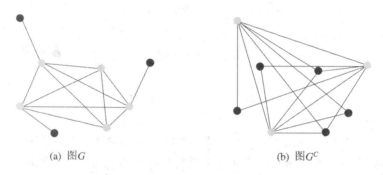

(a) 图 G (b) 图 G^C

图 8-5　证明团问题是 NP 难的图例说明

图 8-5(a)表明，图 G 中存在大小为 5 的团，用灰色点表示出来。图 8-5(b)表明，图 G^C 中存在大小为 3 的顶点覆盖，也用灰色点表示出来。

定理 8.11　团问题是 NP 完全问题。

注意，通过局部替换，问题的证明变得如此简单。有趣的是，下一个规约也是基于局部替换技术的，甚至更简单。

2. 集合覆盖问题

集合覆盖问题取 m 个集合 S_1，S_2，$\cdots$，S_m 及整数 k 作为输入，问是否存在 k 个集合 S_{i_1}，S_{i_2}，$\cdots$，S_{i_k} 的子集，满足

$$\bigcup_{i=1}^{m} S_i = \bigcup_{j=1}^{k} S_{i_j}$$

即 k 个集合的并集包含原 m 个集合并集中的每个元素。

我们将证明集合覆盖问题属于 NP 问题留作练习。对于归约，我们可以由顶点覆盖问题的实例图 G 和 k 来定义集合覆盖问题的实例，即对于 G 中的每个顶点 v，存在集合 S_v，包含 G 中依附于 v 的所有边。显然，在这些集合 S_v 的覆盖中，存在一个大小为 k 的集合覆

盖,当且仅当 G 中存在大小为 k 的顶点覆盖,如图 8-6 所示。

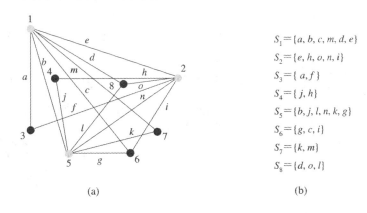

图 8-6　证明集合覆盖问题是 NP 难的图例说明

图 8-6 中顶点从 1 至 8 编号,边上标以 $a \sim o$ 的字母。图 8-6(a)表示顶点覆盖为 3 的图 G;图 8-6(b)表示与 G 中每个顶点关联的集合,每个集合的下标表示所关联的顶点。注意,$S_1 \bigcup S_2 \bigcup S_5$ 包含了 G 中的所有边,由此可得以下定理。

定理 8.12　集合覆盖问题是 NP 完全问题。

这个归约过程说明了我们可以容易地将一个图问题转换成一个集合问题。下一节内容表明,我们也可以容易地将一个图问题归约到数问题。

8.3.4　子集和数问题与背包问题

某些难问题与数有关。在这种情况下,我们必须按位考虑输入大小,因为某些数是相当大的。为了阐明数的大小所起的作用,研究人员称一个问题 L 是强 NP 难的(strongly NP-hard),如果我们将它输入中的每个数限制到多项式的数量级(按位计算),它仍然是 NP 难的。例如,大小为 n 的 x 中的每个数 i 可用 $O(\log n)$ 位表示,就属于这种情况。有趣的是,我们本节研究的关于数的问题不是强 NP 难的。

1. 子集和数问题

子集和数(subset-sum)问题指的是:给定 n 个整数的集合 S 及一个整数 k,问集合 S 中是否存在子集,其和为 k。以下例子可以归结为这个问题。

例 8.2　假定我们有一个 Internet 网络服务器,给定一个下载请求的集合。对于每个下载请求,我们可以很容易地确定请求下载文件的大小。因此,我们可以将每个网络下载请求简单地抽象为一个整数,即请求下载文件的大小。给定整数的集合,我们的目标是确定这些整数(请求)的一个子集,使得子集中的整数(请求下载文件大小)之和恰好等于服务器一分钟内可容纳的带宽。这个问题就是子集和数问题的一个实例。实际上,由于它是 NP 完全问题,当网络服务器带宽和处理能力提高时,这个问题变得更难。

子集和数问题初看起来相当简单,证明它属于 NP 问题相当直接,然而它是 NP 完全问题。设 G 和 k 是给定顶点覆盖问题的实例,对 G 中的顶点从 1 至 n 编号,边从 1 至 m 编号,构造 G 的依附矩阵(incidence matrix)$\boldsymbol{H}$,使得 $H[i, j] = 1$,当且仅当编号为 j 的边依附于编号为 i 的顶点;否则,$H[i, j] = 0$,如图 8-7 所示。

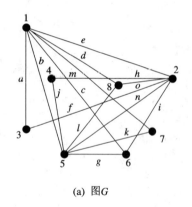

H	a	b	c	d	e	f	g	h	i	j	k	l	m	n	o
1	1	1	1	1	1	0	0	0	0	0	0	0	0	1	0
2	0	0	0	0	1	1	0	1	1	0	0	0	0	1	1
3	1	0	0	0	0	0	1	0	0	0	0	0	0	0	0
4	0	0	0	0	0	0	0	1	0	1	0	0	1	0	0
5	0	1	0	0	0	0	1	0	0	1	1	1	0	1	0
6	0	0	1	0	0	0	1	0	1	0	0	0	0	0	0
7	0	0	0	0	0	0	0	0	0	0	1	0	1	0	0
8	0	0	0	1	0	0	0	0	0	0	0	1	0	0	1

(a) 图 G	(b) 图 G 的依附矩阵 H

图 8 - 7　证明子集和数问题是 NP 难的图例说明

我们利用 H 定义某些公认的大数(仍然为多项式大小),来作为子集和数问题的输入,即对于 H 中依附于顶点 i 的所有边进行编码的每一行 i,我们构造数

$$a_i = 4^{m+1} + \sum_{j=1}^{m} H[i, j] 4^j$$

这个和式将第 i 行的每个元素按 4 的不同幂相加,然后再加上一个 4 的较大次幂,以便作为一种好的测度。a_i 集定义了归约的一个依附分量(incidence component),除了最大的一个之外,对于 a_i 中的每个 4 的幂,都对应一种顶点 i 和某些边的可能的依附关系。

除了上述定义的依附分量,我们还定义覆盖边分量,其中对于每条边 j,定义数

$$b_j = 4^j$$

将这些数的子集设置成我们希望得到的和:

$$k' = k 4^{m+1} + \sum_{j=1}^{m} 2 \cdot 4^j$$

其中,k 为顶点覆盖实例的整型参数。

接着考虑如何用多项式时间进行归约。假定图 G 存在大小为 k 的顶点覆盖 $C = \{i_1, i_2, \cdots, i_k\}$,通过取下标在 C 中的那些 a_i,即 $r=1, 2, \cdots, k$ 的那些 a_{i_r},添加到 k' 上,构造一组值。此外,对于 G 中编号为 j 的每条边,如果只有 j 的一个端点包含在 C 中,则也将 b_j 包含在子集中。这组数之和为 k',因为它包括 4^{m+1} 中的 k 个值,加上每 4^j 个中的两个值(如果这条边 j 有两个端点在 C 中,则这两个值为两个 a_{i_r} 值;如果 C 只包含边 j 的一个端点,则这两个值一个为 a_{i_r},另一个为 b_j)。

假定存在和为 k' 的数的子集。因为 k' 包含 4^{m+1} 中的 k 个值,它必定恰好包含 k 个 a_i。对于每个这样的 a_i,将顶点 i 包含在覆盖中。这样的集合是一个覆盖,因为对于与 4^j 的幂对应的每条边 j,必定为这个和贡献两个值,由于只有一个值来自 b_j,则另一个值必来自所选的 a_i 之一,由此可得以下定理。

定理 8.13 子集和数问题是 NP 完全问题。

2. 背包问题

下面从几何角度看背包问题(knapsack problem)。如图 8-8 所示,给定长为 s 的一条线 L 和 n 个矩形集,我们可以将矩形的一个子集转换到其底边在 L 上,使得接触 L 的矩形的整个区域至少为 w。因此,矩形 i 的宽度为 s_i,对应区域为 w_i。

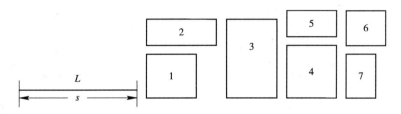

图 8-8 从几何角度看背包问题

背包问题的形式描述为:给定编号为 $1 \sim n$ 的物品集合 S,每个物品大小为整数 s_i,价值为 w_i,同时给定两个整型参数 s 和 w,问是否存在 S 的一个子集 T,满足

$$\sum_{i \in T} s_i \leqslant s \quad 且 \quad \sum_{i \in T} w_i \geqslant w$$

上述定义的背包问题是优化问题"0-1 背包问题"的判定版本。

以下的 Internet 应用引出了该问题的研究。

例 8.3 假定我们在 Internet 网站上拍卖 s 个物品。预期的买主 i 希望以总价 w_i 美元用多次抽签方式购买物品 s_i。如果像这样用请求多次抽签的方式,抽签可能就结束不了(即买主只想要物品 s_i)。确定是否我们能从这次拍卖中挣得 w 美元导致了背包问题。(如果能够分割,则拍卖优化问题产生的(分数)背包问题,可以利用贪心算法予以有效解决。)

背包问题属于 NP 问题,因为我们可以构造一个猜测放在子集 T 中物品的非确定性的多项式时间的算法,然后分别验证它们是否满足关于 s 和 w 的约束条件。

背包问题也是 NP 难的,实际上子集和数问题是它的特例。特别是给定任一子集和数问题的和数的实例,都存在对应的背包问题的实例,使得每个 $w_i = s_i$ 设置为子集和数实例中的一个值,目标是大小 s 和价值 w 都等于 k,其中 k 是子集和数问题中的和数。因此,利用限制证明技术,可得以下定理。

定理 8.14 背包问题是 NP 完全问题。

8.3.5 哈密尔顿回路问题和 TSP 问题

最后讨论的两个 NP 完全问题是查找图中是否存在某种回路。这样的问题在机器人行走和绘图打印机的优化中具有广泛应用。

1. 哈密尔顿回路问题

哈密尔顿回路问题是指:取图 G 作为输入,问 G 中是否存在简单回路,访问 G 中的每个顶点一次,并回到它的起始顶点,如图 8-9 所示。图 8-9(a)给出了一个哈密尔顿回路(黑体连线部分),图 8-9(b)给出了证明哈密尔顿回路问题是 NP 难的说明。引理 8.3 已经证明,哈密尔顿回路问题属于 NP 问题,为了证明这个问题是 NP 完全问题,我们利用归约的分量设计,将顶点覆盖问题归约到这个问题。

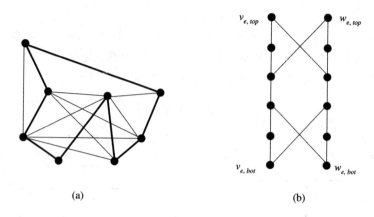

(a)   (b)

图 8-9 证明哈密尔顿回路问题是 NP 完全问题的图示

设 G 和 k 是给定顶点覆盖问题的实例。构造包含一个哈密尔顿回路的图 H，当且仅当 G 存在大小为 k 的覆盖。首先，构造 k 个初始不相连的顶点集合 $X = \{x_1, x_2, \cdots, x_k\}$ 作为 H。这个顶点集合作为可选覆盖分量，因为它们将用于区别 G 中的哪些结点应该包含在顶点覆盖中。此外，对于 G 中的每条边 $e = (v, w)$，我们构造 H 的一个强制覆盖子图 H_e，这个子图 H_e 有 12 个顶点和 14 条边，如图 8-9(b)所示。

对于边 $e = (v, w)$，在强制覆盖 H_e 的顶点中，有 6 个顶点与 v 对应，其他 6 个顶点与 w 对应。另外，在强制覆盖 H_e 中，将与顶点 v 对应的两个顶点标以 $v_{e, top}$ 和 $v_{e, bot}$，将与顶点 w 对应的两个顶点标以 $w_{e, top}$ 和 $w_{e, bot}$。H_e 中的这些顶点惟一连向 H 中除 H_e 外的任何其他顶点。

因此，哈密尔顿回路只能按照图 8-10 中所示的三种方式中的一种来访问 H_e 中的结点。

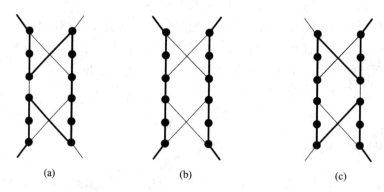

(a)   (b)   (c)

图 8-10 在强制覆盖 H_e 中哈密尔顿回路访问边的三种可能方式

我们按照两种方式，将每个强制覆盖 H_e 中的重要顶点与 H 中的其他顶点连接。一种对应选择覆盖分量，另一种对应强制覆盖分量。

对于选择覆盖分量，在 X 中的每个顶点到每个顶点 $v_{e, top}$ 和 $v_{e, bot}$ 之间添加一条边，即向 H 中添加 $2kn$ 条边，其中 n 是 G 中顶点数。

对于强制覆盖分量，依次考虑 G 中的每个顶点 v，对于每个这样的顶点 v，设 $\{e_1, e_2, \cdots, e_{d(v)}\}$ 是 G 中依附于 v 的边的列表。利用这个列表创建 H 中的边，连接 H_{e_i} 中的顶点

$v_{e_i, bot}$ 与 $H_{e_{i+1}}$ 中的顶点 $v_{e_{i+1}, top}$，$i=1, 2, \cdots, d-1$，如图 8-11 所示。我们称用这种方式连接的 H_{e_i} 分量为 v 的覆盖线索（covering thread），这就完成了图 H 的构造。图 8-11(a) 给出了 G 中的顶点 v 和它所依附的边集 $\{e_1, e_2, \cdots, e_{d(v)}\}$。对于依附于顶点 v 的边，图 8-11(b) 给出了 H 中 H_{e_i} 之间的连接。注意，这个计算的运行时间为 G 的规模的多项式时间。

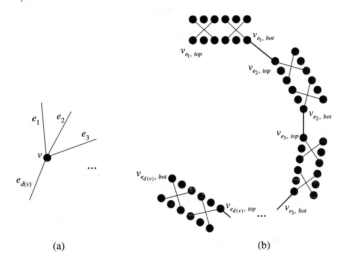

(a)　　　　　　　　　　(b)

图 8-11　连接强制覆盖

称 G 中存在大小为 k 的顶点覆盖，当且仅当 H 中存在哈密尔顿回路。首先假定 G 中存在大小为 k 的顶点覆盖，设 $C=\{v_{i_1}, v_{i_2}, \cdots, v_{i_k}\}$ 是这样的一个覆盖。我们构造 H 中的一个哈密尔顿回路，连接一系列的路径 P_j，每个 P_j 在 x_j 处开始，在 x_{j+1} 处结束，$j=1, 2, \cdots, k-1$。最后一个路径 P_k 在 x_k 处开始，在 x_1 处结束。构造路径 P_j 的过程是：从 x_j 开始，访问 H 中 v_{i_j} 的所有覆盖线索，然后返回到 x_{j+1}（或 x_1，如果 $j=k$）。对于路径 P_j 上访问过的 v_{i_j} 的覆盖线索中的每个强制覆盖子图 H_e，记 $e=(v_{i_j}, w)$。如果 w 不在 C 中，那么我们按照图 8-10(a) 或图 8-10(c) 访问这个 H_e（关于 v_{i_j}）；如果 w 在 C 中，那么我们按照图 8-10(b) 访问这个 H_e。用这种方法，我们访问 H 中的每个顶点一次，因为 C 是 G 的一个顶点覆盖。因此，我们所构造的这个回路实际上是哈密尔顿回路。

相反，假定 H 存在一个哈密尔顿回路。因为这个回路一定访问了 X 中的所有顶点，我们将这个回路分成 k 条路径 $P_1, P_2, \cdots, P_k$，每条路径都开始和结束于 X 中的一个顶点。由强制覆盖子图 H_e 的结构以及连接它们的方式，每个 P_j 必定遍历 G 中顶点 v 的覆盖线索的一部分（可能全部）。设 C 是 G 中所有这样的顶点集。因为哈密尔顿回路必定包括每个强制覆盖 H_e 中的顶点，每个这样的子图必定按访问 e 的一个或者两个端点的方式被遍历，因此，C 必定是 G 的一个顶点覆盖。

因此，G 中存在大小为 k 的覆盖，当且仅当 H 中存在哈密尔顿回路。由此可得以下定理。

定理 8.15 哈密尔顿回路问题是 NP 完全问题。

2. TSP

在旅行商问题（Traveling Salesman Problem，TSP）中，给定图 G 和一个整型参数 k，

且 G 中的每条边被赋以一个整数成本 $c(e)$，问 G 中是否存在成本至多为 k 的一个回路，可访问 G 中所有顶点（访问可能多于一次）。证明 TSP 是 NP 问题也是很容易的，只需猜测顶点的一个序列，然后验证它是否形成 G 中成本至多为 k 的回路。因为哈密尔顿回路问题是 TSP 问题的特例，因而证明 TSP 问题是 NP 完全问题也是容易的。也就是说，给定哈密尔顿回路问题的一个实例 G，我们通过给 G 中的边赋以成本 $c(e)=1$，并设整型参数 $k=n$，来构造 TSP 问题的一个实例，其中 n 是图 G 中的顶点数。因此，利用归约的限制形式，得到以下定理。

定理 8.16 TSP 问题是 NP 完全问题。

习　　题

8-1　定义优化问题 LONGEST-PATH-LENGTH 为无向图 G、两个顶点以及这两个顶点的最长简单路径之间的边数上的关系。定义判定问题 LONGEST-PATH$=\{\langle G,u,v,k\rangle: G=(V,E)$ 是无向图，$u,v\in V$，$k\geqslant 0$ 是一个整数，且 G 中存在从 u 到 v 的至少为 k 条边的简单路径$\}$，证明可用多项式时间解优化问题 LONGEST-PATH-LENGTH，当且仅当 LONGEST-PATH$\in$P。

8-2　分别利用邻接矩阵表示法和邻接表表示法，给出有向图的一种二进制串的形式编码。证明这两种表示法是多项式相关的。

8-3　0-1 背包问题的动态规划算法是多项式时间的算法吗？试解释你的结论。

8-4　证明一个至多常数次调用多项式时间子例程的多项式算法的运行时间为多项式时间。但是多项式次数的调用多项式时间的子例程却可能导致指数级的算法。

8-5　归约。假设 L_1 和 L_2 是满足 $L_1<_p L_2$ 的语言。对于以下每个声明，判断是否为真/假，并作出解释，或者证明它是开放问题。

(1) 设 $L_1,L_2\in$NP。如果 $L_1\in$P，那么，$L_2\in$P。

(2) 如果 $L_2\in$P，那么，$L_1\in$P。

(3) 设 $L_2\in$NP。如果 L_2 不是 NP 完全的，那么，L_1 也不是 NP 完全的。

(4) 设 $L_1,L_2\in$NP。如果 $L_2<_p L_1$，那么，L_1 和 L_2 都是 NP 完全的。

(5) 如果 L_1 和 L_2 都是 NP 完全的，那么，$L_2<_p L_1$。

8-6　设 2SAT 是 CNF 中可满足的布尔公式集，其中每个子句中只有 2 个文字。证明 2SAT$\in$P。尽可能使你所设计的算法有效。（提示：观察可得 $x\vee y$ 与 $\neg x\to y$ 等价，可将 2SAT 在多项式时间归约到有向图中的某个问题。）

8-7　同一问题的易解性和难解性。有向哈密尔顿路径问题阐述如下：给定有向图 $G=(V,E)$ 和两个不同顶点 $u,v\in V$，确定 G 中是否包含始点为 u、终点为 v 的路径，且访问图中的每个顶点仅有一次。

(1) 证明有向哈密尔顿路径问题是 NP 完全问题。（提示：考虑哈密尔顿回路问题。）

(2) 设计一个求解有向无环图的有向哈密尔顿路径问题的多项式时间的算法。

8-8　证明集合覆盖问题是 NP 完全问题。集合覆盖问题阐述如下：给定有限集 U，U 的子集集合 $S=\{S_1,S_2,\cdots,S_m\}$，以及整数 k，确定是否存在一个覆盖 U 的势为 k 的 S 的

子集，即确定是否存在 $S' \subset S$，满足 $|S'| = k$ 且 $\bigcup_{S_i \in S'} S_i = U$。

8-9　子图同构(subgraph-isomorphism)问题：以两个图 G_1 和 G_2 作为输入，问 G_1 和 G_2 的一个子图是否同构。证明子图同构问题是 NP 完全问题。

8-10　给定一个 $m \times n$ 的整数矩阵和 m 元的整数向量 b。0-1 整数规划问题是指：是否存在大小为 n 且其元素在集合 $\{0, 1\}$ 中的向量 x，使得 $Ax \leqslant b$。证明 0-1 整数规划问题是 NP 完全问题。（提示：将 3SAT 归约到此问题。）

8-11　集合划分(set-partition)问题：以数的集合 S 为输入，判定 S 是否可被划分成两个子集合 A 和 $\bar{A} = S - A$，满足 $\sum_{x \in A} x = \sum_{x \in \bar{A}} x$。证明集合划分问题是 NP 完全问题。

8-12　独立集(independence set)问题：图 $G = (V, E)$ 的独立集是顶点 V 的子集 $V' \subseteq V$，满足 E 中每一条边至多依附 V' 中的一个顶点。独立集问题用于找出 G 中的最大独立集。

(1) 阐明独立集问题的相关判定问题，并证明它是 NP 完全问题。（提示：从团问题归约到此问题。）

(2) 假定给你一个黑盒子例程，来解你在(1)中定义的判定问题。试设计一算法找最大独立集，要求你所设计的算法的运行时间为 $|V|$ 和 $|E|$ 的多项式时间。对黑盒的调用看做一个单步。

尽管独立集判定问题是 NP 完全问题，但它的某个特例却是多项式时间可解的。

(3) 当 G 中顶点度为 2 时，试给出该独立集问题的一个有效算法。分析你所设计的算法的运行时间，并证明它的正确性。

(4) 当 G 是二分图时，试给出该独立集问题的一个有效算法。分析你所设计算法的运行时间，并证明它的正确性。

8-13　图的着色(graph coloring)问题：无向图 $G = (V, E)$ 的 k 着色是一个函数 $c: V \rightarrow \{1, 2, \cdots, k\}$，使得对于每条边 $(u, v) \in E$，$c(u) \neq c(v)$。换句话说，$1, 2, \cdots, k$ 表示 k 种颜色，相邻顶点着不同颜色。图的着色问题用于确定对给定图着色所需的最少颜色数。

(1) 如果着色存在，试给出确定图的 2 着色问题的一个有效算法。

(2) 阐述图的着色问题的判定问题。证明：该判定问题是多项式时间可解的，当且仅当图的着色问题是多项式时间可解的。

(3) 设 3 着色语言是 3 可着色图的集合。证明：如果 3 可着色是 NP 完全问题，那么(2)中的判定问题是 NP 完全问题。

为了证明 3 着色是 NP 完全问题，我们将 3SAT 归约到此问题。给定关于变量 x_1，x_2，$\cdots$，x_n 的 m 个子句的公式 φ，我们构造图 $G = (V, E)$。集合 V 由每个变量的一个顶点、每个变量非的一个顶点、每个子句的 5 个顶点和 3 个特殊顶点 TRUE、FALSE 及 RED 组成。图中的边分为两种类型：独立于子句的文字边和依赖于子句的子句边。文字边构成特殊顶点的三角形。顶点 x_i、$\rightarrow x_i$ 和 RED 也构成三角形，$i = 1, 2, \cdots, n$。

(4) 在任一包含文字边的图的 3 可着色 c 中，只有一个变量和该变量的非被着色 $c(\text{FALSE})$。证明：对于 φ 的任意真值指派，存在图中只含文字边的 3 可着色。图 8-12 表示对应强制子句 $x \vee y \vee z$ 的条件。每个子句由图中 5 个顶点构造而成，如图中深色结点所示，它们连向子句中的文字和特殊顶点 TRUE。

（5）证明：如果 x、y 和 z 中的每一个都着色 c(TRUE)或者 c(FALSE)，那么图 8-12 是 3 可着色的，当且仅当 x、y 和 z 中至少存在一个着色 c(TRUE)。

（6）完成 3 可着色问题是 NP 完全问题的证明。

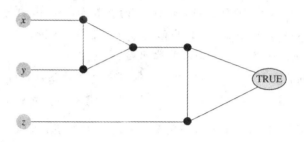

图 8-12　表示子句 $x \lor y \lor z$ 的图例

附录 A 习题选解

第 1 章 算法基础

1-4

问题是找出满足条件 $8n^2 < 64n \lg n$ 的 n。

由 $8n^2 < 64n \lg n$，可得 $n < 8 \lg n$，则 $1/8 < (\lg n)/n$。

对于 $n < 43$，上式成立。

1-7

LINEAR-SEARCH(A, v)

1 **for** $i \leftarrow 1$ **to** n

2   **do if** $A[i] = v$

3   **then return** i

4 **return** NIL

循环不变式 $A[1, \cdots, i-1]$ 中的元素均不等于 v。显然，该循环不变式满足初始时、维持时和终止时的三个性质。

1-11

DETERMINE(S, x)

1      $n \leftarrow \text{length}(S)$

2   MERGE-SORT(S, 1, n)

3      $y = $ REMOVE-MAX(S)

4   **while** $S \neq \varnothing$ **do**

5          $z = $ ITERATIVE-BINARY-SEARCH(S, $x-y$, 1, n)

6   **if** $z + y = x$

7   **return** TURE

8   **else** $y = $ REMOVE-MAX(S)

9   **return** NIL

第 2 行的运行时间为 $\Theta(n \lg n)$。第 3 行的运行时间为 O(1)。第 5 行的运行时间至多为 O($\lg n$)。第 3~7 行的 **while** 循环运行时间至多为 n。因此，算法的总运行时间为 $\Theta(n \lg n)$。

第 2 章 分治法

2-7

(1) $a = 4$，$b = 2$，$f(n) = n$，可得，$n^{\log_b a - \varepsilon} = n^{\text{lb}4 - \varepsilon} = n^{2-\varepsilon}$。选择 ε 为 $(0, 1)$ 内的数，则 $f(n) = \text{O}(n^{2-\varepsilon}) = \text{O}(n^{\log_b a - \varepsilon})$。因此，符合主定理的第一种情况。于是，$T(n) = \Theta(n^{\log_b a}) = \Theta(n^{\text{lg}4}) = \text{O}(n^2)$。

(2) $a = 4$，$b = 2$，$f(n) = n^2$。可得，$n^{\log_b a} = n^{\text{lb}4} = n^2$。那么，$f(n) = \mathrm{O}(n^2) = \mathrm{O}(n^{\log_b a})$。因此，符合主定理的第二种情况。于是，$T(n) = \Theta(n^{\log_b a} \lg n) = \Theta(n^{\text{lb}4} \lg n) = \mathrm{O}(n^2 \lg n)$。

2-8

对于 $T(n) = 7T(n/2) + n^2$，由主定理第一种情况可得 $T(n) = \Theta(n^{2.80735})$。

而对于 $T'(n) = aT'(n/4) + n^2$，直觉上，希望尽可能得到接近 2.8 的数。这表明针对第一种情况，只需要找出满足 $\log_4 a \leqslant 2.8$ 的最大整数。$4^{2.8} = 48.5$，因此 $a = 48$。

由主定理第一种情况可得 $T'(n) = \Theta(n \log_4 48) = \Theta(n^{2.79248})$，渐近小于 $\Theta(n^{2.8})$。

2-22

对于以二进制表示的 $0 \sim n$ 之间的整数，分别统计 0 和 1 在最低位上出现的次数。如果 n 为奇数，那么这两个计数应该相等。如果 n 为偶数，那么，0 的计数应该比 1 的计数多 1。我们利用这一点来找出丢失的数，因为该数的丢失将使得计数混乱。如果 n 为奇数且 0 比 1 多 1，那么必定丢失 1（最低位上）。如果 n 为偶数且 0 的个数比 1 的个数多，那么必定丢失 1（最低位上）。因此，我们只需检查这两个计数是否相等。递归应用这个过程，对下一位列中 0 和 1 进行统计，而且这个过程仅用于找出是奇数的那些数。使用这个知识可以识别出丢失数的位。

假设使用的表操作可在常量时间内完成。$A[i]$ 的第 j 位为 $A[i][j]$。

```
Missing(A[1..n])
1    answ←an array of bits of size ceil(n)        //array for answer
2    B←A list of all array indices for A
3    for j←1 to ceil(n)                           //traverse every bit
4        do length←length(B)
5        while (! empty(B))                       //traverse candidates
6            do index←getElement(B)
7              if A[index][j] = 0
8                then B_0←Append[B_0, index]
9                else B_1←Append[B_1, index]
10               B← next(B)
11           if length(B_0)>length(B_1)            //a 1 is missing
12             then answ[j]←1
13           else answ[j]←0                        //a 0 is missing
14               B←B_0
15     return answ
```

由于每次迭代都是在前次集合进行的，其大小为前次位位置的偶数或奇数，因此，算法的运行时间为 $T(n) = T(n/2) + \Theta(n)$。应用主方法可得，$T(n) = \Theta(n)$。

2-23

(1) 假设 m_g 为完好芯片的数目，m_b 为损坏芯片的数目。$m_g + m_b = n$，$m_b \geqslant m_g$。假设完好芯片构成集合 A，损坏芯片分为具有如下性质的两个集合 B 和 C：

① $|B| = |A| = m_g$ 且 $|C| = m_b - m_g \geqslant 0$。

② 对于任何 $b(\in B)$，报告 B 中的芯片为完好芯片，报告其他集合中的芯片为损坏芯片。

③ 对于任何 $c(\in C)$，报告其他所有芯片为损坏芯片。

假设教授有一种策略可以确定一个芯片 x 是完好芯片。并假设在其测试中使用的芯片 x，a_1，a_2，$\cdots$，$a_k \in A$，b_1，b_2，$\cdots$，$b_l \in B$，c_1，c_2，$\cdots$，$c_p \in C$。如果 x，a_1，a_2，$\cdots$，$a_k \in B$，b_1，b_2，$\cdots$，$b_l \in A$，c_1，c_2，$\cdots$，$c_p \in C$，那么，显而易见，教授的策略会声明 x 是一个完好的芯片，这是因为成对测试的报告结果不变。

（2）现在按照练习中的出现顺序，枚举出一个测试的所有结果。可以使用以下算法：

① 挑选任意两个芯片，将它们放在一起进行测试。

② 如果得到第一种结果，那么选择这两个芯片中的任何一个芯片，并丢弃它。将另一个芯片放入输出集合中。

③ 如果得到其他任何一种结果，则丢弃这两个芯片。

④ 重复此过程，直到至少有两个可用芯片。

⑤ 如果只剩下一个芯片，那么若有第一种结果的测试次数为偶数，则将该芯片添加到输出结果集中；否则，丢弃该芯片。

显然，输出结果集中的芯片数目小于或等于 $n/2+1$，并使用了 $\lfloor n/2 \rfloor$ 次测试。需要注意的是，如果我们得到该测试的第二种、第三种或第四种结果，那么，至少有一个芯片是坏的。并且，即使丢弃两个芯片，我们仍然可以保证完好芯片的数目大于损坏芯片的数目。因为完好芯片的数目严格大于损坏芯片的数目，所以至少有一次测试得到第一种结果，并且在测试中，两个芯片都是完好的。同时注意到，由两个完好芯片组成的成对芯片的数目大于或等于由损坏芯片所组成的成对芯片的数目。显然，⑤确保输出结果集中的完好芯片数目严格大于损坏芯片的数目。

（3）由以上分析可得，该问题的递归方程 $T(n)=T(n/2)+n/2$。假设 n 为 2 的幂，由主定理第三种情况，因为 $a=1$，$b=2$，对于 $0<\varepsilon<1$，$f(n)=\Omega(n^\varepsilon)$，且对于 $c=3/4$ 时正则条件成立，可得 $T(n)=\Theta(n/2)=\Theta(n)$。

第 3 章 动态规划

3-3

首先，按照 x 坐标递增的顺序对点进行排序。对于 $i<j$，p_i 的 x 坐标比 p_j 的 x 坐标小。令 $P(i,j)(i<j)$ 为始点为 p_i 的最短路径的长度，单调移动到点 p_1 的左方，然后，单调移动到点 p_j 的右方，并且通过每个点 p_1，p_2，$\cdots$，p_j 一次。

路径的第一站（p_i 至 p_1）不会通过顶点 p_{i+1}，$\cdots$，p_j，这些顶点必定在该路径的第二站中。因此，如果 $j>i+1$，那么这条路径恰在其到达 p_j 之前通过 p_{j-1}。于是，$P(i,j)=P(i,j-1)+d_{j-1,j}$，其中 d_{xy} 是从 x 到 y 的欧几里得距离。

在 $j=i+1$ 时，在 p_j 之前访问的最后一个顶点并不明显。对于这种情况，令 p_k 为 p_j 之前访问的最后一个顶点，p_k 可为 $k<i$ 内的任何顶点。因此，算法只要检查 k 的所有可能值，并选择得到最短路径的 k 值。形式地，$P(i,j)=\min_{k<i}\{P(k,i)+d_{kj}\}$。

算法如下：

```
1    P[1,2]←d_{1,2}
2    for j←3 to n do
3        for i←1 to j-2 do
```

4   $P[i,j]\leftarrow P[i,j-1]+d_{j-1,j}$

5   $P[j-1,j]\leftarrow \mathbf{min}_{k<j-1}\{P[k,j-1]+d_{kj}\}$

6   **return** $\min_{k<n}\{P[k,n]+d_{kn}\}$

第 2 行的内循环执行 $O(n^2)$ 次，每次迭代花费时间 $O(1)$。第 5 行的 min 计算执行 $n-2$ 次，每次迭代花费时间 $O(n)$。算法总的运行时间为 $O(n^2)$。

3-4

(1) 首先，如果 i 到 j 的单词不能放在一行中（即在最优解中存在某些行会溢出），$linecost(i,j)=\infty$（这与假设每个单词的长度不超过 M 有关）。其二，在 $j=n$ 时，$linecost(i,j)=0$，其中 n 为句子总数。只有在实际的最后一行开销才为 0，而不是在子问题递归的最后一行，因为这些行不是总的最后一行。

考虑打印 1～n 的单词的最优解。令 i 是在这个解决方案中打印的最后一行第一个句子的索引。1～$i-1$ 的单词优美打印必定是最优的。否则，利用剪切—粘贴方法，可以粘贴一种这些单词的最优打印，从而得到一种总开销更为低廉的解决方案，这是一个矛盾。同样，如果 i 为第 k 行所打印的第一个单词的索引，同样可以利用剪切—粘贴技术，$2\leqslant k\leqslant n$。因此，此问题展示了最优子结构。

(2) 令 $c(j)$ 为打印单词 1～j 的最优开销。由(1)可得，给定 i 为最优，即

$$c(j)=c(i-1)+linecost(i,j)$$

实际上，我们并不知道哪个 i 最优，需要考虑每种可能的 i，因而，最优开销的递归定义如下：

$$c(j)=\min_{1\leqslant i\leqslant j}\{c(i-1)+linecost(i,j)\}$$

显然，$c(0)=0$。

(3) 可以有效地自底向上计算数组 c 的从 1 至 n 的值。将单词的实际最优安排保存在数组 p 中，其中 $p(k)$ 为 i，即递归方程中导致最优 $c(k)$ 的某个 i。接着，在计算出数组 c 和 p 之后，最优开销为 $c(n)$，通过打印出最后一行 $p(n)$ 至 n 的单词，倒数第二行 $P(P(n)-1)$ 至 $P(n)-1$ 的单词……可以找出问题的最优解。

由于公式中的累积求和，计算 $linecost(i,j)$ 需要 $O(j-i+1)$ 时间。然而，经过预处理，可以对此计算进行优化，使得 $linecost(i,j)$ 的在 $O(1)$ 时间完成。构造一个辅助数组 $L[0..n]$，其中 $L[i]$ 为 1 至 i 的单词长度的累积和，即

$$L[0]=0$$

$$L[i]=L[i-1]+l_i=\sum_{k=1}^{i}l_k$$

使用递归填充该数组所需时间为 $O(n)$。要在 $O(1)$ 时间内计算出 $linecost(i,j)$，我们修改公式如下：

$$linecost(i,j)=\begin{cases}\infty & \text{，从 } i \text{ 到 } j \text{ 的单词没有充满一行}\\0 & \text{，} j=n\text{(最后一行)}\\(M-j+i-(L[j]-L[i-1]))^3 & \text{，其他}\end{cases}$$

算法中所使用的数组占用空间 $\Theta(n)$，运行时间为 $O(n^2)$。由于单行至多有 $\lfloor(M+1)/2\rfloor$ 个单词，因此，在计算每个 $c(j)$ 时，通过只考虑 $j-\lfloor(M+1)/2\rfloor+1\leqslant i\leqslant j$ 内的那些 i，可将运行时间降低为 $O(nM)$，这是一个大的改进。

（4）以下 C 代码直接实现了（3）中所描述的 O(nM)算法。程序的输入参数为文件名和 M 值，从该文件中读取单词，计算出最优开销，然后重构最优解并打印。

```c
/* 标准头文件 */
#include <stdio.h>
#include <limits.h>

/* 数据大小限制，静态分配 */
#define WORD_NUM 1024 /* 输入单词个数最大值 */
#define WORD_LENGTH 32 /* 输入单词长度最大值 */
#define LINE_LENGTH 80 /* 输出行的长度最大值 */

/* 宏 */
#define max(A, B) ((A) > (B) ? (A) : (B))

/* 全局单词数组 */
char words[WORD_NUM+1][WORD_LENGTH]; /* 输入单词数组 */
int auxL[WORD_NUM+1]; /* 计算行长的辅助数组－MM */

/* 函数原型 */
long linecost(int n, int M, int i, int j);
long dynamic_typeset(int n, int M, int p[]);

/* main 中的两个参数：输入文件名和 M */
int main (int argc, char * argv[]) {
    FILE * ifile; /* 输入文件 */
    int p[WORD_NUM]; /* 如何得到最小开销的数组 */
    char lines[WORD_NUM+1][LINE_LENGTH]; /* 输出行的缓冲区 */
    int M; /* 输出行长 */
    int n; /* 输入单词数 */
    char read_word[WORD_LENGTH]; /* 用于读取 */
    int i, j, k, l; /* 构造解的过程中所使用的辅助变量 */

/* 验证变量 */
if(argc != 3) /* 验证参数数目 */
    exit(1);
if(! (ifile = fopen(argv[1], "r"))) /* 打开输入文件 */
    exit(2);
if(! sscanf(argv[2], "%d", &M)) /* 获取输出行长 */
    exit(3);
/* 读取输入单词 */
n = 1;
while(! feof(ifile)) {
```

215 ·

```
      if(1 == fscanf(ifile, "%s", read_word)) {
        strcpy(words[n++], read_word);
        if(n == WORD_NUM)
          break; /* 没有用于单词的更多空间 */
      }
  }
  n--;

  /* 填充单词长度辅助数组 */
  auxL[0] = 0;
  for(k = 1; k <= n; k++)
    auxL[k] = auxL[k-1] + strlen(words[k]);

  /* 计算并输出最小开销 */
  printf("COST = %ld\n", dynamic_typeset(n, M, p));

  /* 构造并输出实际解 */
  j = n; /* 从最后一行开始，并回退 */
  l = 0;
  do {
    l++;
    lines[l][0] = 0; /* 行初始化为空串 */
    for(i = p[j]; i <= j; i++) { /* i 至 j 之间的单词形成一行 */
      strcat(lines[l], words[i]);
      strcat(lines[l], " "); /* 单词之间的空格 */
    }
    j = p[j] - 1; /* 递归 … */
  /* … 并构造下一行 */
  }
  while(j! = 0); /* 恰好完成第一行 */

  for(i = l; i > 0; i--) /* 正确顺序输出行 */
    printf("%d:[%d]\t%s\n", l-i+1, strlen(lines[i])-1, lines[i]);
}

/* * * * * 算法部分 * * * * */
/* 返回最小开销和一个最优解 p[] */
long dynamic_typeset(int n, int M, int p[]) {
  int i, j;
  /* 需要用于 c[0] 的额外空间，以便可以从 1~n 索引 c */
  long c[WORD_NUM+1];
  c[0] = 0; /* 基础 */
  for(j = 1; j <= n; j++) { /* 自底向上填充 c[] */
```

```
        c[j] = LONG_MAX;
        /* find min i (only look at the O(M/2) possibilities) */
        for(i = max(1, j+1−(M+1)/2); i <= j; i++) {
            long lc = linecost(n, M, i, j), cost = c[i−1] + lc;
            if(lc > −1 && cost < c[j]) {
                c[j] = cost; /* 保存开销（c indexed from 1） */
                p[j] = i; /* 保存最小 i（p indexed from 0） */
            }
        }
    }
    return c[n]; /* n 个单词的所有开销 */
}


/* 计算单个行的开销，i 和 j 的索引从 0 开始 */
long linecost(int n, int M, int i, int j) {
    int k;
    long extras = M − j + i; /* 计算额外空间数目 */
    extras −= ( auxL[j] − auxL[i−1] );
    if(extras < 0)
      return −1; /* 信号无限 */
    else if(j == n) /* 最后一行 */
      return 0;
else
    return extras * extras * extras;
}
```

第 4 章　贪心法

4 − 3

输入 n 个实轴点集 $\{x_1, x_2, \cdots, x_n\}$，输出包含所有点的最小单位长度闭区间集。

贪心策略：

Min_Closed_Interval(S)

1　$Q \leftarrow$ Mergesort(S)

2　$A \leftarrow \varnothing$

3　**while** $Q \neq \varnothing$

4　　**do** $x \leftarrow$ Remove-Min(Q)

5　　　$A \leftarrow A \bigcup \{[x, x+1]\}$

6　　　search y in Q such that $y > x+1$

7　　　$Q \leftarrow Q − \{y: y \leqslant x+1\}$

8　　**return** A

运行时间：

使用标准排序算法，第 1 行的运行时间为 $O(n \log n)$。第 6～7 行：集合 Q 中共有 n 个元素，而且 Q 有序，集合 Q 每次至少降 1。采用折半查找，第 6 行的运行时间为 $O(\log n)$。

因此，算法总运行时间为 $O(n \log n)$。

正确性证明：

贪心选择性质：最优解中包含的第一个区间，其左端点为集合中的最小 x 值。

证明：最小 x 至少被其中一个单位区间包含。不妨说，包含 x 的区间从 x 开始，即如果有区间 $[y, y+1]$，其中 $y < x$，因为 x 为最小，我们可以将区间 $[y, y+1]$ 移到 $[x, x+1]$，同时不改变区间数目。因此，声明成立。

最优子结构：一旦选择第一个区间，可以声明，余下的问题具有最优子结构。

证明：因为包含在第一个区间中的元素已经被覆盖，因此，下一个区间的位置可以完全由集合中的其余元素确定。这些剩余点形成元素数目更少的一个集合，同时也形成求最少区间数覆盖的问题。因此，问题具有最优子结构。

4－5

假设活动表示为 $A[i] = [s_i, f_i]$，$1 \leqslant i \leqslant n$，教室为 $1, 2, \cdots, r$。假设对于所有 $1 \leqslant i < j \leqslant n$，$f_i \leqslant f_j$。思想是将 $H[i]$ 赋给 $A[i]$（$1 \leqslant i \leqslant n$），即取可用最小标号 i。令 $E[i]$（$1 \leqslant i \leqslant r$）为最后一个活动调度到教室 i 的结束时间。

```
LECTURE-HALL-SCHEDULER(s, f)
1    for i←1 to r
2        do E[i]←0
3    for i←1 to n
4        do j←min{k | E[k]≤s_i}
5            H[i]←j
6            E[j]←f_i
7    return H
```

显然，直接实现的算法的运行时间为 $O(nr)$。因为教室数目不会超过 n，$r = O(n)$。因此，算法的运行时间为 $O(n^2)$。

4－26

(1) 假设有 n 美分要兑换，使用 4 种钱币兑换的贪心算法如下：

- 令 $q = \lfloor n/25 \rfloor$ 为面值 25 美分的个数，剩下 $n_q = n \bmod 25$ 要兑换。
- 令 $d = \lfloor n_q/10 \rfloor$ 为面值 10 美分的个数，剩下 $n_d = n_q \bmod 10$ 要兑换。
- 令 $k = \lfloor n_d/25 \rfloor$ 为面值 5 美分的个数，剩下 $n_k = n_d \bmod 5$ 要兑换。
- 最后，有 $p = n_k$ 个面值 1 美分的硬币。

等价公式如下。希望求解的问题是兑换 n 美分。如果 $n = 0$，最优解为空。如果 $n > 0$，要确定其值小于或等于 n 的最大硬币。设这种硬币值为 c。给定此硬币，然后递归求解兑换 $n-c$ 的子问题。

为了证明此算法产生最优解，首先需要证明贪心选择性质成立，也就是说，兑换 n 美分的最优解包含值为 c 的一个硬币，其中 c 为满足 $c \leqslant n$ 的最大硬币值。考虑某个最优解。如果这个最优解包含值为 c 的一个硬币，那么证毕。否则，这个最优解不包含值为 c 的硬币。分 4 种情况考虑：

- 如果 $1 \leqslant n < 5$，那么 $c = 1$。解只由 1 美分组成，因此，它必定包含贪心选择。
- 如果 $5 \leqslant n < 10$，那么 $c = 5$。由假设，最优解不包含值为 5 美分的硬币，因而，它

只由 1 美分的硬币组成。因此，可用一个 5 美分代替 5 个 1 美分，从而得到硬币数少 4 的一种解。

- 如果 $10 \leqslant n < 25$，那么 $c = 10$。由假设，最优解不包含值为 10 美分的硬币，因而，它只由 5 美分和 1 美分的硬币组成。此解中 5 美分和 1 美分的某个子集累加为 10 美分，因此，可用一个 10 美分代替这些 5 美分和 1 美分，从而得到硬币数更少（1～9 之间）的一种解。

- 如果 $25 \leqslant n$，那么 $c = 25$。由假设，最优解不包含值为 25 美分的硬币，因而，它只由 10 美分、5 美分和 1 美分的硬币组成。如果此解中包含 3 个 10 美分，我们可以用一个 25 美分和一个 5 美分代替这些硬币，从而得到硬币数目更少的一种解。如果此解中至多包含 2 个 10 美分，那么 10 美分、5 美分和 1 美分的某个子集累加为 25 美分，因此，可用一个 25 美分代替这些 10 美分、5 美分和 1 美分，从而得到硬币数更少的一种解。

因此可得，总是有一种最优解包含贪心选择的性质，并且将贪心选择性质与剩余子问题的最优解组合可得原问题的最优解。于是，贪心算法产生问题的最优解。

对于一次选择一枚硬币，然后对子问题递归的算法，运行时间为 $\Theta(k)$，其中 k 为最优解中所使用的硬币数目。因为 $k \leqslant n$，所以算法的运行时间为 $\Theta(n)$。对于算法的首次描述，执行常量时间的计算（因为只有 4 种类型），且运行时间为 $O(1)$。

（2）当硬币值为 c^0，c^1，…，c^k 时，兑换 n 美分的贪心算法工作如下：首先找出值为 c^j 的硬币，满足 $j = \max\{0 \leqslant i \leqslant k: c^i \leqslant n\}$，得到值为 c^j 的一个硬币，然后递归求解兑换 $n - c^j$ 美分的子问题。以下引理证明贪心算法产生问题的最优解。

引理：对于 $i = 0, 1, \cdots, k$，令 a_i 为兑换 n 美分的最优解使用的值 c^j 的硬币的数目。那么，对于 $i = 0, 1, \cdots, k-1$，可得 $a_i < c$。

证明：如果对于某些 $0 \leqslant i < k$，有 $a_i \geqslant c$，那么，我们可以再多使用一个值为 c^{i+1} 的硬币和再少使用 c 个值为 c^i 的硬币来改进解。这就说明兑换钱数未变，但使用了更少一些的硬币 $c - 1 > 0$。证毕。

以下表明任何非贪心选择的解不是最优的。如上，令 $j = \max\{0 \leqslant i \leqslant k: c^i \leqslant n\}$，贪心解使用了至少一个值为 c^j 的硬币。考虑一种非贪心解，此解中必定没有使用值为 c^j 或者面值更大的硬币。设非贪心解使用了 a_i 个值为 c^i 的硬币（$i = 0, 1, \cdots, j-1$）。因此，可得 $\sum_{i=0}^{j-1} a_i c^i = n$。因为 $n \geqslant c^j$，可得 $\sum_{i=0}^{j-1} a_i c^i \geqslant c^j$。

现在假设非贪心选择解是最优的。由以上引理，对于 $i = 0, 1, \cdots, j-1$，$a_i \leqslant c-1$。因此，

$$\sum_{i=0}^{j-1} a_i c^i \leqslant \sum_{i=0}^{j-1} (c-1) c^i = (c-1) \sum_{i=0}^{j-1} c^i$$

$$= (c-1) \frac{c_j - 1}{c-1} = c^j - 1 < c^j$$

这与断言 $\sum_{i=0}^{j-1} a_i c^i \geqslant c^j$ 相矛盾。由此可得这种非贪心选择解不是最优的。

因此，任何不产生贪心解的算法不会是最优的，只有贪心算法才产生最优解。

由于除法、向下取整及取模操作中的每个操作至多执行 k 次，因此，算法的运行时间

为 $O(k)$。

(3) 对于实际美元硬币，可以使用面值为 1 美分、10 美分和 25 美分的硬币。当 $n = 30$ 时，贪心解给出一个 25 美分、5 个 1 美分，共 6 个硬币。3 个 10 美分的非贪心选择更好。

我们使用的最小整数集是 1、3 和 4 分。当 $n = 6$ 分时，贪心选择给出一个 4 分和 2 个 1 分的硬币，共有 3 个硬币。2 个 3 分的非贪心选择更好。

(4) 因为问题具有最优子结构，可以应用动态规划。

定义 $c[j]$ 为兑换 j 美分需要的最小硬币数。令硬币值为 $d_1, d_2, \cdots, d_k$。因为其中一个为 1 美分，因而，对于任一量 $j \geqslant 1$，都存在兑换的方式。由问题的最优子结构可知，如果知道兑换 j 美分的问题的一个最优解使用了值为 d_i 的一个硬币，可得 $c[j] = 1 + c[j - d_i]$。对于所有 $j \leqslant 0$，$c[j] = 0$。

为了导出一个递归公式，必须检查所有币种情况，由此可得

$$c[j] = \begin{cases} 0 & , j \leqslant 0 \\ 1 + \min_{1 \leqslant i \leqslant k} \{c[j - d_i]\} & , j > 1 \end{cases}$$

我们可以使用一个过程 COMPUTE-CHANGE，按照 j 递增的顺序计算 $c[j]$ 的值。该过程在查找 $c[j - d_i]$ 之前通过保证 $j \geqslant d_i$，来避免检查 $j \leqslant 0$ 时的 $c[j]$。该过程还产生一个表 $denom[1..n]$，表示兑换 j 美分问题的最优解中所用面值的硬币。

```
COMPUTE-CHANGE(n, d, k)
1   for j←1 to n
2       do c[j]←∞
3           for i←1 to k
4               do if j≥d_i and 1 + c[j−d_i] < c[j]
5                   then c[j]←1 + c[j−d_i]
6                       denom[j]←d_i
7   return c and denom
```

显然，该算法的运行时间为 $O(nk)$。

我们使用以下过程输出 COMPUTE-CHANGE 所计算的最优解中所使用的硬币。

```
GIVE-CHANGE(j, denom)
1   if j > 0
2       then give one coin of denomination denom[j]
3           GIVE-CHANGE(j − denom[j], denom)
```

初始调用为 GIVE-CHANGE$(n, denom)$。因为每次调用中的第一个参数值减小，该过程的运行时间为 $O(n)$。

第 5 章　回溯法

5 - 2

假设所有城市从 1 至 n 编号，距离表为 $distance[1..n, 1..n]$。从城市 i 到城市 j 的距离为 $distance[i, j]$。

首先，给出一种求解此问题的蛮力算法。该算法可以产生问题的所有可行解（环游路线），可以保存所发现的最佳解。最简单的方法是采用递归算法产生问题的解。

由于需要找到一条返回到始点的路径，并不关心从哪个顶点开始，因此，我们从城市

1 开始。现在的问题是将哪个城市作为最优路径上的第二个城市。如果采用蛮力算法，会测试每个城市。对于第二个城市的每种选择，都会测试第三个城市的选择，以此类推。

算法 TSP_BruteForce1 给出了这一思想。这是一个有两个参数 R 和 S 的递归算法。R 是已经访问的城市序列（按照城市被访问的顺序排列），S 包含其余未被访问的城市。调用 TSP-BruteForce1(R，S) 产生访问 $R \cup S$ 中所有城市的所有可能路径。对于 $i \in S$ 的每个城市，均可作为下一个城市，然后递归产生所有可能路径，其中路径的初始部分是"R 然后 i"，接着访问其余的 $S - \{i\}$ 个城市。初始时，R 值包含城市 1，S 包含其余城市。

Algorithm TSP_BruteForce1(R，S)
1   **if** S is empty
2   **then** $minCost \leftarrow$ length of the tour represented by R
3   **else** $minCost \leftarrow -1$
4   **for** each town $i \in S$
5   **do** Remove i from S, and append i to R
6           $minCost \leftarrow$ min($minCost$, TSP_BruteForce1(R，S))
7   Reinsert i in S, and remove i from R
8   **return** $minCost$

注意，上述算法是计算一条最优路径的长度，而不是计算出路径自身。很容易对算法进行改造，使其返回这条路径自身。

利用距离表 $distance$，可以在 O(n_R) 时间内计算出一条路径的长度（第 2 行），其中 n_R 为这条路径上城市的数目。

以下估计 TSP_BruteForce1 算法的运行时间。设 $T(n_R, n_S)$ 为算法所花费的时间，其中集合 R 中包含 n_R 城市，集合 S 中包含 n_S 城市，则有

$$T(n_R, n_S) = \begin{cases} O(n_R) & , n_S = 0 \\ n_S \cdot (O(1) + T(n_R + 1, n_S - 1)) & , n_S > 0 \end{cases}$$

我们利用这个递归方程来证明 $T(n_R, n_S) = O((n_R + n_S)n_S!)$。初始调用，$n_R = 1$ 且 $n_S = n - 1$，因此，算法总时间为 $T(1, n - 1) = O(n!)$。

以下进一步明晰算法。我们用一个数组 A 和一个索引 l 来表示 R 和 S。数组中包含了所有城市，更准确地说，它包含了 $1 \sim n$ 的一种排列。索引 l 指示 A 的哪部分表示 R，哪部分表示 S。更准确地，$A[1..l]$ 表示 R，$A[l+1..n]$ 表示 S。$lengthSoFar$ 记录到目前为止的路径长度。

Algorithm TSP_BruteForce2(A，l，$lengthSoFar$)
1   $n \leftarrow length[A]$ //number of elements in the array A
2   **if** $l = n$
3   **then** $minCost \leftarrow lengthSoFar + distance[A[n], A[1]]$ //finish by returning to town 1
4   **else** $minCost \leftarrow -1$
5   **for** $i \leftarrow l + 1$ **to** n
6   **do** Swap $A[l + 1]$ and $A[i]$ //select $A[i]$ as the next town
7           $newLength \leftarrow lengthSoFar + distance[A[l], A[l + 1]]$
8           $minCost \leftarrow min(minCost,$ TSP_BruteForce2(A, $l + 1$, $newLength$))
9   Swap $A[l + 1]$ en $A[i]$ //undo the selection

10   **return** *minCost*

初始调用时，对于 $1 \leqslant i \leqslant n$，$A[i] = i$，$l = 1$，$lengthSoFar = 0$。TSP_BruteForce2 算法的运行时间同 TSP_BruteForce1。而现在 $n_S = 0$ 时，$T(n_R, n_S) = O(1)$。这将运行时间降为 $O((n-1)!)$。

上述算法仍然很慢。因为 $(n-1)!$ 是一个增长很快的函数。例如，11! 已经超过 3 亿 9 千万。当然，算法慢的原因是它检查了所有可能的路径。我们可以通过剪枝技术，设计更有效的算法。对于给定的所选城市，如果能够看出这条路径不能得到一个最优解，那么就跳过试图完成这条路径查找的递归调用。要做到这一点，需要将当前所找到的最佳路径长度 *minCost* 作为递归调用的参数。初始时，$minCost = \infty$。

Algorithm TSP_Backtrack(*A*, *l*, *lengthSoFar*, *minCost*)

```
1    n ← length[A]                              //number of elements in the array A
2    if l = n
3      then minCost ← lengthSoFar + distance[A[n], A[1]]   //finish by returning to town 1
4      else for i ← l + 1 to n
5        do Verwissel A[l + 1] en A[i]          //select A[i] as the next town
6           newLength ← lengthSoFar + distance[A[l], A[l+ 1]]
7           if newLength ≥ minCost              //this will never be a better solution
8             then skip                         //prune
9             else minCost ← min(minCost, TSP_Backtrack(A, l+1, newLength, minCost))
10          Verwissel A[l +1] en A[i]           //undo the selection
11   return minCost
```

第 7 行检查当前路径是否比当前已经找到的最佳完成路径要长。如果是这种情况，我们将不会查找从这开始的路径，并撤销刚才的选择。

另一方面，维持 *minCost* 为最佳路径长度的一个上界。每当找到一条更好的路径时，就改进此上界。在进入递归的一个分支之前，首先计算在那个分支中所能找到的任一解长度的一个下界。此下界为 *newLength*。当此下界大于当前上界时，则跳过该分支；否则，探索该分支以查找更好的上界。有剪枝的回溯法也称为分支限界(branch-and-bound)算法。

5-5

Algorithm VC_BACKTRACK(*n*, *ind_set*, *G*, *result*)

```
1    for i ← 0 to n - 1 do
2      n_vertices ← 0
3      n_edges ← 0
4      for j ← 0 to n - 1 do
5        if j ≠ i and G[j][i] = 0
6          then m ← n_vertices + 1
7            for k ← j + 1 to n - 1 do
8              if k ≠ i and G[k][i] = 0
9                then G'[n_vertices][m] ← G[j][k]
10                    G'[m][n_vertices] ← G[k][j]
11                    if G'[n_vertices][m] = 1
12                      then n_edges ← n_edges + 1
```

```
13                    m←m + 1
14              n_vertices←n_vertices + 1
15        if n_edges = 0 and n_vertices≥ind_set − 1
16          then result←true
17              break
18        if n_vertices > ind_set − 1
19          then VC_BACKTRACK(n_vertices, ind_set − 1, G′, sub_result)
20            if sub_result = true
21              then result←true
22                  break
23    result←false
```

算法 VC_BACKTRACK 找出是否一个图 G 中包含了大小为 k 的顶点覆盖。使用图 G 的邻接矩阵、图中顶点数 n 以及互补独立集的势 $n-k$ 作为参数。该函数返回一个布尔值。

对于图中的每个顶点 v，算法主循环执行 n 次。对于每个顶点 v，嵌套内循环（第 4~14 行）通过子集 $G-N[v]$ 计算 G 的导出子图 G'，其中 $N[v]$ 为 v 的闭近邻。如果 G' 中不含边，且其顶点数大于或等于 $n-k-1$，那么，G' 中的顶点集和 v 构成 G 的一个大小为 $n-k$ 的独立集，这使查找过程返回 true（第 15~17 行）。如果 G' 不是一个空子图，且其顶点数严格大于 $n-k-1$，那么算法在 G' 中继续查找势为 $n-k-1$ 的独立集（第 18 行）。这通过执行第 19 行的递归调用，扩展查找树，并将问题的规模减 1 来完成。如果递归调用成功返回，那么算法返回 $true$（第 20~21 行）。

第 6 章　分枝限界法

略

第 7 章　图算法

7 − 5

图中有 4 个顶点 s、t、u 和 v，其中 $w(s, u) = 4$，$w(s, t) = 3$，$w(u, t)$b$= −2$ 和 $w(t, v) = 1$。从 s 开始，有 $d[t] = 3$，$d[u] = 4$。于是，选择 t，有 $d[v] = d[t] +1=4$。接下来选择 v，d 无变化。最后选择 u，有 $d[t] = d[u] + (−2) = 2$，然后，算法终止。注意到，到 v 的最短路径为 s、u、t、v，长度为 3。然而算法结束时，$d[v] = 4$（对应于路径 s、t、v）。

定理 7.2 的证明对于 $\delta(s, y)\leq\delta(s, u)$ 的声明不成立，因为在从 s 到 u 的最短路径上，y 出现在 u 之前，所有边权值是非负的。而对于上述实例，却不成立。因为从 s 到 t 的最短路径为 s、u 和 t，长度为 2。但从 s 到 u 的最短路径长度为 4。因此，定理的正确性不再是安全的。

7 − 11

（1）$\phi_{ij}^{(k)}$ 的递归方程为

$$\phi_{ij}^{(0)} = \begin{cases} 0 & , 有一条边(i, j) \\ \infty & , 其他 \end{cases}$$

$$\phi_{ij}^{(k)} = \begin{cases} \phi_{ij}^{(k-1)} & , d_{ij}^{k-1} \leq d_{ik}^{k-1} + d_{kj}^{k-1} \\ k & , 其他 \end{cases}$$

（2）过程 Print-All-Pairs-Shortest-Path(Φ, i, j, $outermost = true$)：

Algorithm Print-All-Pairs-Shortest-Path(Φ, i, j, $outermost = true$)

```
1    if i = j then
2       then print i
3       else if φij = ∞
4          then print no path from i to j exists
5          else if φij = 0
6             then print i
7             else Print-All-Pairs-Shortest-Path(Φ, i, φij, false)
8                  Print-All-Pairs-Shortest-Path(Φ, φij, j, false)
9    if outmost
10      then print j
```

7 – 12

（1）构造一个加权有向图 $G = (V, E)$，使用 Bellman-Ford 算法来求解。V 中的每个顶点对应一种货币，对于每对货币 c_i 和 c_j，存在有向边 (v_i, v_j) 和 (v_j, v_i)。

$$R[i_1, i_2] \cdot R[i_2, i_3] \cdot \cdots \cdot R[i_{k-1}, i_k] \cdot R[i_k, i_1] > 1$$

当且仅当

$$1/R[i_1, i_2] \cdot 1/R[i_2, i_3] \cdot \cdots \cdot 1/R[i_{k-1}, i_k] \cdot 1/R[i_k, i_1] < 1$$

对上述不等式两边取对数，可得

$$\lg(1/R[i_1, i_2]) \cdot \lg(1/R[i_2, i_3]) \cdot \cdots \cdot \lg(1/R[i_{k-1}, i_k]) \cdot \lg(1/R[i_k, i_1]) < 0$$

由此，定义边权值 (v_i, v_j) 为

$$w(v_i, v_j) = \lg(1/R[i, j]) = -\lg(R[i, j])$$

然后，在包含这些权值的图 G 中，确定是否包含负权值的回路。

我们向 G 中添加一个顶点 v_0，且对于所有顶点 $v_i \in V$，设 $w(v_0, v_j) = 0$，然后，运行从 v_0 开始的 Bellman-Ford 算法，再利用 Bellman-Ford 的布尔结果（如果不存在负权值的回路，值为 true，否则，值为 false）指导求解，以确定图 G 中是否存在负权值的回路。也就是说，颠倒 Bellman-Ford 的结果。

由于添加一个新的顶点 v_0，且设从该顶点到图中其余顶点边上的权值为 0，不会带来任何新的回路，也保证了所有负权值回路由 v_0 可达，因此方法可行。

该方法构造 G 的时间为 $\Theta(n^2)$，G 中有 $\Theta(n^2)$ 条边。运行 Bellman-Ford 算法的时间为 $O(n^3)$。因此，总时间为 $O(n^3)$。

另一种确定是否存在负权值回路的方式是构造图 G，不是添加一个顶点及其依附边，而是运行所有对顶点之间的最短路径算法。如果算法返回的最短路径距离矩阵的对角线上有负值存在，说明图中存在负权值的回路。

（2）假设运行 Bellman-Ford 算法来解决问题（1），只需要找出一个负权值回路中的顶点。过程如下。首先，将所有边再松弛一次。因为存在负权值回路，某些顶点 u 的 d 值会改变。我们只需不断地跟踪 π 值，直到返回 u。换句话说，可以使用参考文献[1]的第 22.2 节 Print-Path 所给出的递归方法，但在其返回到顶点 u 时即停止。

运行 Bellman-Ford 算法的时间为 $O(n^3)$，加上打印回路中顶点的时间，总运行时间为 $O(n^3)$。

8－5

（1）如果 P ＝ NP，那么声明为真；否则，声明为假，L_2 可以是 NP 完全的。于是，这是一个开放问题。

（2）声明为真。

（3）声明为真。用反证法：假设 L_1 是 NP 完全的。因为 $L_1 <_p L_2$，由归约传递性，L_2 是 NP 完全的。与条件矛盾。

（4）如果 P ＝ NP，那么声明为真，因为 P 中的任何问题是 NP 完全的；否则，声明为假，可以取 $L_1, L_2 \in P$，且它们不是 NP 完全的。于是，这是一个开放问题。

（5）由 NP 完全性的定义可知，声明为真。

8－7

（1）显然，这是一个 NP 完全问题，因为要证明一个有向图包含哈密尔顿路径，只要给出顶点的一个次序就足够了；要验证一个给定的顶点次序表示一个哈密尔顿路径，只要检查其相邻的任何两个顶点 v_i, v_{i+1} 是否有边 (v_i, v_{i+1}) 相连即足够。现在需要证明这是一个 NP 困难的问题。

首先，将哈密尔顿回路问题归约为有向哈密尔顿回路问题：假设给定一个无向图 $G ＝ (V, E)$，构造一个有向图 $G' ＝ (V, E')$，使得如果 $(u, v) \in E$，则 (u, v) 和 $(v, u) \in E'$。如果这个新图中包含有向哈密尔顿回路，那么原图 G 必定包含哈密尔顿回路。然后将有向哈密尔顿回路归约为有向哈密尔顿路径。假设给定有向图 $G ＝ (V, E)$，按照如下方法构造一个新图 $G' ＝ (V', E')$。选取图中的任一顶点 $v \in V$，将它分裂为两个顶点 v_0 和 v_1。设 $V' ＝ (V - v) \bigcup \{v_0, v_1\}$。对于所有 $(v, u) \in E$ 的边，添加 $(v_0, u) \in E'$ 的边。对于所有 $(u, v) \in E$ 的边，添加 $(u, v_1) \in E'$ 的边。对于 E 中的所有其他边，将其复制到 E' 中。

当且仅当 G 中包含有向哈密尔顿回路，G' 中包含从 v_0 到 v_1 的哈密尔顿路径。

假设 G 中包含哈密尔顿回路，那么由 G' 的构造，显然 G' 中包含从 v_0 到 v_1 的哈密尔顿路径。

假设 G' 中包含从 v_0 到 v_1 的哈密尔顿路径，那么 E' 中存在始于 v_0、结束于 v_1 边的序列，并且访问每个顶点只有一次。由 E' 的构造可得，G 中存在始于 v、结束于 v 边的序列，且满足访问每个顶点 $u(\neq v)$ 只有一次，访问顶点 v 两次。G 中这样的路径是其哈密尔顿回路。

由此可得，有向哈密尔顿路径问题是 NP 完全问题。

（2）对图 G 的顶点进行拓扑排序，并考虑顶点的结果顺序。当且仅当 u 是第一个顶点，v 是最后一个顶点，而且在这个顺序中如果 v_i 后跟 v_j，即从 v_i 到 v_j 存在一条边时，从 u 到 v 存在一条哈密尔顿路径。

8－8

该问题属于 NP 问题：我们将大小为多项式级的子集集合 S' 作为证书，来证明存在一个覆盖集合 U 的势为 k 的子集集合。为了验证该证书，检查 S' 的势是否为 k，并且检查 S 中的每个元素是否是 S' 中的其中一个子集。验证该证书需要多项式的时间。

NP 完全问题 VERTEX-COVER 是 SET-COVER 问题的一个特例：集合 U 对应该图中边的集合，S 中的每个子集对应该图中的一个顶点并且包含依附该顶点的所有边。因为 SET-COVER 是 VERTEX-COVER 的推广，因此 SET-COVER 是 NP 难的。

附录 B 索 引

第 5 章

参 考 文 献

[1] Thomas H Cormen，Charles E Leiserson，Ronald L Rivest，et al. Introduction to Algorithms. MIT Press，2001

[2] Robert Sedgewick. Algorthm in C Parts 5：Graph Algorithms. 3rd Ed. Addison-Wesley Publishing Company Inc.．2002

[3] Robert Sedgewick. Algorthm in C Parts 1～4：Fundamentals，Data Structure，Sorting，Searching. 3rd Ed. Addison-Wesley Publishing Company Inc.，1998

[4] Alfred V Aho，John E Hopcroft，Jeffrey D Ullman. The Design and Analysis of Computer Algorithms. Addison-Wesley Publishing Company Inc.．影印版. 北京：中国电力出版社，2003

[5] Alfred V Aho，John E Hopcroft，Jeffrey D Ullman. Data Structures and Algorithms. Addison-Wesley Publishing Company Inc.，1983

[6] Alfred V Aho，John E Hopcroft，Jeffrey D Ullman. Data Structures and Algorithms. Addison-Wesley Publishing Company Inc.．影印版. 北京：中国电力出版社，2003

[7] Michael T. Goodrich，Roberto Tamassi. Algorithm Design — Foundations，Analysis，and Internet Example. John Wiley & Sons Inc.，2002

[8] Alfred V Aho，John E Hopcroft，Jeffrey D Ullman. Data Structures and Algorithms. Addison-Wesley Publishing Company Inc.，1983

[9] Richard Bellman. Dynamic Programming. Princeton University Press，1957

[10] Donald E Knuth. Fundamental Algorithms，Volume 1 of The Art of Computer Programming. 3rd Ed. Addison-Wesley Publishing Company Inc.

[11] Donald E Knuth. Fundamental Algorithms，Volume 2 of The Art of Computer Programming. 3rd Ed. Addison-Wesley Publishing Company Inc.

[12] Donald E Knuth. Sorting and Searching，Volume 3 of The Art of Computer Programming. 2nd Ed. Addison-Wesley Publishing Company Inc.

[13] 霍红卫. Exercises & Solutions on Algorithms. 北京：高等教育出版社，2004

[14] Sara Baase，Allen Van Gelder. Computer Algorithms：Introduction to Design and Analysis. 3rd Ed. Pearson Education，北京：高等教育出版社，2001

[15] 霍红卫. 分布式算法导论. 北京：机械工业出版社，2004

[16] 王晓东. 计算机算法设计与分析. 北京：电子工业出版社，2000

[17] 邹海明，余详宣. 计算机算法基础. 武汉：华中科技大学出版社，1998

[18] Horowitz E，Sahni S. Fundamentals of Computer Algorithms. Computer Science Press，1978

[19] Hopcroft J E，Kerr L R. On Minimizing the Number of Multiplications Necessary

for Matrix Multiplication. SIAM J. Applied Math, 1971, 20 : 1, 30~36

[20] Jack Edmonds. Matroids and the Greedy Algorithm. Mathematical Programming, 1971, 1 : 126~136

[21] Jack Edmonds, Richard M Karp. Theoretical Improvements in the Algorithmic Efficiency for Network Flow Problems. Journal of the ACM, 1972, 19 : 248~264

[22] Shimon Even. Graph Algorithms. Computer Science Press, 1979

[23] Robert W Floyd. Algorithm 97 (SHOTEST PATH). Communications of the ACM, 1962, 5(6): 345

[24] Robert W Floyd. Algorithm 245 (TREESORT). Communications of the ACM, 1964, 7 : 701

[25] Robert W Floyd. Permuting Information in Idealized Two-level Storages. In Raymond E Miller and James W Thatcher, editors, Complexity of Computer Computations. Plenum Press, 1972. 105~109

[26] Robert W Floyd, Ronald L Rivest. Expected Time Bounds for Selection. Communications of the ACM, 1975, 18(3): 165~172

[27] Lestor R Ford, Jr., Fulkerson DR. Flows in Networks. Princeton University Press, 1962

[28] Ronald L Graham, Donald E Kunth, Oren Patashnik. Conrete Mathematics. 2nd Ed. Addison-Wesley Publishing Company Inc., 1994

[29] CAR Hoare. Algorithm 63(PARTITION) and Algorithm 65(FIND). Communications of the ACM, 1961, 4(7): 321~322